高等学校**计算机专业**
新形态教材精品系列

U0742443

微课版

数据库原理实验指导与习题解析

——基于 MySQL 数据库

郭玉彬 边山 宋歌 刘烨◎编著

Experiment Guidance and Exercises
Analysis for Database Concepts"

人民邮电出版社
北　京

图书在版编目（CIP）数据

数据库原理实验指导与习题解析 ：基于 MySQL 数据库：微课版 / 郭玉彬等编著. -- 北京 ：人民邮电出版社，2025.1

高等学校计算机专业新形态教材精品系列

ISBN 978-7-115-63431-3

Ⅰ．①数… Ⅱ．①郭… Ⅲ．①SQL 语言－数据库管理系统－高等学校－教学参考资料 Ⅳ．①TP311.132.3

中国国家版本馆 CIP 数据核字(2024)第 002064 号

内 容 提 要

本书是主教材《数据库原理（微课版）》（ISBN：978-7-115-63107-7）的配套教材。全书分为两部分：第一部分为实验指导，内容包括实验环境搭建及数据库创建，数据查询，数据库一致性维护，数据更新，用户权限管理，存储过程和存储函数，触发器、视图和索引，事务管理，备份与恢复，设计性实验等，用于帮助学生掌握数据库管理与维护的基本技能；第二部分为知识概述与习题解析，针对主教材每一章均给出知识点总结和习题解析，针对主教材部分章节给出了拓展习题及其答案，用于学生自学。通过对本书内容的学习，学生可以加深对数据库基本理论的理解，掌握基本的数据库操作方法，进而提高对数据库系统的实际应用能力。

本书可作为高校相关专业"数据库原理"课程的学习参考书，也可供相关领域研究人员、使用 MySQL 的专业技术人员参考。

- ◆ 编 著 郭玉彬 边 山 宋 歌 刘 烨
  责任编辑 王 宣
  责任印制 陈 犇
- ◆ 人民邮电出版社出版发行　北京市丰台区成寿寺路 11 号
  邮编 100164　电子邮件 315@ptpress.com.cn
  网址 https://www.ptpress.com.cn
  涿州市京南印刷厂印刷
- ◆ 开本：787×1092　1/16
  印张：13.5　　　　　　　　2025 年 1 月第 1 版
  字数：328 千字　　　　　2025 年 1 月河北第 1 次印刷

定价：49.80 元

读者服务热线：(010)81055256　印装质量热线：(010)81055316
反盗版热线：(010)81055315
广告经营许可证：京东市监广登字 20170147 号

■ 写作初衷

本书的写作初衷是为主教材提供一本配套教材，以方便教师安排数据库相关课程实践内容的教学及考核，同时方便学生自学，灵活安排学习时间和进度，提高学习效率。

■ 本书内容

本书第一部分为实验指导，依据主教材设计了 10 个实验，各个实验与主教材各章内容的对应关系及实验学时建议如表 1 所示。其中实验 1～实验 9 为验证性实验，旨在通过实验使学生巩固所学知识，提高实际操作能力；实验 10 为设计性实验，旨在锻炼学生综合运用所学知识，具备设计并实现一个数据库的能力。考虑到实验 10 的内容和难度，教师可酌情增加课时，并提供工具软件辅助学生完成实验。

表 1　实验与主教材各章内容的对应关系及实验学时建议

篇名	主教材章名	实验名称	实验学时
第一篇 数据库基础	第 1 章　绪论		
	第 2 章　关系数据库	实验 1 实验环境搭建及数据库创建	2
	第 3 章　结构化查询语言	实验 2 数据查询 实验 4 数据更新	4
	第 4 章　数据库完整性	实验 3 数据库一致性维护	2
	第 5 章　数据库安全与保护	实验 5 用户权限管理 实验 9 备份与恢复	2
第二篇 数据库设计与应用开发	第 6 章　数据库设计	实验 10 设计性实验	2
	第 7 章　关系数据库规范化理论		
	第 8 章　数据库编程	实验 6 存储过程和存储函数 实验 7 触发器、视图和索引	4
第三篇 数据库管理技术	第 9 章　数据库存储与索引		
	第 10 章　查询处理与优化		
	第 11 章　事务处理技术	实验 8 事务管理	2
	合计		18

验证性实验围绕实验目的、实验要求、实验材料、实验准备、实验内容、实验习题及思考题展开讲解；设计性实验侧重实验内容的讲解，不包括实验习题及思考题。其中实验内容

给出数据库操作的样例用于学生学习；实验习题需要学生依据实验内容自主完成，提高学生的数据库操作能力；思考题引导学生将课堂所学理论知识与实际操作相联系，加深学生对数据库系统基础知识、基本理论的理解，提高学生综合运用所学知识解决实际问题的能力。

第二部分为知识概述与习题解析，总结了主教材每章的知识点，并对习题进行解析，强调多数习题答案不唯一，需要从习题入手深入理解、掌握数据库基础知识与基本原理。在此基础上，部分章节增加了拓展习题及其答案，鼓励学有余力的学生拓展知识面，了解不同教材上对同样问题的不同表述。

附录介绍了 MySQL 下载与安装、MySQL 的体系结构、MySQL 常用命令及图形界面客户端等，以便学生自行搭建实验环境、熟悉 MySQL 数据库系统；另外，附录还给出了实验报告样例和综合性实验报告样例。

■ 本书特色

1．培养基本技能，提高学生动手能力和专业素养

本科阶段"数据库原理"课程的理论性和实践性都很强，教学内容较多。本书围绕课程教学大纲所需的实践内容，强调学生自己动手完成实验环境搭建、基本数据库操作、数据库设计等实践内容，通过实验内容、实验习题、思考题由浅入深地引导学生逐步提高数据库管理能力，进一步加强学生对基本概念、基本理论的理解。

2．提供习题解析及拓展习题，培养学生逻辑思维能力

本书提供主教材习题的详细解析，帮助教师应对各院校课时缩减的压力、降低工作量。习题解析强调规范性及对知识点的灵活运用，拓展习题引导学生了解更多相关知识，帮助学生开拓视野、培养逻辑思维能力。

3．通过思维导图构建数据库知识体系

本书按章节总结数据库教学内容知识点，并绘制"数据库原理"课程的学习路线图与知识体系图，方便学生构建完整知识体系，方便教师根据需要对各部分内容进行取舍。

数据库原理学习路线图　　　　数据库原理知识体系图

■ 编者致谢

本书第一部分实验指导中的实验 1、实验 8～实验 10 由郭玉彬编写，实验 2～实验 4 由边山编写、实验 5～实验 7 由宋歌编写；第二部分第 1 章、第 8 章～第 13 章由郭玉彬编写，第 2章、第 3 章、第 7 章由边山编写，第 4 章～第 6 章由宋歌编写。全书由刘烨、郭玉彬统稿。感谢周哲帆、吴志鹏、文向、喻珺岩等研究生在编者收集资料、整理书稿过程中所提供的帮助。

由于编者水平有限，书中难免存在表达欠妥之处，编者由衷希望广大读者朋友和专家学者能够拨冗给予宝贵的阅读和使用反馈及修改建议，相关内容可发送到编者邮箱 guoyubin@scau.edu.cn。

编　者

2024 年夏于广州

目录
Contents

第一部分　实验指导

第二部分　知识概述与习题解析

第一部分　实验指导

实验 1 实验环境搭建及数据库创建

本实验是第一个数据库实验，学生需要首先熟悉实验环境，为掌握利用 MySQL 管理数据库打基础。本实验需要 2 学时，学生要求掌握如何启动 MySQL 数据库服务器、利用客户端连接 MySQL 数据库服务器，并学会使用常用的 MySQL 数据库命令。

一、实验目的

1. 了解 MySQL 的使用环境。
2. 熟悉 MySQL 任意图形界面客户端的使用方法。
3. 掌握数据库的创建与使用方法。

实验 1 演示视频

二、实验要求

完成实验内容及实验习题，对主要实验步骤，给出操作命令及执行结果（可截图）并完成实验报告。

三、实验材料

1. MySQL 数据库及图形界面客户端软件。
2. MySQL 常用命令和元数据库（参见附录 A）。
3. 创建 employee 数据库的 SQL 文件。

四、实验准备

1. 下载数据库及相关软件，包括 MySQL、Navicat for MySQL 或 Navicat Premium 等。
2. 安装并配置实验环境，包括 MySQL、Navicat for MySQL 等。
3. 了解使用 MySQL 任意图形界面客户端连接服务器和操作数据库的方法。
4. 查阅 MySQL 数据库环境变量，了解显示与设置数据库环境变量的命令。

五、实验内容

1．连接 MySQL 服务器

（1）打开 Windows 的"服务"窗口，如图 1-1-1 所示，确认 MySQL80 服务处于"正在运行"状态（若未运行，则需要打开服务，手动启动此服务）。

图 1-1-1　Windows 的"服务"窗口

（2）在【开始】菜单中选择【MySQL】→【MySQL 8.0 Command Line Client】命令，系统显示控制台窗口，输入 root 用户的密码后按 Enter 键，MySQL 8.0 Command Line Client 连接到 MySQL 服务器，如图 1-1-2 所示，界面显示 MySQL 提示符。

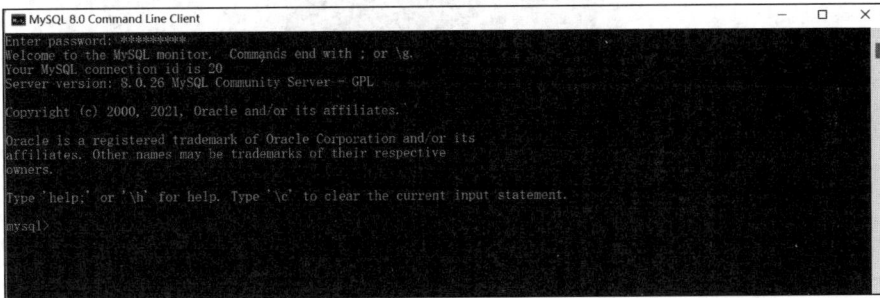

图 1-1-2　MySQL 8.0 Command Line Client 连接到 MySQL 服务器

（3）在【开始】菜单中找到 Navicat for MySQL，打开软件，并双击相应连接，打开软件主界面，如图 1-1-3 所示。若还没有建立连接，则需要单击软件界面左上方菜单栏下面的【连接】按钮，建立 MySQL 连接，然后双击建立的 MySQL 连接，打开软件主界面。

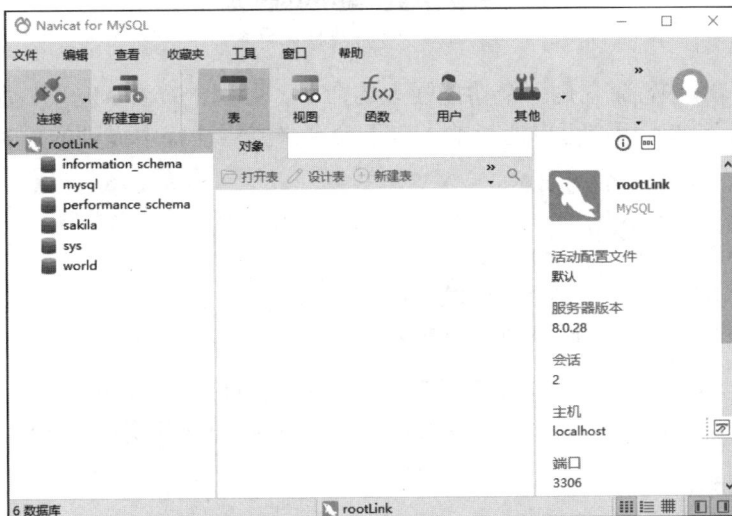

图 1-1-3　Navicat for MySQL 软件主界面

实验环境搭建及数据库创建　　实验 1

2．显示当前服务器的信息

在 Navicat for MySQL 软件主界面中，可以看到当前连接下的所有数据库，双击某个数据库可打开此数据库，并看到数据库中所有的表信息。但在 MySQL 命令行客户端中无法直接打开数据库并查看其中的信息。若想要显示以上信息，则需要依次输入查看数据库、打开指定数据库、查看数据库中的表信息等命令。此处假设要打开 sakila 数据库，依次输入以下命令，显示数据库信息，如图 1-1-4 所示。

```
SHOW DATABASES;   -- 查看数据库
USE sakila;    -- 打开 sakila 数据库
SHOW TABLES;   -- 查看 sakila 数据库中的表
```

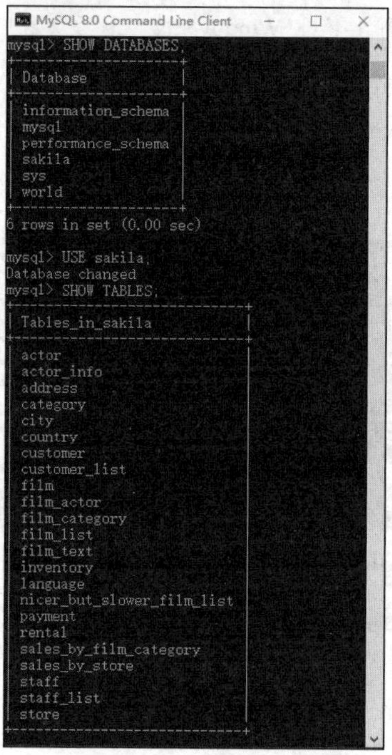

图 1-1-4　显示数据库信息

MySQL 的 SHOW 命令是一个功能强大的命令，可用于查看 MySQL 服务器和当前会话的各种参数。例如，用户可以通过输入以下命令来查看注释中提到的信息。

```
SHOW ENGINES; -- 查看存储引擎
SHOW ENGINE INNODB STATUS; -- 查看存储引擎 INNODB 的状态
SHOW PRIVILEGES; -- 查看服务器权限
SHOW CHARACTER SET; -- 查看可用的字符集
SHOW ERRORS;   -- 查看当前服务器的错误信息
```

另外，通过 SHOW STATUS 命令可以查看当前服务器的所有系统变量。要了解更多 SHOW 命令的使用方法，可以查看附录；更多内容则需要参考 MySQL 用户手册。

3．创建数据库

在图形界面客户端中，用鼠标右键单击（后文统称右击）界面左侧任意一个数据库，从弹出的快捷菜单中选择【创建数据库…】命令，然后输入数据库名，即可创建一个新的数据库。在命令行客户端下，需要使用命令创建数据库，命令格式如下。

```
CREATE {DATABASE | SCHEMA} [IF NOT EXISTS] db_name
[create_specification] …
create_specification:
[DEFAULT] CHARACTER SET [=] charset_name
| [DEFAULT] COLLATE [=] collation_name
```

在 MySQL 中 DATABASE 和 SCHEMA 是等价的，都是指数据库。一般我们只要给出数据库名，就可以创建数据库。参数 charset_name 是字符集，一般使用默认值 utf8mb4；collation_name 是排序规则，一般使用默认值。例如，utf8mb4 对应的 collation 有 utf8mb4_bin、utf8mb4_0900_ai_ci 等多个值，相同字符在不同排序规则下的顺序可能是不同的。

在此，使用 CREATE DATABASE 命令创建 employee 数据库，并查看结果。其所使用命令及结果如图 1-1-5 所示。

4．查看数据库信息

在命令行客户端中，查看数据库信息，其所使用命令及结果如图 1-1-6 所示。

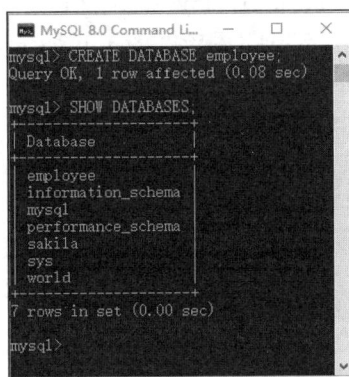

图 1-1-5　创建 employee 数据库

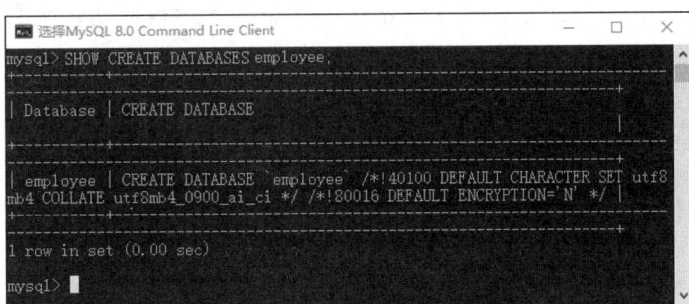

图 1-1-6　查看数据库信息

在 Navicat for MySQL 中，要查看数据库信息，需要选中相应数据库并右击，在弹出的快捷菜单中选择【编辑数据库…】命令，则系统以图形方式展示数据库信息，操作如图 1-1-7 所示。

数据库创建成功后，MySQL 服务器会在其数据目录下创建一个与数据库同名的目录，用于存放相应数据。数据库的信息存放在元数据库 information_schema 中，有兴趣的学生可以在 Navicat for MySQL 中查看 information_schema 中的 schemata 表，表中有一条数据记录了 employee 数据库的创建信息。

5．运行 SQL 文件

数据库创建后是空的，此时可通过运行 SQL 文件向数据库添加内容。SQL 文件是存储 SQL 命令的文件，学生可使用 Navicat for MySQL、记事本或其他打开文本文件的软件查看其内容。本实验提供的 employee.sql 中包含了创建 employee、company、manages、works 这 4 张表的 SQL 语句及向这些表中插入数据的语句。

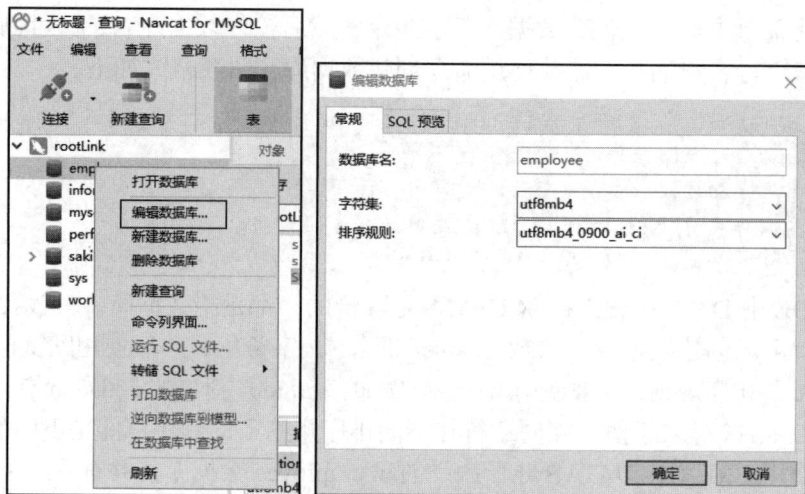

图 1-1-7　查看数据库信息

在 Navicat for MySQL 中运行 SQL 文件非常简单，用户首先选中 employee 数据或选中 employee 数据库中的【表】并右击，在弹出的快捷菜单中选择【运行 SQL 文件⋯】命令，如图 1-1-8（a）所示。在打开的对话框中按提示在相应目录下选择 employee.sql 文件，然后单击【开始】按钮【见图 1-1-8（b）】，则此 SQL 文件运行。运行完成后，图 1-1-8（b）的【信息日志】选项卡显示运行信息。若运行成功，则数据库中添加了相应的表和数据。

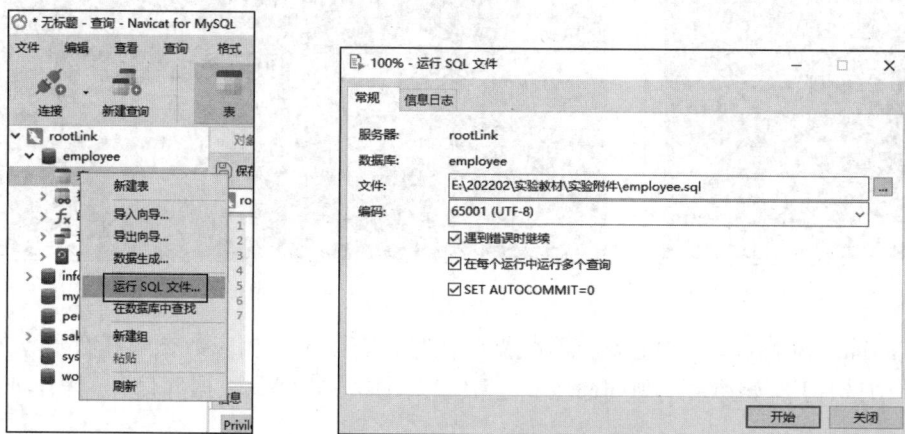

（a）选择【运行 SQL 文件⋯】命令　　　（b）"运行 SQL 文件"对话框

图 1-1-8　使用客户端图形界面运行 SQL 文件

此时右击界面左侧连接列表的任意位置，在弹出的快捷菜单中选择【刷新】命令，再单击 employee 数据库中的【表】，可看到数据库中添加了 4 张表。双击任意一张表，可看到主工作区显示表中的记录数据。图 1-1-9 给出刷新后单击 employee 数据库中的【表】，再双击 company 表后看到的数据。

在命令行客户端运行 SQL 文件，需要先打开数据库，然后使用 source 或/.命令运行 SQL 文件。运行时系统显示文件中每条 SQL 命令的执行结果，直到完成所有命令。此时还需要使用 show 命令显示当前数据库中的表，使用 SELECT 命令显示某一张表中的数据。其所需使用的命令如下。

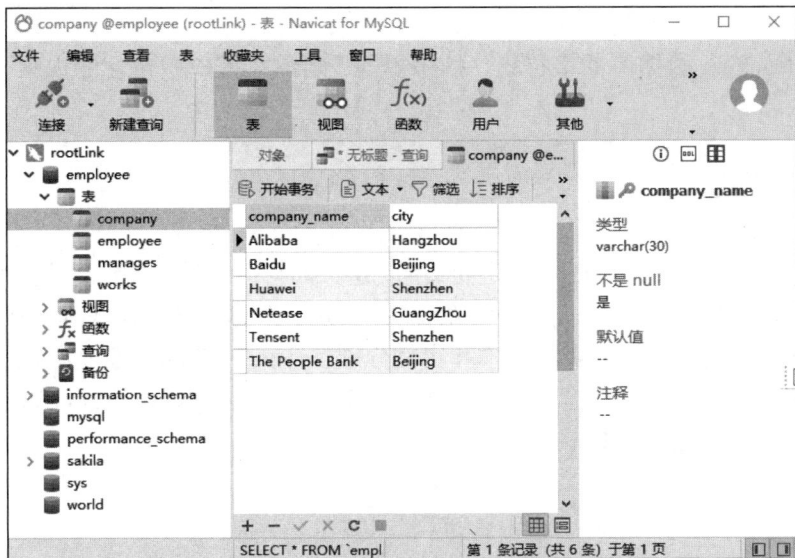

图 1-1-9 运行 SQL 文件后数据库的数据

```
Use employee;   --打开数据库
Source e:\mysqlexperimentfile\employee.sql   --需要修改 SQL 文件的路径为真实路径
Show tables;
SELECT * FROM company;
```

6. 删除数据库

若需要删除一个数据库，则可在命令行客户端输入以下命令。

```
Drop database <数据库名>;
```

若使用图形界面客户端，则可在右击数据库后，从弹出的快捷菜单中选择【删除数据库…】命令，以完成操作。

需要注意的是，删除数据库会删除其中的所有内容，包括所有表，以及后面我们会学到的视图、存储过程等内容，而且删除操作不可恢复。因此，使用此命令时需要慎重。

六、实验习题

1. 打开数据库服务，打开 MySQL 的两种操作环境（MySQL 和 Navicat for MySQL），体验两种环境的特点，并选择其中之一完成数据库操作。

2. 查看当前用户及其权限。

3. 建立空数据库 teaching，并设置为当前操作数据库。

4. 打开本次实验提供的文件 teaching.sql，阅读 SQL 语句了解数据库结构，并运行该文件建立此数据库中包含的所有表，然后导入数据。

5. 显示数据库名称、数据库包含表的列表，每张表的结构，并截图说明已完成该操作。

6. 查看 information-schema 数据库中关于 teaching 数据库的记录（information-schema 数据库中关于数据库、表、字段、约束等的表中信息。）

7. 查看当前 MySQL 服务器信息，包括当前时间、服务器连接数、打开文件数、打开表个数、当前查询个数等信息。

8. 查看 teaching 数据库的字符集、排序规则、当前数据库中包含的视图、触发器、存储过程等信息。

七、思考题

1. MySQL 中 database 与 schema 是同义词，这个词与主教材中提到的数据库是否等价？

2. 在关系数据模型中每张表是一个关系，每个关系都有自己的模式和实例，在 teaching 数据库中数据库模式和实例，表的模式和实例分别是什么？它们之间的关系是什么样的？

3. 多数同学都有自己的计算机，请下载 MySQL 及客户端软件，并部署实验环境，以便以后可以自行完成所有数据库操作。

数据查询

数据查询是最常用的数据库操作，熟练掌握数据查询命令是学生需要掌握的基本技能之一。依据主教材章节设置，本实验包含简单查询、多表查询、聚集计算、排序、集合操作、嵌套查询等多种查询，都需要学生熟练掌握。本实验需要 2 学时，学生可依据学习情况酌情增加学习时间。

一、实验目的

熟练掌握用 SQL 实现数据库查询的方法。

实验 2　演示视频

二、实验要求

完成实验内容及实验习题，对主要实验步骤，给出操作命令及执行结果（可截图）并完成实验报告。

三、实验材料

创建 employee 数据库的 SQL 文件。
创建 teaching 数据库的 SQL 文件。

四、实验准备

使用 Navicat for MySQL（或其他图形界面客户端）或 MySQL 命令行客户端连接 MySQL 服务器，创建 employee 数据库，并运行 SQL 文件，创建其中的表及插入数据（操作方法与步骤见实验 1）。

五、实验内容

SQL（structured query language，结构化查询语言）是关系型数据库的标准语言。SQL 标准中给出了 SQL 的明确定义，但各数据库系统在实现 SQL 时略有区别。

MySQL 对 SQL 命令功能的实现在语法上比较灵活，容错性强，对数据类型没有太严格的限制，方便用户使用。

　　MySQL 命令行客户端可直接使用 SQL，即在 MySQL 提示符下直接输入 SQL 语句，系统给出命令执行状态和运行结果。几乎所有图形界面客户端软件都需要打开一个【查询】编辑窗口。用户需要在该编辑窗口中输入和编辑 SQL 命令，然后单击【运行】按钮，则系统显示命令执行状态及结果。图 1-2-1 给出在 MySQL 命令行客户端查询 employee 数据库中 employee 表的内容的命令及执行结果。其中，MySQL 提示符 "mysql>" 后是输入的命令，其他部分是系统返回的执行结果。系统返回的命令执行状态是指命令是否成功执行及系统受到的影响。图 1-2-1 中 "Database changed" 是命令 "USE employee;" 的执行结果，表示数据库已打开。"23 rows in set (0.00 sec)" 则是 SELECT 命令的执行状态和报使用时间，表示系统返回了 23 行数据，用时 0.00 秒（用时不足 1 微秒，四舍五入结果为 0.00）。SELECT 命令的执行结果指图 1-2-1 中表格内的部分，即关系表 employee 中的内容。

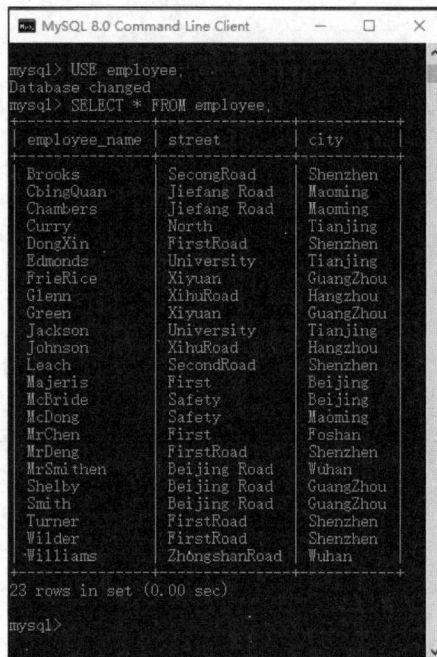

图 1-2-1　MySQL 命令行客户端 SQL 命令

　　图 1-2-2 给出在 Navicat for MySQL 中执行查询命令的界面及操作过程。其中具体操作步骤如下。

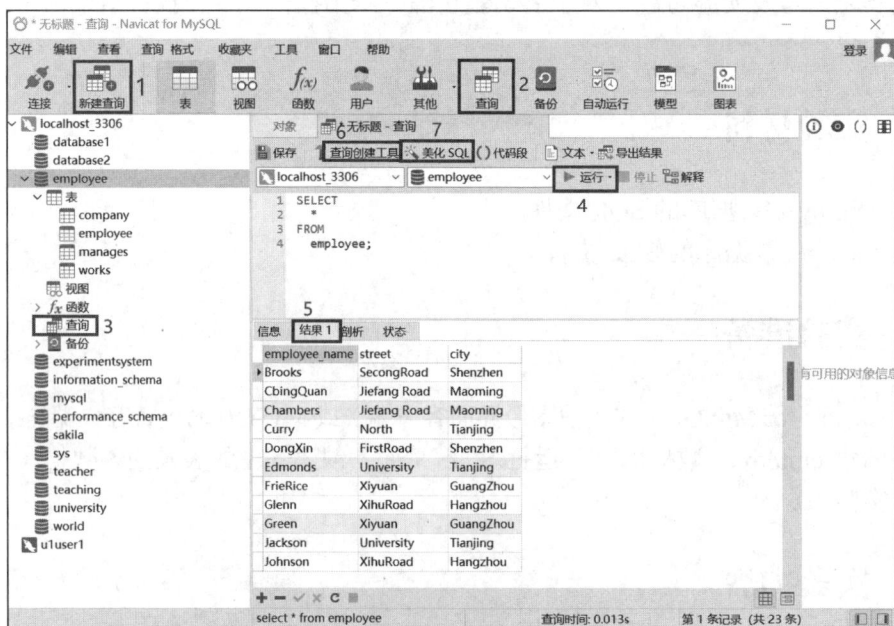

图 1-2-2　执行查询命令的界面及操作过程

　　（1）单击工具栏中的【新建查询】按钮（图 1-2-2 中编号 1 处），则系统建立一个空的 Tab 页，允许用户输入和编辑 SQL 命令。

（2）在此 Tab 页中输入查询命令 "SELECT * FROM employee;"。

（3）单击界面上的【运行】按钮（图 1-2-2 中编号 4 处），则系统在主工作区下方以网格方式显示查询结果，系统默认显示【结果 1】（图 1-2-2 中编号 5 处）。用户可单击其他 Tab 页，查看相关内容。Navicat for MySQL 一次可显示 20 个结果集。

值得注意的是，Navicat for MySQL 将查询理解为数据库的一部分，允许将查询命令进行保存，以方便下一次调用。单击图 1-2-2 中编号为 2 的按钮和编号为 3 的数据库选项，可看到数据库中所有已存储的命名查询；双击某个查询，可打开并使用它。

另外，查询中可包含多条 SQL 语句，若用户选中其中一条或几条 SQL 语句，单击【运行】按钮，则执行选中的 SQL 语句。若未选择任何语句，则单击【运行】按钮后执行所有 SQL 语句。

Navicat for MySQL 还提供了【查询创建工具】（图 1-2-2 中编号 6 处）和【美化 SQL】（图 1-2-2 中编号 7 处）按钮。单击【查询创建工具】按钮，系统显示查询创建工具界面（见图 1-2-3），在此界面下，通过选择表、字段等操作自动生成 SQL 语句。这一工具操作简单，适合 SQL 初学者。单击【美化 SQL】按钮，可以按格式排列 SQL 语句，更方便阅读 SQL 语句。另外，该按钮右侧还有【代码段】、【文本】、【导出结果】等按钮，方便用户对结果或结果的一部分进行导出。

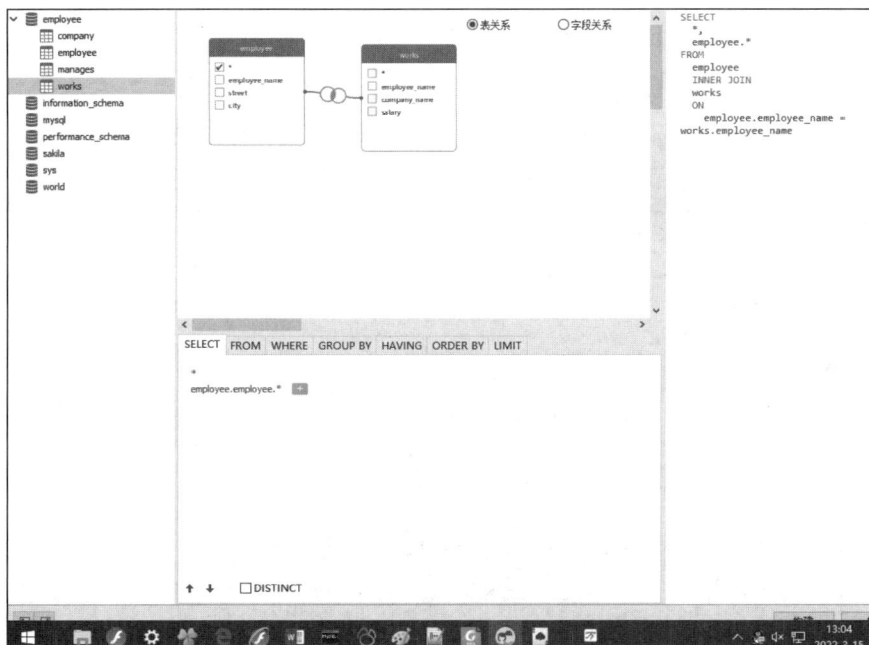

图 1-2-3　查询创建工具界面

用户可使用以上两种方式中的任意一种完成以下实验。

1．基本查询

（1）查询雇员的姓名及其工资。

```
SELECT employee_name, salary FROM works;
```

（2）显示雇员的 employee_name 和 salary，其中 employee_name 属性列显示为 "姓名"，salary 属性列显示为 "工资"。

```
SELECT employee_name AS 姓名, salary AS 工资 FROM works;
```

（3）显示每位雇员工资的原数额及上浮 20%的结果。

```
SELECT employee_name, salary, salary*1.2 FROM works;
```

（4）显示数据库中所有经理的姓名，并注意显示时去掉重复的姓名。

```
SELECT DISTINCT manager_name FROM manages;
```

（5）查询雇员姓名和工资，并按工资从小到大排序。

```
SELECT employee_name, salary FROM works ORDER BY salary;
```

（6）查询雇员信息，先按公司名从小到大排序，公司名相同时按工资从大到小排序。

```
SELECT * FROM works ORDER BY company_name, salary DESC;
```

2．条件查询和连接查询

（1）显示公司名称为"Alibaba"的雇员的姓名和工资。

```
SELECT employee_name, salary FROM works WHERE company_name='Alibaba';
```

（2）显示 Alibaba 公司内工资大于或等于 10000 元的雇员姓名和工资。

```
SELECT employee_name, salary FROM works WHERE salary>=10000 AND company_name='Alibaba';
```

（3）显示不在公司 Tensent 和 Huawei 的雇员的姓名和所在城市、所在街道、工资。

```
SELECT employee.employee_name, city, street, salary
FROM works NATURAL JOIN employee
WHERE company_name != 'Tensent' AND company_name !='Huawei';
```

或者

```
SELECT employee.employee_name, city, street, salary
FROM works, employee
WHERE employee.employee_name=works.employee_name AND NOT(company_name = 'Tensent'
OR company_name ='Huawei');
```

或者

```
SELECT employee.employee_name, city, street, salary
FROM works NATURAL JOIN employee
WHERE NOT(company_name = 'Tensent') AND NOT(company_name ='Huawei');
```

注意：自然连接可以用条件连接替代，查询条件也可以有很多表达方式。所以查询语句的写法在表达条件和连接等信息时，特别是查询比较复杂时，答案一般不唯一。学生要细心查看查询结果是否与查询要求一致。

（4）使用谓词 BETWEEN…AND…显示工资在 10000 元和 15000 元之间的雇员的姓名、所在公司及工资信息。

```
SELECT * FROM works WHERE salary BETWEEN 10000 AND 15000;
```

（5）显示所有以字母"G"开头，第 5 个字母是"n"的员工的姓名和所在城市与街道。

```
SELECT * FROM employee WHERE employee_name LIKE 'G_ _ _n%';
```

（6）查询没有经理，即 manages 表中经理姓名一栏为空的员工的姓名、所在公司、经理和工资等信息。

```
SELECT * FROM works NATURAL JOIN manages WHERE manager_name IS NULL;
```

（7）查询有经理的员工，即 manages 表中经理姓名列有姓名的员工的姓名、所在公司、经理和工资等信息。

```
SELECT * FROM works NATURAL JOIN manages WHERE manager_name IS NOT NULL;
```

（8）查询员工姓名、工资和所在公司，要求包括不属于任何公司的员工，其对应的公司名显示为空。

```
SELECT e.employee_name,salary, company_name
FROM employee e LEFT OUTER JOIN works w ON e.employee_name = w.employee_name;
```

此查询中使用了 LEFT OUTER JOIN，即左外连接操作。左外连接操作的结果包括两个部分：一是左、右两张表中满足 ON 条件的连接结果；二是 LEFT OUTER JOIN 左边表中没有与右边表满足 ON 条件连接的记录、空值拼接形成的记录。MySQL 支持自然连接、内连接、左外连接、右外连接和全外连接。

（9）进行 employee 表与 works 表之间的笛卡儿积查询。

```
SELECT * FROM employee CROSS JOIN works;
```

或者

```
SELECT * FROM employee, works;
```

MySQL 支持笛卡儿积操作，其关键词为 CROSS JOIN（或者表之间用逗号）。

（10）EXISTS 查询。EXISTS 谓词用于测试子查询结果是不是空表，若子查询结果集不是空集，则返回 TRUE，否则返回 FALSE。

例如，查询工资大于 15000 元的员工的姓名和住址（所在城市与街道）。

```
SELECT * FROM employee WHERE EXISTS (SELECT *
FROM works
WHERE employee.employee_name= works.employee_name AND salary>15000);
```

此查询等价于以下连接查询：

```
SELECT employee.* FROM employee NATURAL JOIN works WHERE salary>15000;
```

或者以下查询：

```
SELECT employee.* FROM employee, works
WHERE employee.employee_name= works.employee_name AND salary>15000;
```

3．统计查询

（1）统计 works 表中雇员人数和工资总和。

```
SELECT COUNT(*), SUM(salary) FROM works;
```

（2）根据 company_name 对 works 表中的数据进行分组，统计每家公司名及雇员人数。

```
SELECT company_name, COUNT(*) FROM works GROUP BY company_name;
```

此处需要注意的是，按 SQL 标准，只有出现在 GROUP BY 后面的字段或聚集函数中的字段可以出现在 SELECT 子句中。若其他 FROM 子句中所包含的表中的字段出现在 SELECT 子句中，则系统报语法错误。但 MySQL 不同，它允许所有 FROM 子句所包含的表中的字段出现在 SELECT 子句中，不报错，但显示的这些字段的值对统计结果没有意义。例如，图 1-2-4 中的查询在显示 works 表中每家公司名称及总雇员人数之外，又要求显示 salary 字段的值。若使用其他数据库系统，此语句报语法错误，但 MySQL 不报错，所显示的 salary 值是属于 GROUP BY 所指定分组中的一个 salary 值（一般是原数据表中第一条记录的对应字段的值）。我们看查询结果中第一行记录，Alibaba 公司雇员人数为 4 人，其中某个人的工资是 17000.00 元。那么按一般理解"某个人的工资是 17000.00 元"对统计结果没有影响，也没有意义。

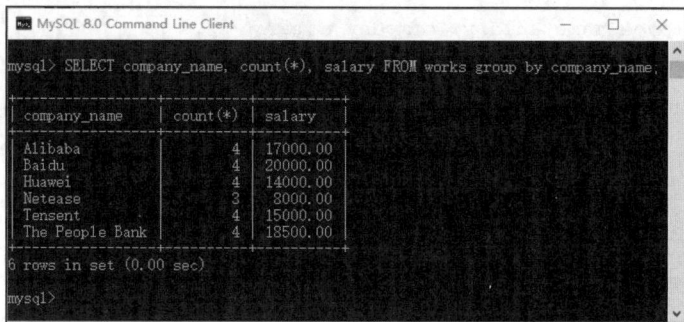

图 1-2-4　查询中包含无意义的输出项

（3）根据 company_name 对 works 表中的数据进行分组，并显示雇员人数大于 3 的分组信息。

```
SELECT company_name, COUNT(*) FROM works GROUP BY company_name HAVING COUNT(*)>3;
```

（4）显示每位经理所管理人数及所管理人员的工资总额。

```
SELECT manager_name, COUNT(*), SUM(salary)
FROM manages NATURAL JOIN works
WHERE manager_name IS NOT NULL GROUP BY manager_name;
```

4．集合相关查询

与集合相关的查询包括元素是否属于某个集合，集合是不是空集，集合与集合的并、交、差等操作。这些操作分别使用谓词 IN、EXISTS、UNION、INTERSECT 和 EXCEPT 实现。MySQL 不支持集合的交、差操作，即 INTERSECT 和 EXCEPT。这两个操作需要使用其他谓词实现。

（1）查询经理"MrChen""Curry"和"Glenn"所管理的员工的姓名、所在街道、城市、所属公司、工资等信息，并按照经理姓名升序排列。

```
SELECT manager_name, employee.*, works.*
FROM manages NATURAL JOIN works NATURAL JOIN employee
WHERE manager_name IN ('MrChen','Curry','Glenn') ORDER BY manager_name;
```

注意，此句中使用了 IN 谓词。其语法格式如下：

```
<元素> IN <集合>
```

其含义是判定元素是否包含在集合中，若包含则返回 TRUE，否则返回 FALSE。此处的集合可以是以枚举方式列出的，也可以是一个子查询。与此句等价的表达形式非常多，主要体现在谓词 IN 可以使用 OR 代替，如下所示。

```
SELECT manager_name, employee.*, works.*
FROM manages NATURAL JOIN works NATURAL JOIN employee
WHERE manager_name ='MrChen' OR manager_name = 'Curry' OR manager_name ='Glenn'
ORDER BY manager_name;
```

或者将自然连接替换为等价的条件连接：

```
SELECT manager_name, employee.*, works.*
FROM manages NATURAL JOIN works, employee
WHERE manager_name IN ('MrChen','Curry','Glenn') AND employee. Employee_name=works.
Employee_name
ORDER BY manager_name;
```

（2）使用谓词 IN 查询 Alibaba 公司所有员工的姓名、所在城市。

```
SELECT employee_name, city
FROM employee
WHERE employee_name IN
(SELECT employee_name FROM works WHERE company_name='Alibaba');
```

（3）使用谓词 ANY/SOME 查询比 Tensent 公司的任意一位员工工资高的员工的姓名（查询比 Tensent 公司工资最低的员工的工资高的员工姓名）。

```
SELECT w1.employee_name, w1.salary FROM works w1
WHERE w1.salary > (SELECT max(w2.salary) FROM works as W2 WHERE w2.company_name=
'Tensent');
```

MySQL 规定谓词 ANY 的语法格式如下：

```
<元素> >ANY <集合>
```

若<元素>大于<集合>中某一个元素，谓词返回 TRUE，否则返回 FALSE。此处 ">" 可修改为其他比较运算符，如>=、<、<=、=、!=等。

值得注意的是，MySQL 中谓词 ANY 与 SOME 是同义词。而 SQL 标准中一般将 SOME 理解为其中某一个，将 ANY 理解为其中任意一个。

（4）使用谓词 UNION 查询 Tensent 和 Alibaba 公司的员工姓名。

```
(SELECT * FROM works WHERE company_name ='Tensent')
UNION
(SELECT * FROM works WHERE company_name = 'Alibaba')
```

使用谓词 UNION 时，需要注意谓词 UNION 进行并操作的两个关系表的结构必须相容，即两个关系对应字段的类型和长度要相容。谓词 UNION 也可使用等价的查询替代，例如，以上查询等价于：

```
SELECT * FROM works
WHERE company_name ='Tensent' OR company_name = 'Alibaba';
```

（5）使用谓词 INTERSECT 查询在 Tensent 公司工作且住在 Shenzhen 的员工姓名。

这个查询可看成集合的交运算，即求在 Tensent 公司工作的员工姓名的集合与住在

Shenzhen 的员工姓名的集合的交集。若数据库系统支持交运算，查询语句如下：

```
(SELECT employee_name
FROM employee
WHERE city='Shenzhen')
INTERSECT
(SELECT employee_name
FROM works
WHERE company_name='Tensent');
```

MySQL 不支持交运算，因此我们需要换一种思路来实现交运算。此查询也可理解为查询住在 Shenzhen 的员工，要求其姓名出现在 Tensent 公司的员工姓名的集合中，即：

```
SELECT employee_name
FROM employee
WHERE city='Shenzhen' AND employee_name IN (SELECT employee_name FROM works WHERE
company_name='Tensent');
```

此查询还可理解为在 employee 与 works 自然连接形成的关系上查询，即：

```
SELECT employee_name FROM employee NATURAL JOIN works
WHERE city='Shenzhen' AND company_name='Tensent';
```

同样集合的差运算在 MySQL 中也可使用 NOT IN 或其谓词表达。例如，查询住在 Shenzhen 且不在 Tensent 公司工作的员工姓名，可表示为：

```
SELECT employee_name
FROM employee
WHERE city='Shenzhen' AND employee_name NOT IN
(SELECT employee_name FROM works WHERE company_name='Tensent');
```

或者

```
SELECT employee_name
FROM employee NATURAL JOIN works
WHERE city='Shenzhen' AND company_name!='Tensent';
```

5．标量查询

按照关系模型理论，查询结果应该是一张关系表，但实际应用中，我们可以把仅包含单个值的查询结果看成一个相应类型的值来使用。

（1）查询工资最高的员工的姓名、所在城市。

```
SELECT employee.* FROM employee NATURAL JOIN works
WHERE salary=(SELECT max(salary) FROM works);
```

此查询中因为工资的最高值只有一个，所以可以在 WHERE 子句中使用 "salary =(…)" 格式进行查询。此查询中若子查询的返回结果不止一个值，系统会报错。

（2）查询每个员工姓名、他/她的经理姓名及他/她所在公司。

```
SELECT employee_name, manager_name,
(SELECT company_name FROM works WHERE employee_name=m.employee_name)
FROM manages m;
```

此语句在 SELECT 子句中使用了子查询（SELECT company_name FROM works WHERE

employee_name=m.employee_name）。此子查询对查询结果中每条数据仅返回一个值，若返回值不唯一，则系统报错。

6．MySQL 特别查询

值得注意的是，MySQL 有一些查询非常灵活、方便。

（1）仅包含查询项的查询。

MySQL 允许 SELECT 语句中只有查询项，没有 FROM 等子句。其语法格式如下：

```
SELECT<表达式>[,<表达式>[…]]
```

例如，在图 1-2-5 中执行查询语句"SELECT 1+3;"，输出结果为"4"。

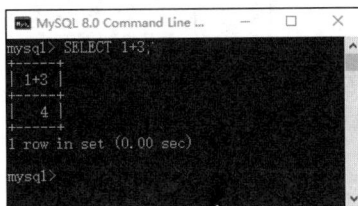

图 1-2-5 仅包含查询项的查询

使用这种方法可以方便地查询一些不是从数据库中取出的信息，如表达式的值、系统的一些状态变量或其他用户需要的信息。学生可以在任意客户端输入以下查询，查看执行结果。

```
SELECT CONCAT('Tom & ','Jerry');
SELECT SIN(3)*5;
SELECT CURRENT_DATE, CURDATE()+1;
SELECT CURRENT_TIME, CURTIME();
SELECT CURRENT_USER;
```

（2）使用内置函数的查询。

MySQL 提供了大量的内置函数，这些内置函数可在各种表达式中使用，也可用在查询语句的 SELECT 子句、WHERE 子句、HAVING 子句和 ORDER BY 子句中，用来表达用户的需求。MySQL 8.0 提供了数学函数、字符串函数、日期和时间函数、控制流函数、系统信息函数、加密函数和格式化函数等（共 407 个）内置函数，若有需要则可查看 MySQL 用户手册。表 1-2-1 列出了常用的内置函数。

表 1-2-1　常用的内置函数

类型	函数名称	作用
数学函数	ABS(x)	返回 x 的绝对值
	CEIL(x)、CEILING(x)	返回大于或等于 x 的最小整数
	FLOOR(x)	返回小于或等于 x 的最大整数
	RAND()	返回 0~1 的随机数
	SIGN(x)	返回 x 的符号。x 是负数、0、正数时，分别返回−1、0 和 1
	PI()	返回圆周率（3.141593）
	TRUNCATE(x,y)	返回数值 x 保留到小数点后 y 位的值（与 ROUND(x)函数最大的区别是不会进行四舍五入）
	ROUND(x)	返回离 x 最近的整数

类型	函数名称	作用
数学函数	POW(x,y)、POWER(x,y)	返回 x 的 y 次方
	SQRT(x)	返回 x 的平方根
	EXP(x)	返回 e 的 x 次方
	MOD(x,y)	返回 x 除以 y 后的余数
	LOG(x)	返回自然对数（以 e 为底的对数）
	SIN(x)	求正弦值（参数是弧度）
字符串函数	CHAR_LENGTH(s)	返回字符串 s 的字符数
	LENGTH(s)	返回字符串 s 的长度
	CONCAT(s1,s2,…)	将字符串 s1、s2 等多个字符串合并为一个字符串
	UPPER(s)、UCASE(s)	将字符串 s 的所有字母变成大写字母
	LOWER(s)、LCASE(s)	将字符串 s 的所有字母变成小写字母
	LEFT(s,n)	返回字符串 s 的前 n 个字符
	RIGHT(s,n)	返回字符串 s 的后 n 个字符
	LTRIM(s)	去掉字符串 s 开始处的空格
	RTRIM(s)	去掉字符串 s 结尾处的空格
	TRIM(s)	去掉字符串 s 开始和结尾处的空格
	SUBSTRING(s,n,len)	从字符串 s 中的第 n 个位置开始，获取长度为 len 的字符串
日期和时间函数	CURDATE()	返回当前日期，与 CURRENT_DATE 含义相同
	CURTIME()	返回当前时间，与 CURRENT_TIME 含义相同
	NOW()	返回当前日期和时间。与其具有相同含义的函数包括 CURRENT_TIMESTAMP()、LOCALTIME()、SYSDATE()、LOCALTIMESTAMP()
	MONTH(d)	返回日期 d 中的月份值
	MONTHNAME(d)	返回日期 d 中的月份名称，如 January
	WEEKDAY(d)	返回日期 d 是星期几
	DAYOFYEAR(d)	计算日期 d 是本年的第几天
	DATEDIFF(d1,d2)	计算日期 d1～d2 之间相隔的天数
	ADDDATE(d,n)	计算日期 d 加上 n 天的日期
	SUBDATE(d,n)	计算日期 d 减去 n 天后的日期
控制流函数	IF(expr,v1,v2)	如果表达式 expr 成立，则返回结果 v1，否则返回结果 v2
	IFNULL(v1,v2)	如果 v1 的值不为 NULL，则返回结果 v1，否则返回结果 v2
	CASE value WHEN [compare_value] THEN result [WHEN [compare_value] THEN result …] [ELSE result] END	返回第一个 \<value\>=\<compare_value\>对应的 result；若都不相等，则返回 ELSE 对应的 result
	CASE WHEN [condition] THEN result [WHEN [condition] THEN result …] [ELSE result] END	返回第一个 condition 成立的 result；若都不相等，则返回 ELSE 对应的 result
系统信息函数	DATABASE()、SCHEMA()	返回当前数据库名
	USER()	返回当前用户，与函数 SYSTEM_USER()、SESSION_USER()、CURRENT_USER()功能相同
	VERSION()	返回数据库的版本号

类型	函数名称	作用
加密/解密函数	MD5(str)	对字符串 str 使用 MD5 加密算法进行加密，一般用于对不需要解密的数据加密
	AES_ENCRYPT(str,key_str[,init_vector])、AES_DECRYPT(crypt_str,key_str[, init_vector])	AES 加密/解密算法。AES（advanced encryption standard，高级加密标准）是对称加密算法，其加密与解密密钥相同
其他函数	FORMAT(x,n)	将数字 x 保留到小数点后 n 位
	ASCII(S)、BIN(x)、HEX(x)、OCT(x)、CONV(x,f1,f2)	这是一组数制转换函数： ASCII(s) 返回字符串 s 第一个字符的 ASCII 值； BIN(x) 返回 x 的二进制编码； HEX(x) 返回 x 的十六进制编码； OCT(x) 返回 x 的八进制编码； CONV(x,f1,f2) 用于将 f1 进制数转换成 f2 进制数
	CAST(x AS type)、CONVERT(x,type)	对 BINARY、CHAR、DATE、DATETIME、TIME、SIGNED INTEGER、UNSIGNED INTEGER 等类型的数据进行强制类型转换

六、实验习题

1. 查询所有信息学院开设的 3 个学分的课程名。
2. 查询 ID 为 122345 的学生所选修的所有课程的课程号与课程名。
3. 使用聚集函数查询 ID 为 122345 的学生所选修的课程所获得的总学分。
4. 统计每位学生选修的总学分数，并显示学生姓名和总学分。没选修课程的学生，其总学分的对应位置显示 0。
5. 查询每位选修过信息学院开设某一门课程的学生姓名，注意去掉重复的学生姓名。
6. 显示未上过课（未在 teaches 表注册讲授课程）的教师的 ID 和姓名。
7. 查询课程选修人数的最大值和最小值，以及人数最多和最少的课程信息（course_id、sec_id、semester、year）。要求没有学生选修的 section 不用显示。
8. 查询课程选修人数的最大值和最小值，以及人数最多和最少的课程信息（course_id、sec_id、semester、year）。要求没有学生选修的 section 对应人数显示为 0。
9. 查询所有名称以"C4"开头的课程的 ID 号。
10. 查询所有讲授了名称以"C4"开头课程的教师的 ID 号和姓名（用两种方法：①使用 NOT EXISTS EXCEPT 或类似结构的 SQL 语句；②统计教师讲授的以"C4"开头的课程门数及系统中以"C4"开头的课程门数，判断二者是否相等）。

七、思考题

1. 分组查询中的 WHERE 和 HAVING 有什么区别？请举例说明。
2. 不在 GROUP BY 子句中出现的属性，是否可以出现在 SELECT 子句中？请举例说明。
3. 在 GROUP BY 子句中出现的属性，是否可以不出现在 SELECT 子句中？请举例说明。

数据库一致性维护

创建数据库后，需要通过命令调整数据库结构，以满足数据存储需求。本实验要求熟练使用 DDL 进行各种数据库结构调整操作，包括创建表、修改表结构、删除表等。

一、实验目的

理解和掌握数据库 DDL，能够熟练地使用 DDL 语句创建、修改和删除数据表并维护数据库的一致性。

二、实验要求

完成实验内容及实验习题，对主要实验步骤，给出操作命令及执行结果（可截图）并完成实验报告。

三、实验材料

创建 employee 数据库的 SQL 文件。
创建 teaching 数据库的 SQL 文件。

四、实验准备

1. 查阅教材一致性维护操作命令。
2. 查阅 MySQL 手册，了解其对数据库一致性维护的特别之处。

五、实验内容

1. 表结构和数据库内容

数据库由相关联的多张表组成，用于存储某单位的互相关联的信息。表是数据库的基本组成单位，用于存放一组相同结构的数据。表结构主要包括表的字段组成和约束。表的每个字段有字段名、数据类型、长度等信息。一般数据库系统都支持创建表、修改表结构、查看表结构和删除表等操作，定义了 PRIMARY KEY、NOT NULL、CHECK 和 UNIQUE 等多种约束。

每个数据库系统都预定义了多种数据类型，如数值类型、字符串类型和日期类型等，同时也支持用户自定义数据类型。MySQL 常用的数据类型包括数值类型、日期/时间类型和字符串（字符）类型等，各类具体数据类型如表 1-3-1～表 1-3-3 所示。

表 1-3-1   MySQL 的常用数值类型

类型	大小（字节）	范围（有符号）	范围（无符号）	用途
TINYINT	1	(−128,127)	(0,255)	小整数值
SMALLINT	2	(−32 768,32 767)	(0,65 535)	大整数值
MEDIUMINT	3	(−8 388 608,8 388 607)	(0,16 777 215)	大整数值
INT 或 INTEGER	4	(−2 147 483 648,2 147 483 647)	(0,4 294 967 295)	大整数值
BIGINT	8	(−9,223,372,036,854,775,808, 9 223 372 036 854 775 807)	(0,18 446 744 073 709 551 615)	极大整数值
FLOAT	4	(−3.402 823 466 E+38,−1.175 494 351 E−38),0,(1.175 494 351 E−38,3.402 823 466 E+38)	0,(1.175 494 351 E−38, 3.402 823 466 E+38)	单精度浮点数值
DOUBLE	8	(−1.797 693 134 862 315 7 E+308, −2.225 073 858 507 201 4 E−308), 0,(2.225 073 858 507 201 4 E−308, 1.797 693 134 862 315 7 E+308)	0,(2.225 073 858 507 201 4 E−308,1.797 693 134 862 315 7 E+ 308)	双精度浮点数值
DECIMAL	对于 DECIMAL(M,D)，如果 M>D，大小为 M+2，否则为 D+2	依赖于 M 和 D 的值	依赖于 M 和 D 的值	小数值

表 1-3-2   MySQL 的日期/时间类型

类型	大小（字节）	范围	格式	用途
DATE	3	1000-01-01～9999-12-31	YYYY-MM-DD	日期值
TIME	3	'−838:59:59'～'838:59:59'	HH:MM:SS	时间值或持续时间
YEAR	1	1901～2155	YYYY	年份值
DATETIME	8	1000-01-01 00:00:00～9999-12-31 23:59:59	YYYY-MM-DD HH:MM:SS	混合日期和时间值
TIMESTAMP	4	从 1970-01-01 00:00:01 至 2038-1-19 03:14:07 UTC 之间的一个时间值，可表示为一个正整数（距离开始时间的秒数）或一个时间值	YYYYMMDD HHMMSS	混合日期和时间值，时间戳

表 1-3-3   MySQL 的字符串类型

类型	大小（字节）	用途
CHAR	0～255	定长字符串
VARCHAR	0～65 535	变长字符串
TINYBLOB	0～255	不超过 255 个字符的二进制字符串
TINYTEXT	0～255	短文本字符串
BLOB	0～65 535	二进制形式的长文本数据
TEXT	0～65 535	长文本数据

类型	大小（字节）	用途
MEDIUMBLOB	0～16 777 215	二进制形式的中等长度文本数据
MEDIUMTEXT	0～16 777 215	中等长度文本数据
LONGBLOB	0～4 294 967 295	二进制形式的极大文本数据
LONGTEXT	0～4 294 967 295	极大文本数据

2．创建表

（1）使用 SQL 语句创建表。

employee 数据库包含 employee、company、manages、works 这 4 张表，创建表的 SQL 语句如下。

```
CREATE TABLE `employee`
    (`employee_name`      VARCHAR(20),
     `street`             VARCHAR(20),
     `city`               VARCHAR(20),
     PRIMARY KEY (`employee_name`)
     )
CREATE TABLE `company`
    (`company_name`       VARCHAR(30) NOT NULL,
     `city`               VARCHAR(20) NOT NULL,
     PRIMARY KEY (`company_name`)
     )
CREATE TABLE `manages`
    (`employee_name`      VARCHAR(20) NOT NULL,
     `manager_name`       VARCHAR(20),
     PRIMARY KEY (`employee_name`),
     CONSTRAINT `employee_manages_1` FOREIGN KEY (`employee_name`) REFERENCES
`employee` (`employee_name`) ON DELETE CASCASE
     )
CREATE TABLE `works`
    (`employee_name`      VARCHAR(20) NOT NULL,
     `company_name`       VARCHAR(30) NOT NULL,
     `salary`             NUMRIC(8,2),CHECK(`salary`>3000),
     PRIMARY KEY (`employee_name`),
     FOREIGN KEY (`employee_name`) REFERENCES `employee` (`employee_name`) ON
DELETE CASCASE,
     FOREIGN KEY (`company_name`) REFERENCES `company` (`company_name`) ON DELETE
CASCASE
     )
```

MySQL 提供 SQL 语句执行环境，在命令行客户端直接输入这些语句，按 Enter 键，即可看到执行结果。图 1-3-1 给出了创建 employee 表的 SQL 语句及执行结果。图 1-3-1 中首先打开 employee 数据库，假设此时数据库为空，则执行 CREATE TABLE `employee`命令。执行结果如下：

```
Query OK, 0 rows affected (0.28 sec)
```

接下来，图 1-3-1 中使用 DESC 命令查看表结构。DESC 命令的语法格式如下：

```
DESC employee;
```

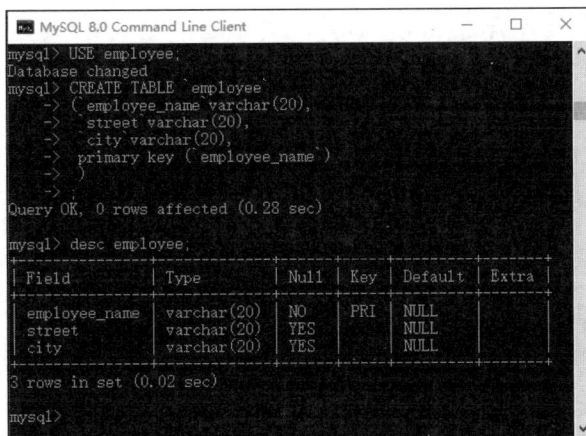

图 1-3-1　创建 employee 表的操作与结果

可以看到 employee 表包含 3 个字段，每个字段有字段名（Field）、类型与长度（Type）、是不是空（Null）、是不是主键（Key）、默认值（Default）等属性，与创建表给出的设置相同。

实验 1 中介绍了运行 SQL 文件的方法，若事先把对数据库的操作写在一个 SQL 文件中或通过备份等操作生成数据库的 SQL 文件，则可快速完成生成数据库并填充数据的操作。

（2）使用图形界面客户端创建表。

在图形界面客户端创建表更简单。例如，在 Navicat for MySQL 的工具栏中单击【表】按钮，再单击工具栏中的【新建表】按钮，系统展示创建表的界面，如图 1-3-2 所示。在此界面中输入每个字段的字段名、数据类型、长度、是不是空、是不是主键、默认值等信息，然后单击【文件】→【保存】命令，输入表名，可完成建表操作。

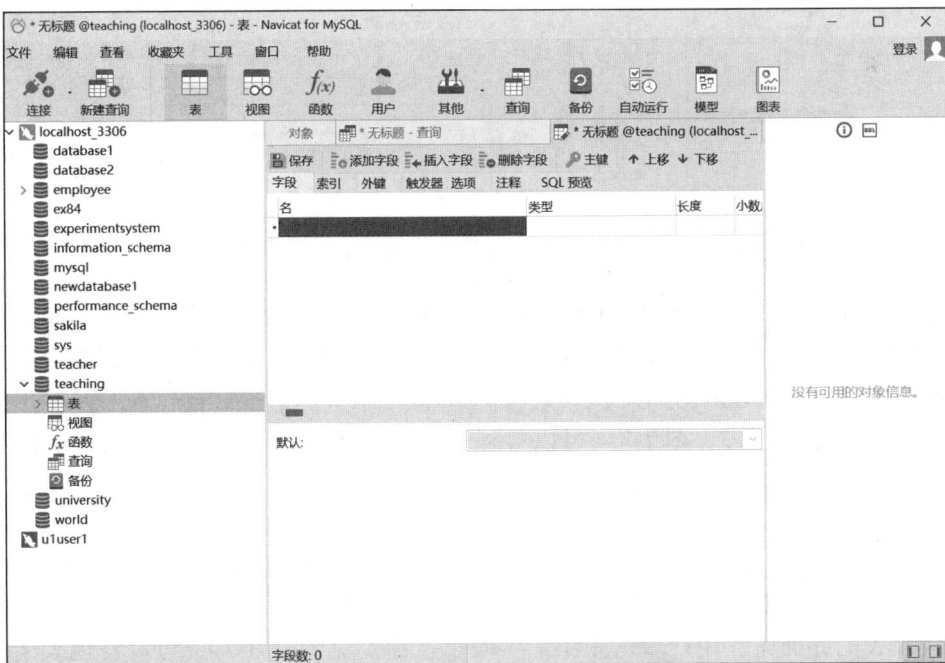

图 1-3-2　利用图形界面客户端创建数据表

数据库一致性维护　实验 3

（3）使用 SQL 文件创建表。

MySQL 允许运行 SQL 文件创建表。此操作在实验 1 "运行 SQL 文件" 小节中介绍过，即先将创建表的语句写入 SQL 文件，再通过运行 SQL 文件创建表。

创建表的方法还有很多种，例如通过导入向导、恢复备份、保存查询结果等创建表。学生可以在后续学习过程中逐渐深入了解和总结。

3．表结构维护

（1）查看表及表结构。

在图形界面客户端，用户双击数据库可直接打开数据库，若双击数据库中的表图标或单击表图标左侧的【>】符号，可看到数据库中所有表的名称。右击某张表，从弹出的快捷菜单中选择【设计表】命令，软件会在主工作区显示表结构。例如，图 1-3-3（a）给出了表操作的快捷菜单，其中包含几乎所有对表的操作，学生可一一单击试用；图 1-3-3（b）给出了 employee 表的表结构。

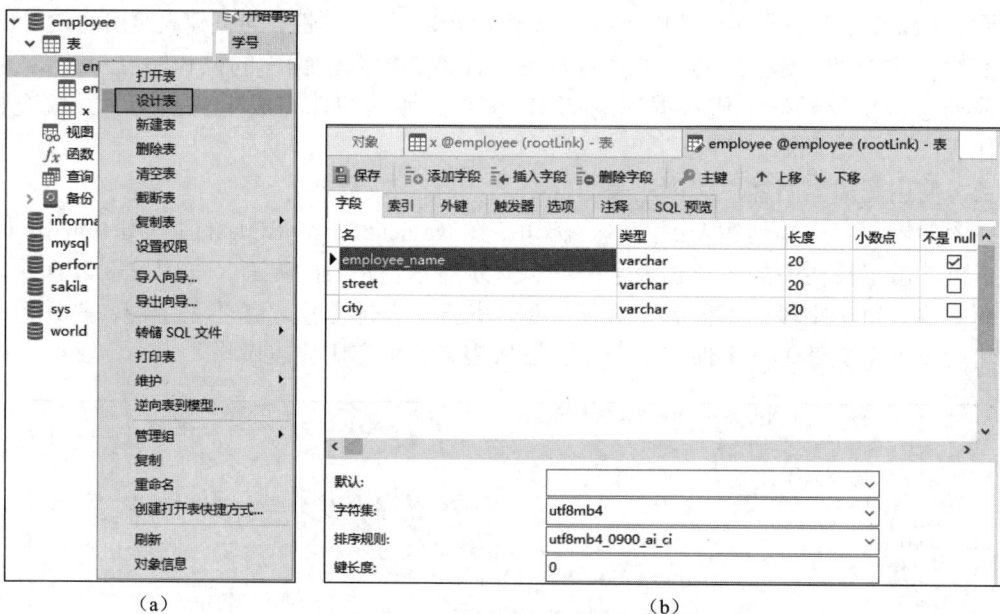

（a）　　　　　　　　　　　（b）

图 1-3-3　表操作的快捷菜单及 employee 表的表结构

在命令行客户端，需要使用 SHOW DATABASES 命令查看服务器上所有数据库（见实验 1 创建数据库），打开一个数据库后，使用 SHOW TABLES 命令查看数据库中所有表的名称，使用 DESC 或 DESCRIBE 命令可查看一张表的表结构，这些操作命令及输出结果如图 1-3-4 所示。从图 1-3-3、图 1-3-4 可以看到 employee 表结构的两种展示方法。两种展示方法并没有很大区别，学生可依据个人习惯选择想要使用的客户端。

（2）增加表字段。

向 employee 表中增加 "性别" 字段，其属性名为 gender、数据类型为 varchar（字符串）类型、默认值为 "male"，并显示修改结果。

在设计表的界面中，用户单击【添加字段】按钮（见图 1-3-5），可以发现表结构的下面增加一个空行，在此行填写字段名、类型、长度、是不是空等选项，接着在【默认】选项中填写默认值为'male'，然后单击【保存】按钮，即可完成添加字段操作。添加结果立即可见，如图 1-3-5 所示。

图 1-3-4　显示数据库中表及表结构

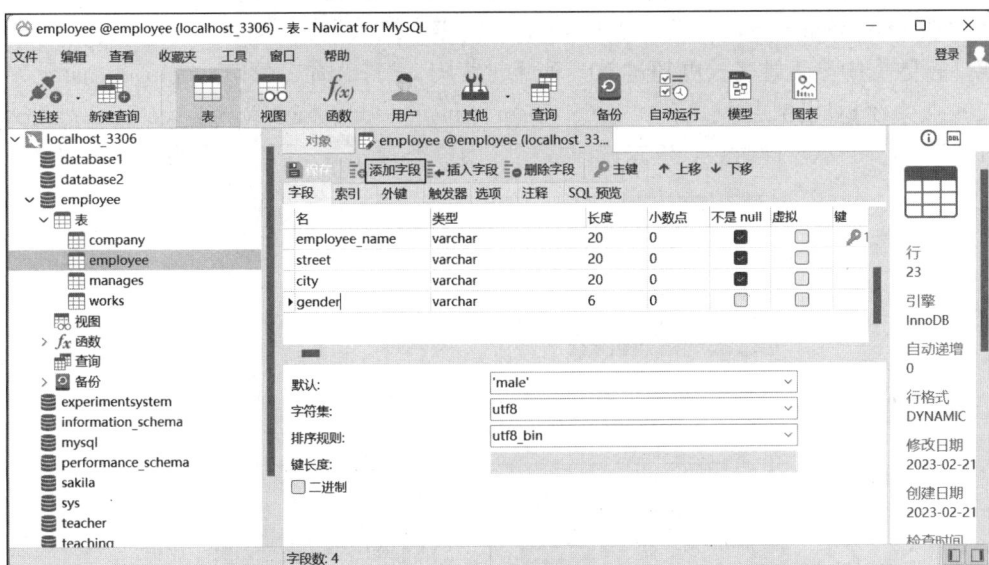

图 1-3-5　添加字段操作界面

完成此操作的 SQL 命令如下：

```
ALTER TABLE employee ADD gender VARCHAR(6) DEFAULT 'male';
```

此命令可在客户端图形界面的查询中使用，也可在命令行客户端使用。图 1-3-6 给出了在命令行客户端执行 SQL 命令及查看执行结果的情况。

（3）修改现有字段。

下面修改字段 employee_name 的长度为 40。此操作在 Navicat Permium 或其他客户端图形界面中实现起来非常简单，用户只需在设计表的界面（见图 1-3-5）中直接单击 employee_name 对应的"长度"列单元格，并输入修改值，再单击【保存】按钮即可。此操作若使用 SQL 命令实现，则具体语句如下。

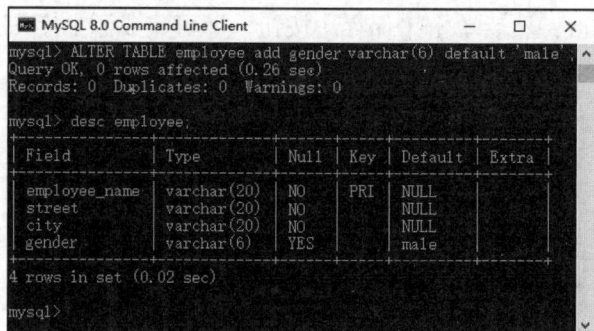

图 1-3-6　使用命令行客户端向表中添加字段

```
ALTER TABLE employee modify employee_name VARCHAR(40);
```

值得注意的是，表结构的修改需要考虑表中已有数据的情况。若表中有数据，则修改表结构的操作有可能无法执行。在此例中原字段长度为 20，修改后字段长度为 40，无论表是否有数据，都可以修改。但若原字段长度为 40，表中可能存在字段长度超过 20 的数据，用户再修改此字段长度为 20，此时表中的数据不符合修改后的字段长度，则会导致修改失败。本例继续，若修改 employee_name 字段长度为 40 后，向表中插入数据，如图 1-3-7（a）所示，第 1行、第 2 行数据中员工姓名长度超过 20。若此时使用 ALTER 命令修改 employee_name 字段长度为 20，则系统返回错误提示信息 "1265 - Data truncated for column 'employee_name' at row 1"，如图 1-3-7（b）所示。此时表长度未修改成功，用户查看表结构可以看到此字段长度还是 40。

（a）employee 表中插入的数据

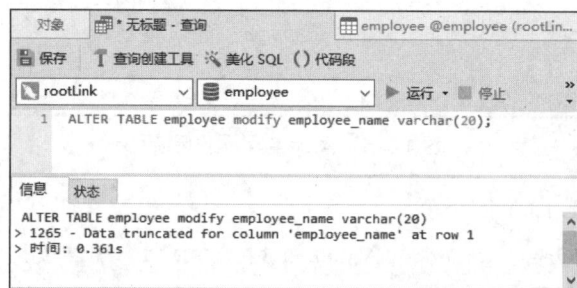

（b）修改 employee_name 字段长度为 20 的错误提示信息

图 1-3-7　字段长度修改失败

与此情况相类似，若要对 gender 字段添加非空限制，而此表中已包含数据中存在该字段为空的数据，则修改也不会成功。

（4）增加主键约束。

创建基本表时如果没有同时定义主键，则可以通过 ALTER TABLE 命令或前文的图形界面增加主键约束。用以下语句创建 works2 表。

```
CREATE TABLE `works2`
    (`employee_name`        VARCHAR(20),
     `company_name`         VARCHAR(30),
     `salary`               NUMERIC(8,2)
)
```

由于该表定义时没有同时定义主键，因此允许存在值相同或者为空值的记录。以下命令可正确执行且可执行多遍。

```
INSERT INTO works2(company_name,salary ) VALUES('Alibaba',150000);
```

从命令格式上看，这个 INSERT 命令向表中插入一条没有员工姓名的数据，执行多少次就插入多少条同样的数据（见图 1-3-8）。实际上这样的数据是无意义的，因为现实中的工作关系需要指明哪位员工在哪家公司工作才有意义。

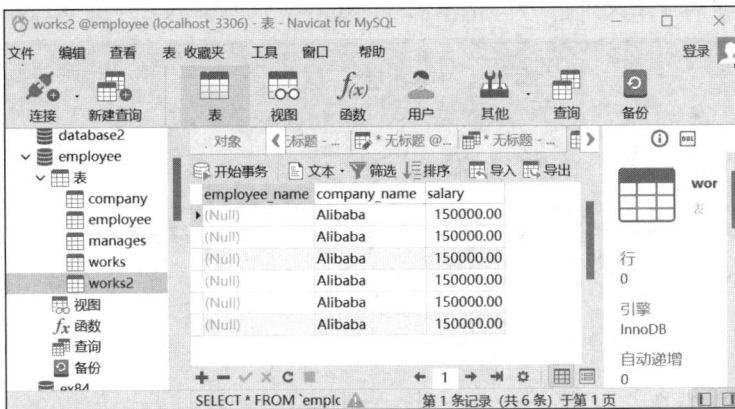

图 1-3-8　向表 works2 插入数据

清空以上插入的数据，然后使用以下命令将 employee_name 设置为主键。

```
ALTER TABLE works2 ADD CONSTRAINT pk_works2 PRIMARY KEY(employee_name);
```

此时再执行上一条 INSERT 语句插入数据，系统会进行实体完整性的检查，即主键的字段值必须不空且唯一，所以此插入数据操作会被系统拒绝并返回错误提示信息，如图 1-3-9 所示。

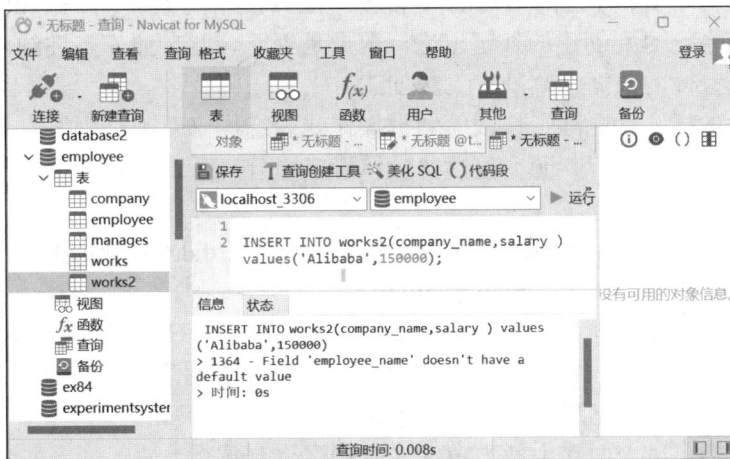

图 1-3-9　违反主键约束的错误提示信息

数据库一致性维护　　实验3

事实上，与主键字段相关的数据修改或字段修改都会引发实体完整性检查，若不满足，则系统会拒绝操作并给出违反主键约束的错误提示信息。

（5）增加外键约束。

清空 works2 表，使用下列语句向表 works2 中插入数据。

```
INSERT INTO works2(employee_name,company_name,salary ) VALUES('Tom','Alibaba',150000);
```

清空 works2 表，再使用如下命令向基本表 works2 中增加一个外键约束，注意 employee_name 外键参考 employee 表，并允许外键的级联删除。

```
ALTER TABLE works2 add CONSTRAINT fk1_works2_emp FOREIGN KEY(employee_name)
REFERENCES  employee(employee_name) ON DELETE CASCADE;
```

当建立外键约束以后，再执行以上插入数据的语句，系统拒绝执行，拒绝执行的原因如图 1-3-10 所示，即系统在表 employee 中未找到 "Tom"，插入的数据违反 fk1_works2_emp 约束。

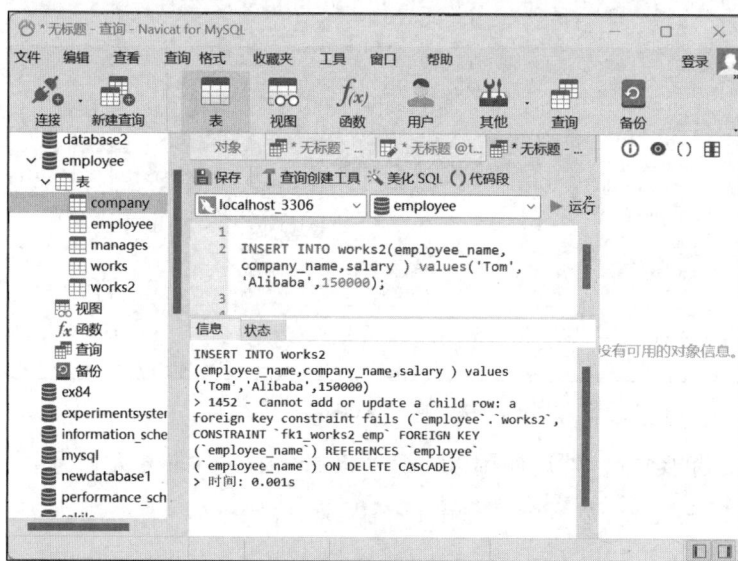

图 1-3-10　违反外键约束而无法插入数据

事实上，若执行添加外键的语句前未清空表 works2 中的数据，则添加外键的语句无法执行，其原因是系统对要创建的外键也进行数据是否符合此参照完整性约束的检查。若存在不满足参照完整性的数据，则外键无法创建。

与外键相关的插入、删除、修改等数据操作或表结构修改都会引发参照完整性检查，以保证数据的一致性；违背参照完整性的操作请求均会被系统拒绝并返回错误提示信息。

（6）增加自定义约束。

向表 employee 中增加 "生日" 字段，其属性名为 birthday、数据类型为 date（日期）类型，并添加约束以要求员工生日大于 1949-1-1。

添加生日字段的操作与上例相同，但添加约束 "员工生日大于 1949-1-1" 需要在添加字段后执行，添加约束的操作在 Navicat for MySQL 中没有图形化操作界面，只能使用 SQL 语句执行。其操作及执行结果如图 1-3-11 所示。

添加完约束后，试着向表中插入数据，检验该约束是否生效，操作如图 1-3-12 所示。由于插入的新记录中员工出生年月不满足 emp_name_check 的约束，因此该插入操作会被系统拒绝，从而导致插入数据失败。

图 1-3-11　创建约束

图 1-3-12　违反约束的插入操作

（7）查看 CHECK 约束。

MySQL 自 8.0.16 版本开始支持 CHECK 约束的创建、查看及对是否违反约束的检查（之前只支持 CHECK 约束的创建和查看，不对数据进行检查）。若插入或修改数据不满足 CHECK 约束，系统会给出错误提示。查看约束可以使用 SHOW CREATE TABLE 命令，或者查询 information_schema 数据库中 check_constraints 表中的约束。

SHOW CREATE TABLE 的语法格式如下：

```
SHOW CREATE TABLE <表名>
```

此语句在命令行客户端可直接执行。在 Navicat for MySQL 中执行结果如图 1-3-13 所示，由于执行结果过长，我们需要把 CREATE TABLE 语句复制出来查看，或者拖动滚动条向右查看。

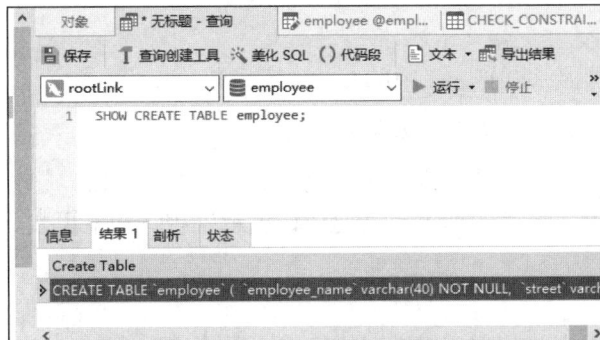

图 1-3-13　SHOW CREATE TABLE 命令

使用 MySQL Workbench 中表的快捷菜单命令【Copy to Clipboard】、【Send to SQL Editor】，也可直接把 CREATE TABLE 命令复制到剪贴板、SQL 编辑器，如图 1-3-14 所示。MySQL 的图形界面客户端因为出自不同公司，设计理念不同，所以有些操作在某些客户端很容易操作，在另一个客户端可能并不容易操作。学生可以选择不同的客户端来完成不同的操作。

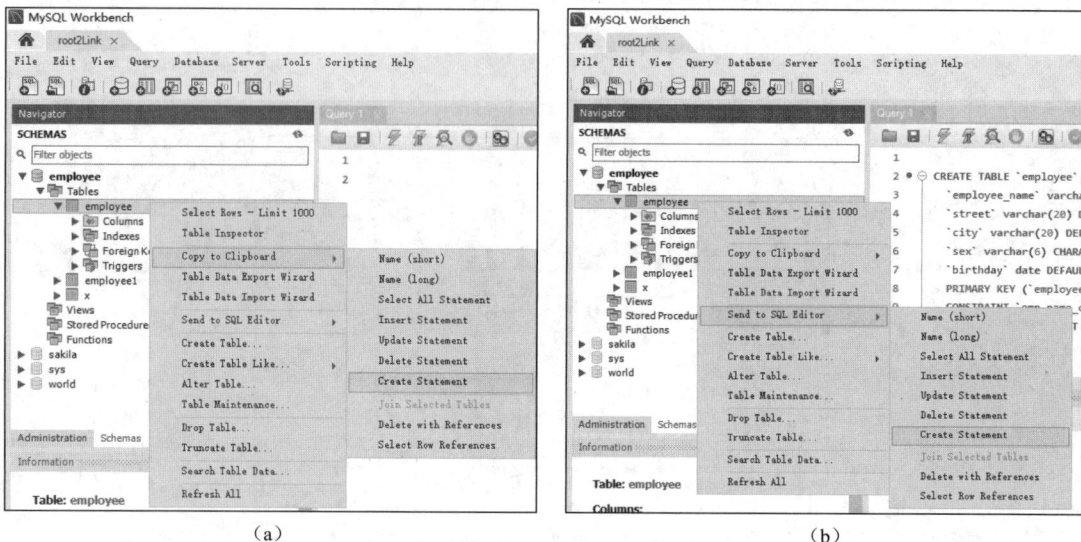

图 1-3-14　使用 MySQL Workbench 中表的快捷菜单命令复制 CREATE TABLE 命令

MySQL 的元数据库 information_schema 中存储了关于数据库的所有信息。在图形界面客户端中直接单击打开 information_schema 数据库中 check_constraints 表，可以看到所有数据库、所有表中的 CHECK 约束。学生可使用查询语句带条件查询想查看的 CHECK 约束。information_schema 数据库中所有表都可以使用查询语句查看，学生可自行查看服务器上的数据库、表、字段、约束等信息。

（8）删除现有约束。

使用以下 SQL 语句可删除 employee 表中的 emp_name_check 约束。

```
ALTER TABLE employee DROP CONSTRAINT emp_name_check;
```

删除自定义约束之后若再次执行图 1-3-12 中的插入语句，可执行成功。学生可自行测试，查看插入结果。

（9）删除现有字段。

使用以下语句可删除 works2 表中的 salary 字段。

```
ALTER TABLE works DROP COLUMN salary;
```

注意，若待删除字段是主键字段、被其他表引用的外键字段，删除语句可能无法正常执行，系统给出违反了哪条约束的提示，需要依据提示先删除约束再删除待删除的字段。

4．删除表

表的删除是将表及其定义从数据库中删除，需要使用 DROP TABLE 语句来完成。以下

SQL 语句将删除 works2 表。

```
DROP TABLE works2;
```

注意，DROP TABLE 语句一旦生效就不可恢复，需要谨慎操作。另外，若表被其他表引用，即作为参照完整性中被参照的表，它无法被删除。若存在 A 表引用 B 表、B 表引用 C 表的情况，则需要按顺序先删除 C 表，再删除 B 表，然后删除 A 表，否则无法完成删除操作。

六、实验习题

基于主教材的 teaching 数据库完成以下习题。

1. 在 instructor 表中增加列存储教师家庭地址，其地址包括省、市、区、街道、门牌号等列，列的数据类型由用户自行给出，列允许为空。

2. 将 student 表中的姓名字段长度都改为 10，设置是否成功？将该字段长度改为 50，能否成功？说明原因。

3. 为 student 表中 birthday 列设置默认值"2005-1-1"，然后插入一条信息学院的新学生记录，且不给其 birthday 列赋值，观察结果。

4. 删除 takes 表上对 student 表 ID 的外键约束，查看此约束已被删除。添加一条不存在的学生（id='201400320101'）选修 course_id 为'C400234'的课程记录，并赋给该学生一个成绩（成绩值自定，取值在 0 到 100 之间）。再添加 takes 表是对 student 表 ID 的外键约束，观察并解释实验结果。

5. 设置 takes 表 ID、course_id、sec_id 这 3 个字段非空，是否能设置成功？对插入数据有没有影响？删除 takes 表主键约束，增加某同学选同一门课程（id、course_id、sec_id、semester、year、grade 都相同）的信息，能否插入成功？解释原因。

七、思考题

1. 在定义有外键约束的基本表时，是否必须先定义被参照表上的主键？

2. 在创建关系数据库基本表时，如果未创建完整性约束条件，则对于数据库会有何影响？

3. 在定义外键约束时，如果被参照表主键的数据类型与从参照表外键的数据类型不一致，能否创建外键？

4. 若表中已有数据，且数据不满足新添加的约束，则约束能否创建成功？

5. 每个 DBMS 定义了自己的数据类型，这些 DBMS 是由不同公司开发的，因此所定义的数据类型有细微差别。查阅 MySQL 手册中与时间相关的数据类型（DATE、DATRETIME、TIME 和 TIMESTAMP 等）用法，考虑它与其他数据库系统中时间相关数据类型的区别和联系。考虑它与 Java 或 C#中时间相关数据类型的区别和联系。

数据更新

与查询一样，数据更新也是常用的数据库操作，是需要学生熟练掌握的数据库基本操作技能。本实验内容包括插入、修改和删除数据共 3 类操作，需要 2 学时完成。在熟练掌握查询操作的情况下，学生可以快速学习、掌握本实验内容。

一、实验目的

熟练掌握对数据的插入、修改和删除操作命令。

实验 4　演示视频

二、实验要求

完成实验内容及实验习题，对主要实验步骤，给出操作命令及执行结果（可截图）并完成实验报告。

三、实验材料

创建 employee 数据库的 SQL 文件。
创建 teaching 数据库的 SQL 文件。

四、实验准备

1. 查阅主教材中的 INSERT、UPDATE 和 DELETE 操作命令。
2. 查阅 MySQL 手册，了解 INSERT、UPDATE 和 DELETE 操作命令的特别之处。

五、实验内容

首先创建 employee 数据库，并使用 employee.sql 文件创建数据库中的表及约束。

1．插入数据

INSERT INTO 语句常用的语法格式如下：

```
INSERT INTO <表名> () VALUES();
```

MySQL 的 INSERT INTO 语句与其他常用数据库系统略有不同，就是它可以一次插入多行用逗号隔开的数据。其语法格式如下：

```
INSERT INTO <表名> () VALUES(),(),();
```

需要注意的是，插入的数据需要满足表的所有完整性约束，包括实体完整性、参照完整性和用户自定义完整性等，否则插入会被系统拒绝。

（1）插入单条数据。

向 employee 表插入两名新员工的信息，员工姓名、所在街道、所在城市信息分别为('Xiaohong','WushanRoad','GuangZhou')、('Xiaozhang',null,'Shenzhen')。其所用的 SQL 语句如下：

```
INSERT INTO employee VALUES('Xiaohong', 'WushanRoad', 'GuangZhou');
INSERT INTO employee VALUES('Xiaozhang',null,'Shenzhen');
```

以上两条语句的执行结果如图 1-4-1 所示。第 2 条语句执行失败，其原因是提供的所在街道（street）字段不允许为空。

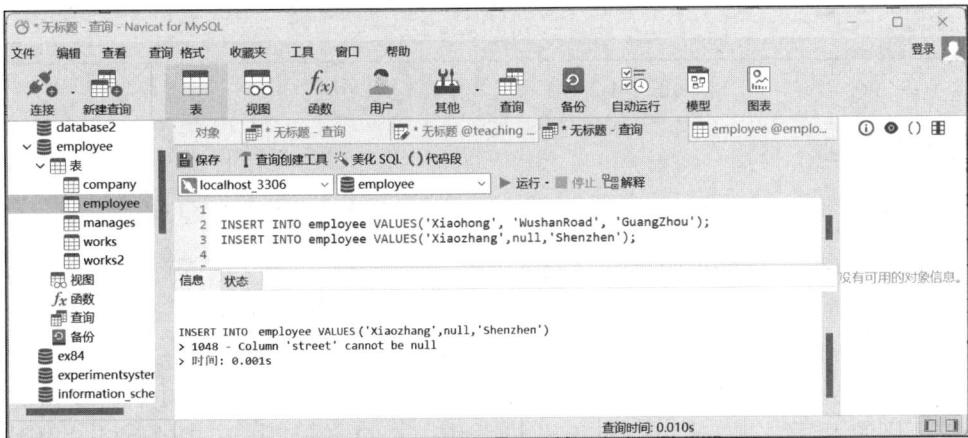

图 1-4-1　向 employee 表插入数据

（2）插入多条数据。

一次性插入以下 5 名新员工的信息，其姓名、所在街道、所在城市分别为('Tom', 'TianhedongRoad', 'GuangZhou')、('Jerry', 'ChanganRoad', 'Beijing')、('Aladdin', 'ZhongshanRoad', 'GuangZhou')、('Henslee', 'GuangguRoad', 'Wuhan')、('Dyllan', 'WushanRoad', 'GuangZhou')。其所用的 SQL 语句如下：

```
INSERT INTO employee VALUES('Tom', 'TianhedongRoad', 'GuangZhou'),
('Jerry', 'ChanganRoad', 'Beijing'),
('Aladdin', 'ZhongshanRoad', 'GuangZhou'),
('Henslee', 'GuangguRoad', 'Wuhan'),
('Dyllan', 'WushanRoad', 'GuangZhou');
```

学生可执行此语句，并使用 SELECT 语句查看插入多条数据后 employee 表中的数据，查找新插入的数据。

（3）插入从其他表生成的数据。

假设 Alibaba 公司录用所有住在 GuangZhou 市 WushanRoad 的员工，需要向 works 表插入这些录用数据，工资暂时为空。其所用的 SQL 语句如下：

```
INSERT INTO works(employee_name,company_name)
SELECT employee_name,'Alibaba' FROM employee
WHERE City='GangZhou' AND street='WushanRoad';
```

以上语句执行结果如图 1-4-2 所示。

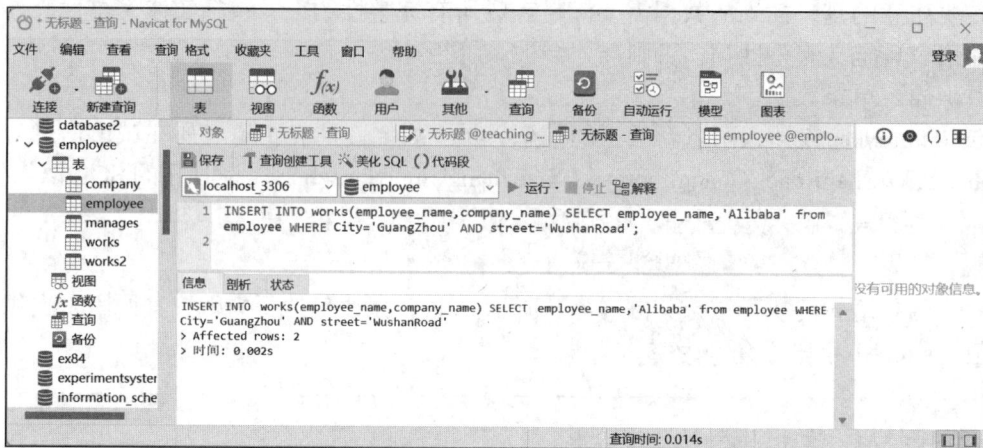

图 1-4-2　插入从其他表生成的数据

2．修改数据

UPDATE 语句可用于修改表中的数据，其基本语法格式如下：

```
UPDATE <表名>
SET <字段名>= <表达式> [,<字段名>= <表达式>[,…]]
[WHERE <条件>]
```

其中，<字段名>=<表达式>是一个需要修改的数据项，UPDATE 语句中若有多个需要修改的数据项，则使用逗号分隔开。WHERE 子句的用法与 SQL 查询中 WHERE 语句的用法一致，用户在 WHERE 子句中可以构造各种复杂的条件，只有满足条件的记录才会被修改。

（1）修改 Alibaba 公司所有员工的工资，工资大于或等于 15000 元的上浮 5%，工资小于 15000 元的上浮 3%。

```
UPDATE works SET salary=salary*1.05 WHERE company_name='Alibaba' AND salary>15000;
UPDATE works SET salary=salary*1.03 WHERE company_name='Alibaba' AND salary<15000;
```

（2）manages 表中有些经理的下属中还有经理，将这些高级经理的工资上浮 5%。
对此，需要先查询经理的经理，查询语句如下：

```
SELECT distinct m2.manager_name FROM manages m1, manages m2
WHERE m2.employee_name=m1.manager_name;
```

运行此查询语句发现有的经理是他自己的经理，去掉这样的数据再进行修改操作，此时 UPDATE 语句中包含一个子查询，SQL 语句及执行结果如图 1-4-3 所示。

3．删除数据

删除表中的数据使用 DELETE 语句，其常用的语法格式如下：

```
DELETE FROM <表名> [WHERE <条件> ]
```

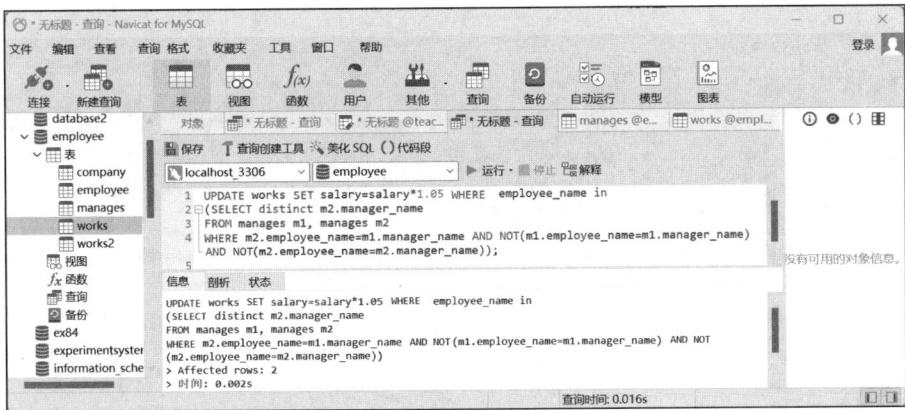

图 1-4-3　高级经理的工资上浮 5%

满足 WHERE 子句中条件的记录会被删除。

（1）删除 Netease 公司所有员工的工作信息。其所用的 SQL 语句如下：

```
DELETE FROM works WHERE company_name='Netease';
```

（2）检查每个员工是否与他的经理在同一家公司工作，如果有员工与经理不在同一家公司工作的情况，则删掉这类员工的工作信息。

在删除逻辑复杂的情况下，先使用查询语句把需要删除的数据查询出来，核对后再执行删除语句，否则删除后数据消失，无法恢复。查询与其经理不在同一家公司工作的员工和经理的信息，其 SQL 语句如下：

```
SELECT *
FROM works w1, manages m1, works w2
WHERE w1.employee_name=m1.employee_name AND m1.manager_name=w2.employee_name AND
NOT(w1.company_name=w2.company_name);
```

在本书给出的原始数据下查询结果为空。在此基础上删除这类员工的工作信息的 SQL 语句及执行结果如图 1-4-4 所示。此操作无法执行，其原因是在 WHERE 语句中使用了 works 表查询满足条件的数据。此语句也可能在某个版本的 MySQL 下运行。对这种情况，可以先将查询结果存入一张临时表，再使用临时表进行删除。修改后的 SQL 语句及执行结果如图 1-4-5 所示。临时表不需要删除，在会话结束时由 MySQL 删除。

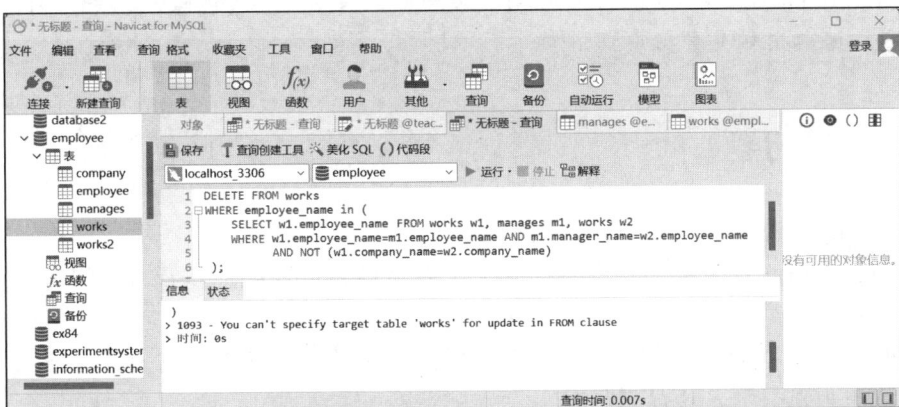

图 1-4-4　删除与其经理不在同一家公司工作的员工信息

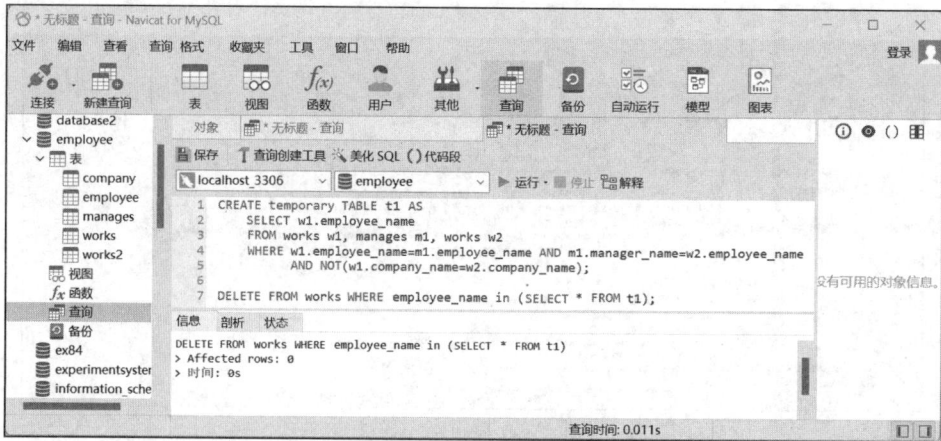

图 1-4-5　使用临时表删除与其经理不在同一家公司工作的员工信息

（3）删除 works 表中的所有高级经理（manages 表中还有下属经理的那些经理）。此操作的 SQL 语句及执行结果如图 1-4-6 所示。

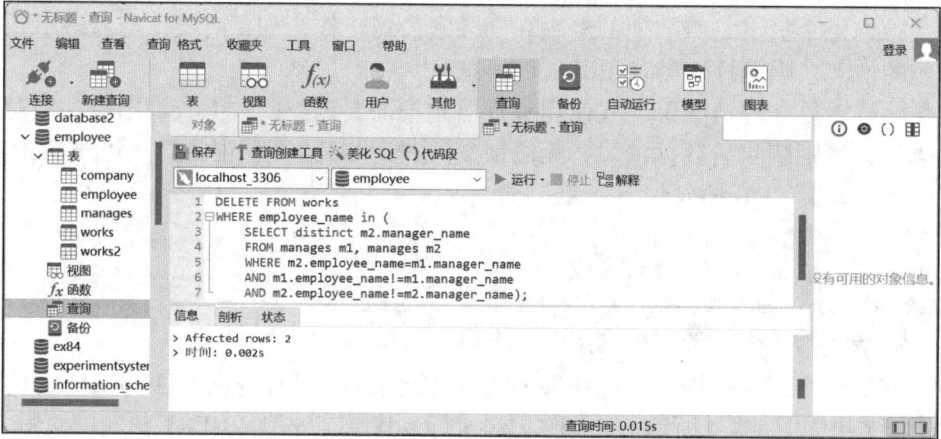

图 1-4-6　删除 works 表中的所有高级经理

注意：针对所有数据的增、删、改操作，系统会显示是否成功执行相应命令的结果信息，例如图 1-4-6 中显示的 "Affected rows: 2"。若想要查看删除的结果，则需要使用查询语句把相关数据查找出来。

六、实验习题

对 teaching 数据库完成如下数据操作。

1. 删除 college 表中 "信息学院" 记录，观察能否成功删除。若不能删除，则说明原因。若能删除，则观察由外键关联的表中数据的变化。

2. 插入一门新课程：课程名为 "戏剧鉴赏"，课号为 A100301，由艺术学院开设，学分为 2。观察实验结果，并说明原因。

3. 假设 "戏剧鉴赏" 课程为艺术学院所有学生的必修课，向 takes 表中插入每名艺术学院 2023 级学生的选课记录。

4. 删除学生孙欣怡的选课记录。

5. 假设学期末，教师给出课程"戏剧鉴赏"的选课学生成绩单。要求自行生成每名学生的成绩，并把成绩记录到 takes 表中。

6. 修改"戏剧鉴赏"课程的选课成绩，将超过 90 分的成绩增加 1%，80～90 分之间的成绩增加 2%，70～80 分之间的成绩增加 3%，60～70 分之间的成绩增加 4%，不及格的成绩增加 5%。此外，要求分数四舍五入，总分最高 100 分。

7. 找出并删除所有未被开设过的课程。

七、思考题

1. 执行"删除 works 表中的所有高级经理"操作，操作后观察高级经理是否都已被删除。

2. 现实中多数用户的需求可能并不是直接与某个或某些增、删、改操作对应，因此需要分析用户需求，将其转换为一组 SQL 语句来完成操作。在 teaching 数据库中考虑学生某门可能存在重修的情况，即某门课期末成绩不及格时，学生会在以后某个时间分一次或多次重修此门课程，直至成绩达到及格以上为止。teaching 数据库需要在哪些方面进行修改才能处理现实中的重修问题？

用户权限管理

数据的安全性越来越受到社会各界的重视，用户权限管理是确保数据库安全的简单、有效的方法。本实验内容包括用户和角色的定义与管理、基于角色的权限管理等功能的实现命令，学生需要熟练掌握这些内容。

一、实验目的

1. 掌握 MySQL 身份验证模式、用户登录方法。
2. 熟练掌握用户权限管理方法。
3. 掌握使用角色实现数据库安全性的方法。

实验 5　演示视频

二、实验要求

完成实验内容及实验习题，对主要实验步骤，给出操作命令及执行结果（可截图）并完成实验报告。

三、实验材料

创建 employee 数据库的 SQL 文件。

四、实验准备

1. 查阅 RBAC 权限管理机制原理的相关资料。
2. 查阅主教材中标准 SQL 语句 GRANT 和 REVOKE 的语法，理解授权、权限回收的含义。

五、实验内容

MySQL 权限管理体系属于基于角色的权限管理，即系统主体用户和角色对数据库与服务器的操作权限可以授予某个用户。一旦授权，该用户可以使用授权对数据库或服务器进行相应操作。对数据库和服务器的操作权限也可授予一个角色，当某用户承担某角色时可使用该角色的所有权限。对应地，某项权限授权给某用户或角色后，权限可收回。一旦权限被收回，则相应用户（或承担相应角色的用户）无法继续使用该项权限。

1．用户和角色管理

（1）创建用户。

创建用户的命令为 CREATE USER，其常用语法格式如下：

```
CREATE USER [IF NOT EXISTS] <用户名> [IDENTIFIED BY <用户标识>] [, <用户名>
[ IDENTIFIED BY <用户标识>]]
```

创建 empU1 的命令如下：

```
CREATE USER empU1 IDENTIFIED BY 'EmpU1';
```

若登录数据库的用户拥有创建用户的权限，就可以使用此命令创建用户 empU1。另外，用图形界面客户端创建用户非常简单，只需在图 1-5-1 给出的 Navicat for MySQL 用户管理界面中，单击工具栏上的【用户】按钮，在打开的界面上直接单击【新建用户】按钮，即可根据提示逐步完成创建用户的操作。

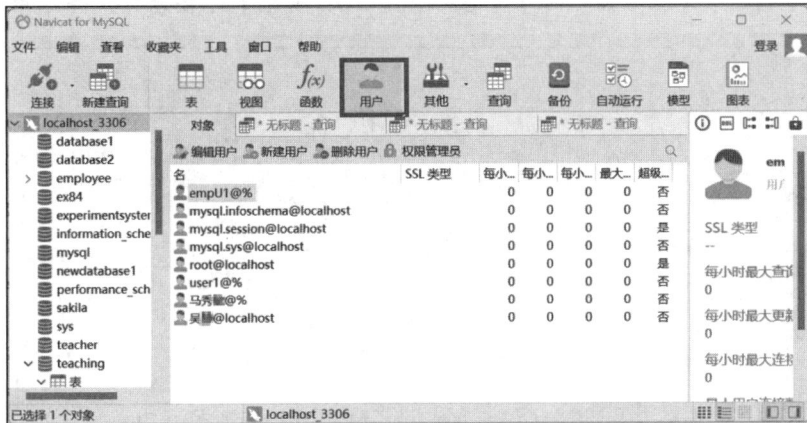

图 1-5-1　用户管理界面

（2）查看用户信息。

打开系统数据库 MySQL，可以查看服务器上所有用户及用户的权限信息。用户信息存储在 MySQL 数据库的 user 表中，因此，查看用户名称的操作命令如下：

```
USE mysql;
SELECT User FROM user;
```

操作命令及执行结果如图 1-5-2 所示。

注意，user 表中除了 User 字段外，还有很多字段，分别表示用户可登录主机、权限等信息。学生可输入以下命令查看用户的详细信息。

```
SELECT * FROM user;
```

另外，可以使用如下 SELECT 命令查看当前用户的信息。

```
SELECT user();
```

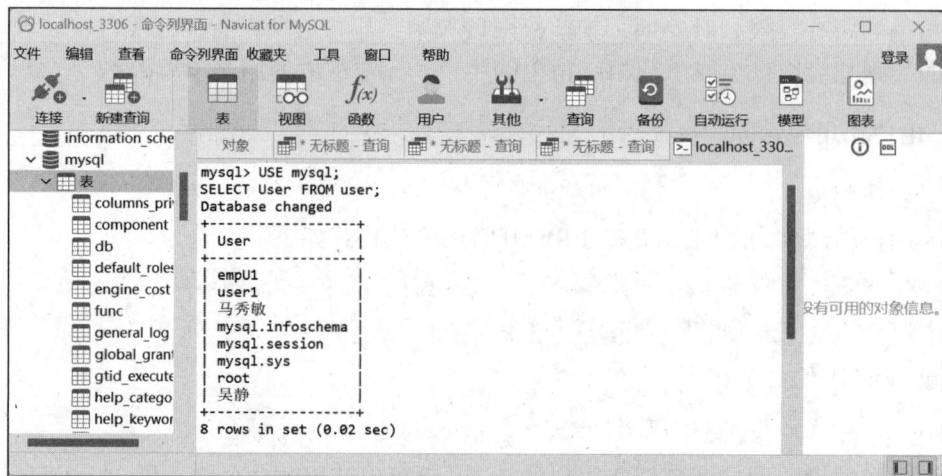

图 1-5-2　使用命令查看用户信息

使用客户端图形界面查看用户非常简单，只需在图 1-5-1 中双击某个用户名，即可看到其详细信息。图 1-5-3 是查看刚刚创建的用户 empU1 的界面，学生可在此界面中单击【高级】、【成员属于】、【成员】、【服务器权限】、【权限】、【SQL 预览】标签查看其各方面的信息。

图 1-5-3　使用客户端图形界面查看用户 empU1 的信息

（3）修改用户信息。

在命令行客户端，可使用如下命令修改用户的信息。

```
-- 修改用户名
UPDATE mysql.user set user = 'li4' WHERE user = 'empU1';
FLUSH PRIVILEGES;
```

也可使用 ALTER USER 命令修改任意用户的密码，例如以下命令可将用户 li4 的密码改为"empU1"。

```
ALTER USER 'li4'@'%' IDENTIFIED BY 'empU1';
```

修改当前用户密码的语句如下。

```
SET PASSWORD = '123456';
```

修改其他用户的密码也可使用此命令，如下。

```
SET PASSWORD FOR 'li4'@'%'='123456';
```

（4）删除用户。

```
DROP USER li4;    --此语句可以等完成后面数据访问实验后再执行，删除此用户
```

注意： 此处不要通过 DELETE FROM user WHERE user='empU1' 进行删除，因为会有残留信息保留在系统中而引起错误。

修改用户信息、删除用户都可以通过客户端图形界面很简单地完成，学生可选择客户端尝试。

（5）创建和删除角色。

角色是指拥有相同权限的数据库用户集合，每一个角色包含不同权限。用户可以通过承担某个角色而获得这个角色的所有操作权限，也可以撤销承担某个角色而失去这个角色的所有操作权限。

对角色可以进行创建、删除、分配和回收权限操作。以下语句创建了 EMPReader、EMPReader2 两个角色。

```
CREATE ROLE EMPReader, EMPReader2;
```

删除一个角色的操作也很简单，以下语句可删除刚刚创建的角色 EMPReader2。

```
DROP ROLE EMPReader2;
```

2．权限管理

MySQL 对不同数据库对象规定了不同操作权限，主要包括以下 3 类。

（1）管理权限：管理 MySQL 数据库服务器的权限，例如启动、关闭数据库服务器等。这些权限是全局的，不针对某个数据库。

（2）数据库权限：对数据库及所包含对象的操作权限。这些权限可以针对某个数据库向用户授权，也可以对服务器上所有数据库向用户授权。

（3）数据库对象权限：对一个数据库中的表、索引、视图和存储过程等对象的操作权限。这些权限可以就某数据库中一个特定数据对象向用户授权，也可以就某数据库中一类数据对象向用户授权，或者对所有数据库中某类特定对象向用户授权。

例如，对一张表的数据可以有增加、删除、修改、插入的权限，对数据库模式有创建表、修改表结构、删除表等权限。表 1-5-1 给出几种常用的、可使用 GRANT/REVOKE 进行权限分配的权限（有关更多信息，学生可查看 MySQL 用户手册）。

表 1-5-1   MySQL 常用数据对象的权限

权限名称	权限对象	权限说明
ALL PRIVILEGE	database、table、column	全权限
INSERT/SELECT/UPDATE	table、column	插入/查询/更新表或列中的数据
DELETE	table	删除表中数据
CREATE/DROP	database、table、index	创建/删除数据库、表、索引或视图
GRANT OPTION	database、table	赋予权限选项

权限名称	权限对象	权限说明
REFERENCES	database、table	外键
ALTER/INDEX	table	修改表结构/为表创建索引
TRIGGER	table	创建触发器
CREATE ROUTINE/ALTER ROUTINE	routine	创建/修改存储过程或存储函数
EXECUTE	routine	执行存储过程或存储函数
CREATE/DROP VIEW	view	创建/删除视图
SHOW VIEW	view	显示视图
CREATE/DROP USER	server	管理权限，创建和修改/删除用户
CREATE/DROP ROLE	role	管理权限，创建/删除角色
SHOW DATABASES	server	管理权限，查看数据库

（1）分配数据操纵权限。

MySQL 中 GRANT 语句可用于把权限授予用户或角色，其基本语法格式如下：

```
GRANT <权限名称>[, <权限名称> [,……]] ON [<数据对象>]
TO [<用户名>|<角色名>] [, <用户名>|<角色名>[,……]]
[WITH GRANT OPTION]
```

为用户 empU1 授予对 employee 数据库中 employee 表进行查询、插入数据、更新数据和删除数据的权限。

```
USE employee;
GRANT SELECT,INSERT,UPDATE,DELETE on employee to empU1;
```

为用户 empU1 授予对 employee 数据库中 works 表修改 salary 列的权限。

```
GRANT UPDATE(salary) ON works TO empU1;
```

为用户 EMPReader 授予对 employee 数据库中所有表查询数据的权限。

```
GRANT SELECT ON employee.* TO EMPReader;
```

（2）查看用户权限。

查看用户权限可以使用 SHOW GRANTS 命令，图 1-5-4 是在命令行客户端下查看 empU1 权限的命令及执行结果。

使用客户端图形界面，在图 1-5-1 的界面中双击任何一个用户，可以打开用户信息，在其中的【服务器权限】选项卡中可查看此用户的服务器权限，在【权限】选项卡中可查看此用户对数据库、数据表等数据库对象的操作权限。

（3）将角色授予用户。

对定义好的角色，可以使用 GRANT 命令将其授予一个用户。此时用户拥有该角色所有的权限。以下语句将 EMPReader 角色授予用户 empU1。

```
GRANT EMPReader to empU1;
```

此时使用 show grants for 'empU1'@'%';命令查看用户权限，可以看到比图 1-5-4 多了一行角色的授权，如下所示。

```
mysql> SHOW grants for 'empU1'@'%';
+---------------------------------------------------------------------+
| Grants for empU1@%                                                  |
+---------------------------------------------------------------------+
| GRANT USAGE ON *.* TO `empU1`@`%`                                   |
| GRANT SELECT, INSERT, UPDATE, DELETE ON `employee`.`employee` TO `empU1`@`%` |
| GRANT UPDATE (`salary`) ON `employee`.`works` TO `empU1`@`%`        |
+---------------------------------------------------------------------+
3 rows in set (0.03 sec)
```

图 1-5-4　查看 empU1 的权限

```
GRANT 'EMPReader'@'%' TO 'empU1'@'%'
```

（4）回收权限。

使用 REVOKE 命令可回收已赋予用户或角色的权限。以下命令回收 empU1 用户对 works 表修改 salary 列的权限。

```
REVOKE UPDATE(salary) ON works FROM empU1;
```

此时再使用 SHOW GRANTS 命令查看用户权限，可以发现此项权限已被回收。

3．用户登录并操作数据

（1）连接 MySQL 数据库服务器。

创建一个用户后，该用户就可以登录到 MySQL 服务器进行已获得权限的服务器或数据操作。连接数据库服务器的命令语法格式如下：

```
mysql -u username -p
```

以下是 root 用户登录系统的操作命令和执行结果。

```
C:\>mysql -u root -p
Enter password:******
```

注意：此命令需要在 Windows 命令行方式下执行。若已设置好环境变量，则可直接使用此命令；若未设置环境变量，则转到 MySQL 安装目录下才可执行这条 MySQL 命令。

一般图形界面客户端可以用于创建并存储数据库连接，用户每次需要连接数据库时直接单击已创建的连接图标，可简化连接数据库服务器的步骤。使用 Navicat for MySQL 创建连接时需要在【文件】菜单中单击【新建连接】选项，再单击【MySQL…】选项，创建连接的界面如图 1-5-5 所示。在图 1-5-5 中输入连接名、用户名、密码，单击【测试连接】按钮测试此连接是否有效，单击【确定】按钮，即可创建一个新的连接。连接创建后，可在打开 Navicat for MySQL 且需要连接数据库时使用。

（2）数据增/删/改操作。

使用 empU1Link 连接数据库服务器后，在图形界面客户端单击数据库，可看到具有访问权限的数据库才出现在界面中，没有权限使用的数据不可见。按本节前面设置，用户 empU1 已有以下两条语句设置的权限：

```
GRANT SELECT,INSERT,UPDATE,DELETE on employee to 'empU1'@'%';
GRANT UPDATE(salary) on works to empU1;
```

该用户可看到的数据如图 1-5-6 左侧上半部分所示，它只能看到 employee 数据库和 information_schema 数据库。图 1-5-6 左侧下半部分是使用 root 账号连接同一个数据库服务器看到的信息。作为超级用户，root 可看到本服务器上的所有数据库。

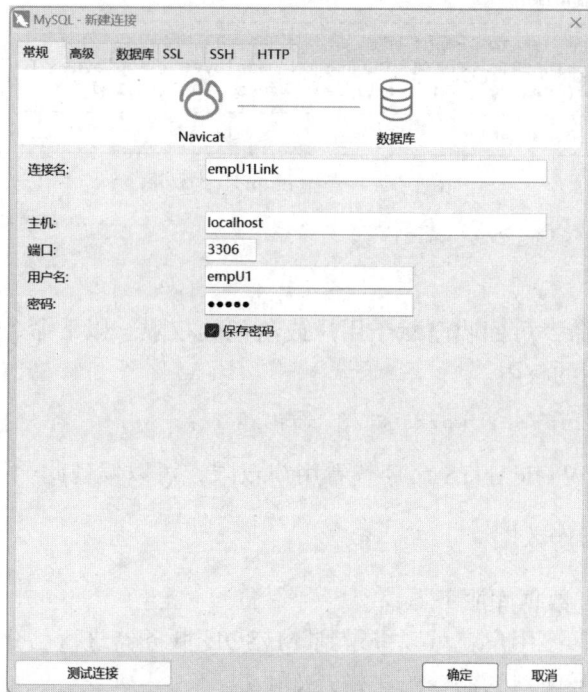

图 1-5-5　Navicat for MySQL 创建连接的界面

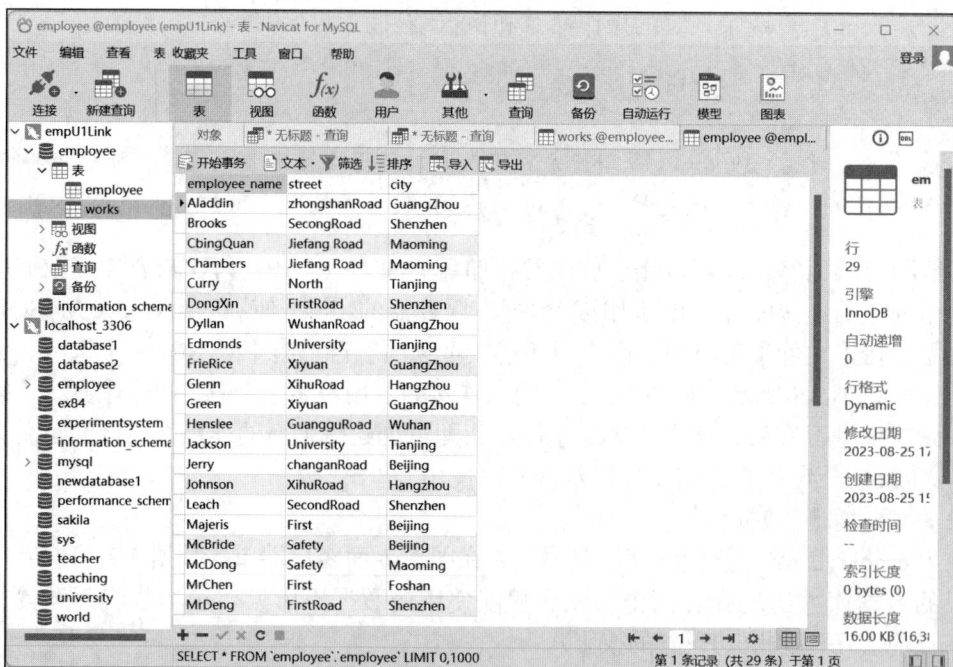

图 1-5-6　empU1 与 root 两个用户的连接

　　依据权限规定，在 empU1Link 中，可对 employee 表进行增、删、查、改操作。对 works 表可进行更新 salary 字段的操作，但不能查看其中的数据。

值得注意的是，若希望用户 empU1 可以修改 works 表中符合一定条件的 salary 字段的值，一定要把此字段查询的权限同时授予该用户，否则，该用户只能修改 salary 字段所有的值，不能选择修改其中某条数据的值。图 1-5-7 是使用 empU1Link 修改 salary 字段值的情况。若修改使用了条件语句"where salary<17000"，则服务器拒绝修改；若 UPDATE 语句无条件，则可以修改。显然，这是因为数据库权限管理太严格。

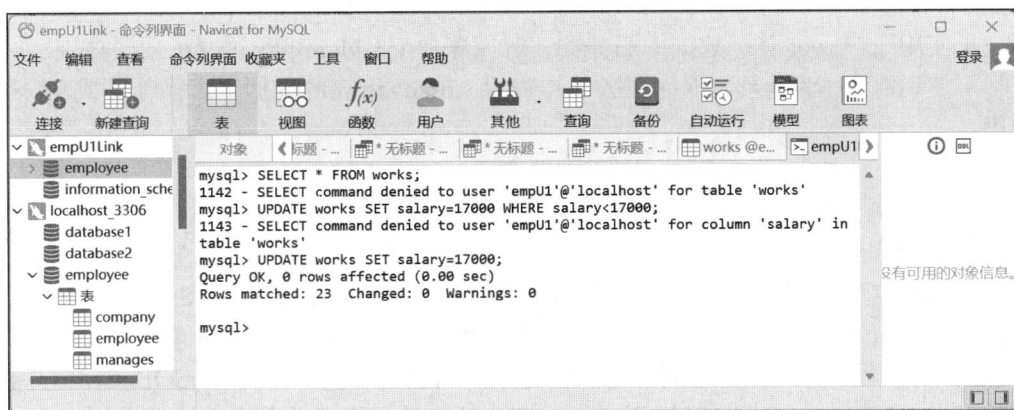

图 1-5-7　使用 empU1 用户修改表中的数据

六、实验习题

1．不同用户的数据更新操作

（1）使用 root 用户登录数据库服务器，创建用户 U1、U2、U3，密码自定。

（2）授予用户 U1、U2 对 employee 数据库的查询权限，以及对 employee 表的查询、更新的权限。

（3）使用 U2 的用户名、密码登录数据库服务器，查看 employee 表中的数据。

（4）使用 U1 的用户名、密码登录数据库服务器，向 employee 表插入、删除数据，查看失败原因，再更新表中数据、查看更新结果。

（5）使用 U2 的用户名、密码登录系统，查看 employee 表中的数据是否已更新。

2．数据库的授权链

（1）使用账户 root 登录数据库服务器，授予用户 U1 对 employee 表的查询权限，并带 WITH GRANT OPTION，同时授予用户 U2、U3 对 employee 表的查询权限，不带 WITH GRANT OPTION。

（2）使用账户 U2 登录数据库服务器，查看 employee 表的数据，并授予用户 U3 对 employee 表的查询权限。若这两个操作不成功，则说明原因。

（3）使用账户 U3 登录数据库服务器，查看 employee 表的数据。若操作不成功，则说明原因。

（4）使用账户 U1 登录数据库服务器，查看 employee 表的数据，并授予用户 U3 对 employee 表的查询权限。若这两个操作不成功，则说明原因。

（5）使用账户 U3 登录数据库服务器，查看 employee 表的数据。若操作不成功，则说明原因。

（6）使用账户 root 登录数据库服务器，收回账户 U1 对 employee 表的查询权限，并手动回收所有的 U1 对其他用户的授权，以及由此级联授予其他用户的此项权限。

（7）使用账户 U3 登录数据库服务器，查看 employee 表的数据。若操作不成功，则说明原因。

（8）使用账户 root 登录数据库服务器，收回账户 U3 对 employee 表的查询权限。

（9）使用账户 U3 登录数据库服务器，查看 employee 表的数据。若操作不成功，则说明原因。

七、思考题

1. 实验习题 2 要求学生建立并观察 MySQL 的授权链，请描述 MySQL 的授权链。

2. 基于角色的权限管理，可通过角色实现批量授权，提高权限管理效率。实际上，MySQL 将用户和角色理解为是同样的，创建用户和创建角色都会在 MySQL.user 表中添加一行数据。Role_edges 表中记录了用户之间互相承担的信息。学生可通过观察 MySQL.user 表和 MySQL.role_edges 表深入理解 MySQL 对多重权限管理的处理方法。

3. MySQL 权限管理相关的信息存储在 MySQL 数据库的 user、db、tnales_priv、columns_priv、procs_priv、default_roles、password_history 和 global_grants 等表中，以及 information_schema 数据库的 column_privileges、table_privileges、user_privileges 等表中。创建用户、授权、权限回收后相应的元数据会发生变化，请查阅这些表，深入理解 MySQL 的权限管理机制。

4. 视图是一种外模式定义方法，用来给某用户定义需访问的数据。对视图的操作权限包括创建、修改、通过视图查询数据等。若只允许某用户查询各系的平均工资，不允许其查询每名教师的工资，则可试着用视图来给此用户授权。

存储过程和存储函数

一般数据库管理系统都对 SQL 进行了编程扩展，以增强数据库服务器处理数据的能力。从 SQL 到编程语言，需要增加变量和表达式、赋值语句、程序控制语句、输入输出等内容。本实验针对这些内容进行设计，要求学生掌握基本的存储过程与函数的实现方法。在完成实验的基础上，学生可借鉴高级语言及算法思想实现更复杂的数据处理请求。

一、实验目的

了解存储过程和函数的概念与功能，掌握存储过程和函数的创建方法，掌握存储过程和函数的使用方法。

实验 6　演示视频

二、实验要求

完成实验内容及实验习题，对主要实验步骤，给出操作命令及执行结果（可截图）并完成实验报告。

三、实验材料

创建 employee 数据库的 SQL 文件。
创建 teaching 数据库的 SQL 文件。

四、实验准备

查阅高级语言函数、过程的编写与调用，对比理解 SQL 扩展的原理与方法。

五、实验内容

与其他高级语言一样，MySQL 的 SQL 扩展包括常量、变量、函数、表达式、赋值语句、分支结构、循环结构、过程和函数等。它与其他高级语言的不同之处在于，可以将 SQL 语句嵌入其中，以满足更复杂的数据处理要求。本实验首先使学生尝试使用这些高级语言元素，再学习编写存储过程和存储函数来满足数据处理要求。

1．变量、常量和表达式

MySQL 的常量与高级语言的常量一样，包括数值类型、字符串类型、时间类型的常量。比较特别的一点是，空值 null 可看成任意类型的常量。

（1）查看系统变量。

MySQL 的变量分为系统变量和用户变量两大类。系统变量有 600 多个，表示当前数据库服务器的属性和特征。其值一般是在编译 MySQL 时定义或者通过配置文件进行设置的。系统变量依据作用范围还可分为全局变量和会话变量，全局变量在服务器的全局起作用，会话变量则在单个会话中起作用。图 1-6-1 显示了查看 MySQL 系统变量的命令和结果。

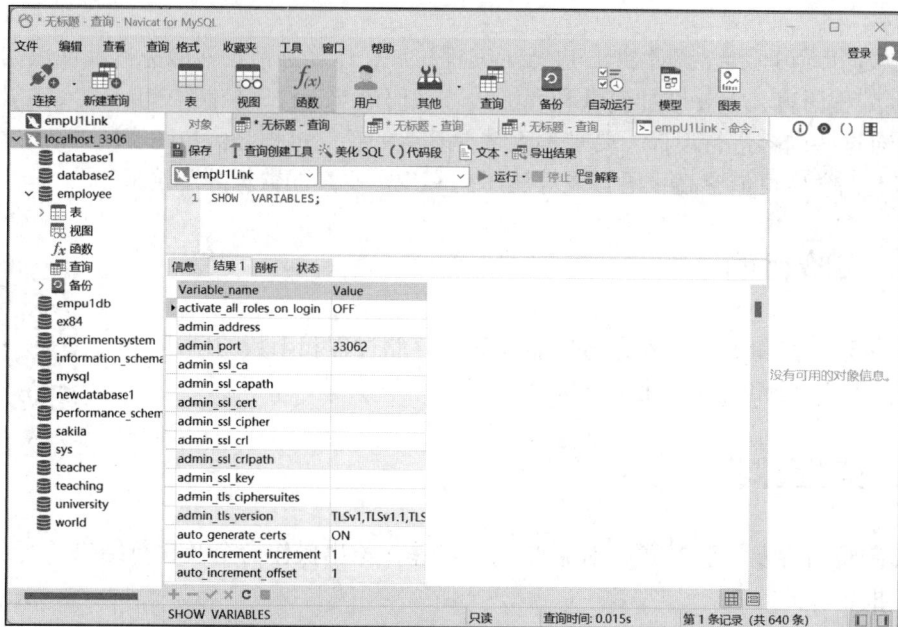

图 1-6-1　查看 MySQL 系统变量的命令和结果

```
SHOW [GLOBAL|SESSION] VARIABLES;
```

这些系统变量都是可查看的，少量系统变量可以通过变量名引用或修改。注意系统变量名以@@开头。查询或修改时，需要在系统变量前加@@符号，例如"SELECT @@ VERSION"语句查看 MySQL 系统版本号。关于系统变量的详细信息，学生可查阅 MySQL 用户手册。

（2）定义和使用用户变量。

MySQL 的用户变量是用户自己定义的变量。为了与其他高级语言的变量区分开，MySQL 的变量命名时一般以@开头。根据作用范围不同，MySQL 的变量又可分为会话变量和局部变量两种。会话变量作用于当前连接的当前会话，局部变量作用于一个 BEGIN…END 标志的代码块中，常用在存储过程或存储函数中。定义用户变量用 DECLARE 语句，其语法格式如下：

```
DECLARE <变量名> [，变量名] …… 类型 [DEFAULT 默认值]
```

使用 SET 语句可为变量赋值，其语法格式如下：

```
SET <@用户变量>[:]=<表达式> [,<@用户变量>= <表达式>[，……]]
```

图 1-6-2 展示在一段存储过程中使用 DECLARE 语句定义了两个变量，使用 SET 语句

赋值并使用 SELECT 语句输出其结果。

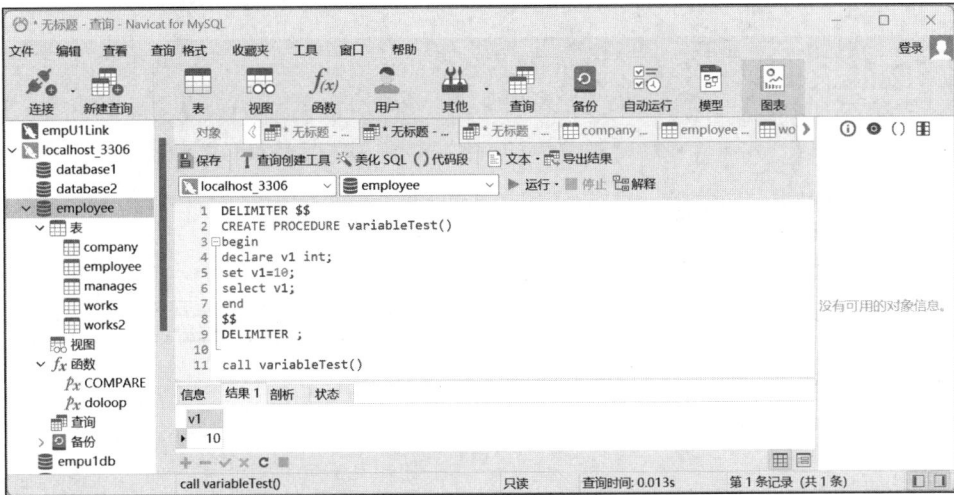

图 1-6-2　在存储过程中定义和使用用户变量

若在一个会话中定义和使用变量，则可以直接用赋值语句赋值，不需要使用 DECLARE 语句声明。图 1-6-3 在一个查询中使用 SET 语句赋值同时定义了 3 个变量@v1、@v2 和@v3，并使用查询语句查看它们的值。这 3 个变量只在此会话中存在，再建立一个新查询，直接运行查询语句：

```
SELECT @v1, @v2,@v3;
```

查询结果是这 3 个变量为空值。其原因是变量的作用域仅在建立它的会话中，新建的查询是一个新的会话。

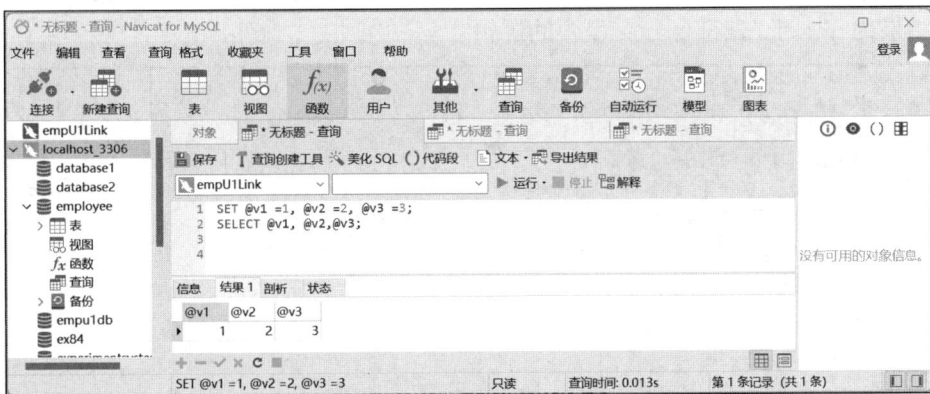

图 1-6-3　变量的定义及使用

不同类型的变量和常量可通过运算符构造成表达式。例如对数值类型数据可进行+、−、*、/、%等运算，两个同类型数据可进行比较运算，计算结果为逻辑量的数据还可以进行 AND、OR、NOT 运算。以下表达式的计算结果如图 1-6-4 所示。

```
SELECT 5+12*SIN(28), CURRENT_USER(), CONCAT("Tom"," & Jerry"),NOW();
```

其中 SIN()、CURRENT_USER()、NOW()是系统的内置函数。关于更多 MySQL 的内置函数，学生可查阅用户手册。

存储过程和存储函数　实验 6

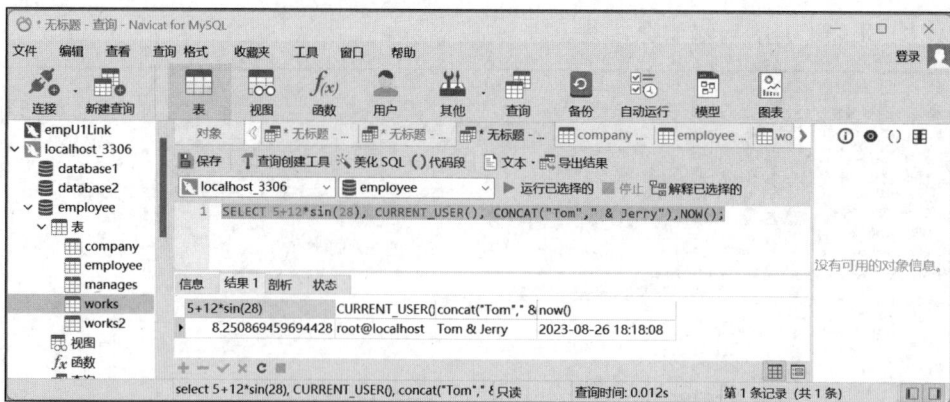

图 1-6-4　表达式的计算结果

2．分支结构

（1）IF 语句。

MySQL 的 IF 分支语句的语法格式如下：

```
IF <分支条件> THEN <语句序列>
[ELSEIF <分支条件> THEN <语句序列> ] ……
[ELSE <语句序列>]
END IF
```

假设有 K1、K2 两个变量，若 K1>K2，则 K3 赋值为"大于"，若 K1=K2，则 K3 赋值为"等于"，否则 K3 赋值为"小于"。这一小段描述的逻辑可使用存储过程表示，代码及运行结果如图 1-6-5 所示。可以看到，图 1-6-5 中上部使用 CREATE PROCEDURE 语句创建了一个存储过程,最后一句调用存储过程 COMPARE()显示判定结果,在@K1=10、@K2=5时输出结果为"大于"，符合分支程序的逻辑。

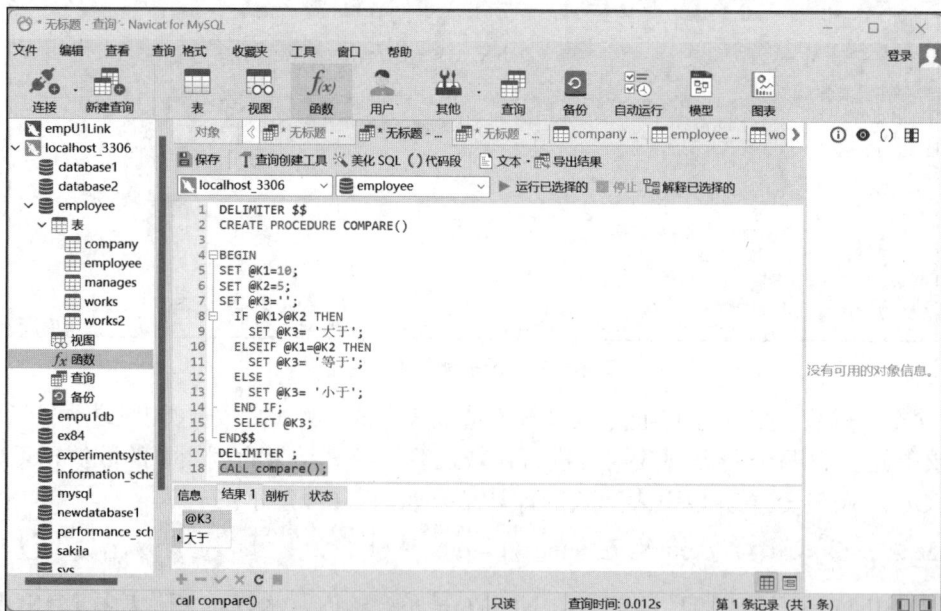

图 1-6-5　分支语句举例

（2）CASE 多分支语句。

MySQL 的 CASE 多分支语句的语法格式如下：

```
CASE case_值
    WHEN when_值 THEN <语句序列>
    [WHEN when_值 THEN <语句序列>] ……
    [ELSE <语句序列>]
END CASE
```

或

```
CASE
    WHEN <分支条件> THEN <语句序列>
    [WHEN <分支条件> THEN <语句序列>] ……
    [ELSE <语句序列>]
END CASE
```

多分支结构可使用 IF 语句嵌套实现，也可使用以上两种格式的 CASE 多分支语句实现。学生可把上例中的 IF 语句用 CASE 语句替代，以尝试多分支语句的用法。

3．循环结构

MySQL 有 3 种循环语句，分别是 WHILE、REPEAT 和 LOOP，它们的语法格式如下：

```
[begin_label:] WHILE <循环条件> DO
        <语句序列>
END WHILE [end_label]

[begin_label:] REPEAT
        <语句序列>
UNTIL <循环终止条件>
END REPEAT [end_label]

[begin_label:] LOOP
        <语句序列>
END LOOP [end_label]
```

下面仅对 LOOP 语句举例说明其用法。以下是一段存储过程的定义。

```
DELIMITER $$
CREATE PROCEDURE doloop()
BEGIN
DECLARE a INT DEFAULT 5;
    SET a=10;
    Label: LOOP
            SET a=a-1;
            IF a<0 THEN
                LEAVE Label;
            END IF;
            SELECT a;
    END LOOP Label;
END$$
DELIMITER ;
```

存储过程和存储函数　实验6

创建存储过程后，调用此存储过程可在计算结果位置依次看到 9,8,…,0，这些结果是 LOOP 循环体中 SELECT 语句的输出，每执行一次循环体，a 的值减 1。

学生可使用 WHILE 和 REPEAT 语句实现以上操作。

4．存储过程和存储函数

（1）存储过程和存储函数的定义。

存储过程和存储函数是 MySQL 扩展 SQL 的过程和函数，这样命名是为了把它与高级语言的过程和函数区分开。在已了解变量、常量、表达式、赋值、分支语句、循环语句的基础上，可以定义存储过程和存储函数。定义存储过程的语法格式如下：

```
CREATE PROCEDURE <存储过程名> ([<参数定义>[,……]])
BEGIN
     <过程体>
END
```

定义存储函数的语法格式如下：

```
CREATE FUNCTION <存储函数名> ([<参数定义>[,……]])
RETURNS <类型>
     <函数体>
```

两者的定义非常相似，都有名称、参数、过程体或函数体。两者的唯一不同在于，存储函数有返回值，而存储过程没有返回值。

存储过程的参数定义格式与存储函数的参数定义格式相同，如下。

```
[ IN | OUT | INOUT ] <参数名> <类型>
```

其中 IN、OUT 和 INOUT 是 3 种参数类型，分别代表输入、输出、输入输出参数。IN 类型的参数是存储过程的输入参数，传递一个值给存储过程。OUT 类型的参数是输出参数，不管其初值是多少，存储过程/函数执行完成后将输出一个值给这个变量。INOUT 类型的变量既是输入参数也是输出参数，其值将输入给存储过程/函数，存储过程/函数执行完成时将输出一个值给这个变量。对图 1-6-5 的存储过程简单修改，将 K1、K2 的值作为输入参数，将 K3 的值作为输出参数，得到一个功能略强的存储过程 COMPARE2。通过变换调用参数的值，这个存储过程可以比较多个不同数的大小，如图 1-6-6 所示。图 1-6-6 中存储过程定义为最下面 5 行，其中有两次使用不同的值调用存储过程 COMPARE2，所得结果不同（图中显示的是第二次调用的结果）。

若要求在 employee 数据库中创建存储函数 CountEmp()，返回值是 employee 表中记录的条数，存储函数的写法与调用如图 1-6-7 所示。

（2）存储过程和存储函数的调用。

存储过程的调用语法格式如下：

```
CALL <存储过程名称>([<参数>[,……]]);
```

本实验的图 1-6-2、图 1-6-5、图 1-6-6 中都使用 CALL 语句调用了存储过程。其中图 1-6-6 是带参数调用，输入参数可以直接把一个值传递给存储过程，输出参数和输入输出参数则需要使用变量以接收其输出。

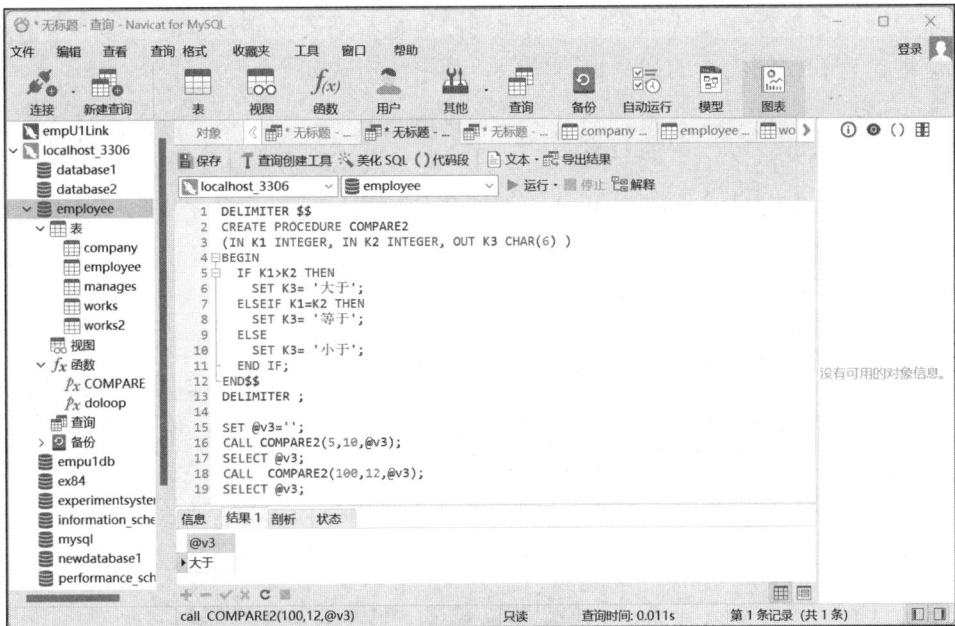

图 1-6-6　带参数的存储过程

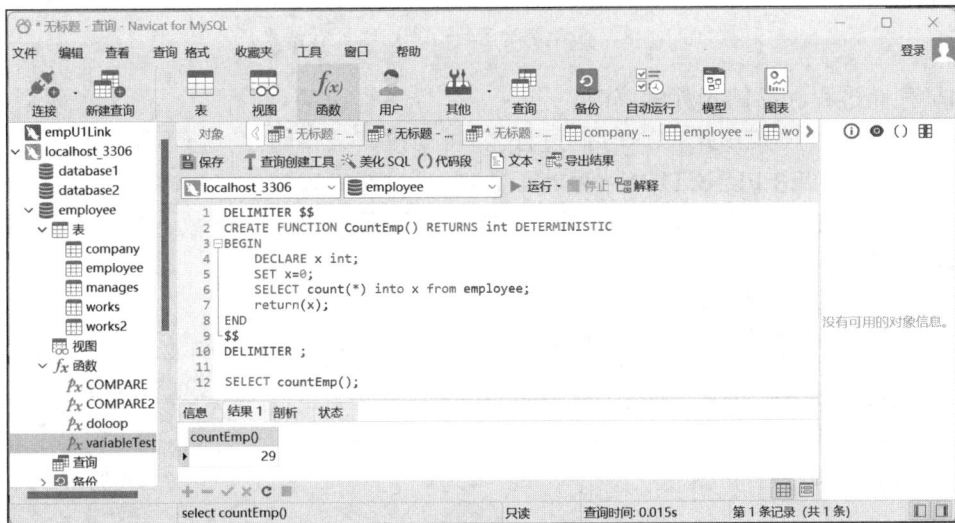

图 1-6-7　存储函数的写法与调用

存储函数的调用与存储过程不同，一般是在表达式或 SELECT 语句中直接使用存储函数的返回值，图 1-6-7 最后一句为对存储函数 CountEmp() 的调用。存储函数调用时的参数设置与存储过程调用时的参数设置是一样的。

（3）存储过程和存储函数的查看。

查看存储过程的命令有两条，其语法格式如下：

```
SHOW PROCEDURE STATUS;
SHOW CREATE PROCEDURE <存储过程名称>;
```

其中 SHOW PROCEDURE STATUS 命令用于查看所有存储过程的状态，通过添加 WHERE 子句或 LIKE 子句可选择查询满足条件的存储过程的状态。SHOW CREATE PROCEDURE

命令用于显示创建该存储过程的语句，因此我们也就看到了存储过程的全部细节信息。

相应地，查看存储函数的命令也有两条，其语法格式如下：

```
SHOW FUNCTION STATUS
SHOW CREATE FUNCTION <存储函数名>
```

图 1-6-8 给出查看存储函数 CountEmp() 的命令和执行结果，结果中的 Create Function 字段下是创建此存储函数的语句。

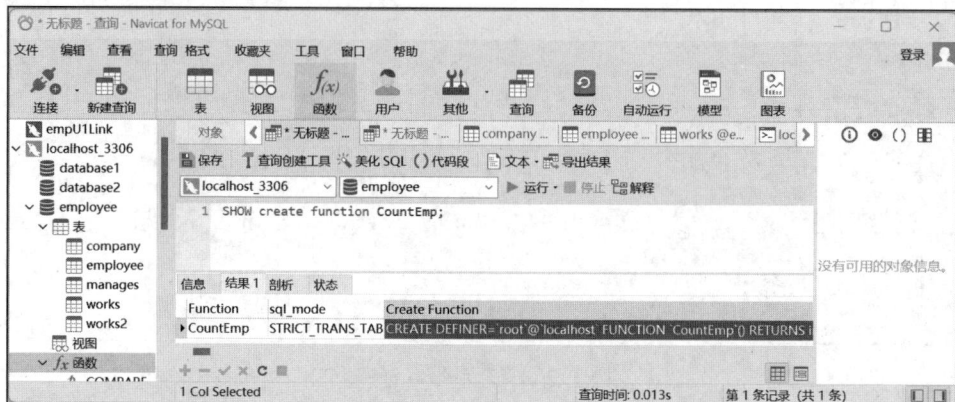

图 1-6-8　查看存储函数的命令和执行结果

（4）存储过程和存储函数的修改。

使用 ALTER PROCEDURE <存储过程名> 可修改其某些属性，但不能修改主体代码。同样地，使用 ALTER FUNCTION <存储函数名> 也只能修改其某些属性，但不能修改主体代码。若想要修改存储过程/函数的内容，则需要删除原存储过程/函数，再重新建立同名的存储过程/函数。

（5）存储过程和存储函数的删除。

使用 DROP PROCEDURE/FUNCTION 命令可以删除存储过程/函数。

```
DROP PROCEDURE [IF EXISTS] <存储过程名>;
DROP FUNCTION [IF EXISTS] <存储函数名>;
```

（6）与存储过程/函数相关的权限。

与存储过程/函数相关的权限有 EXECUTE、CREATE、DROP 这 3 种，分别是运行、创建、删除的权限。用户可依据需求把这 3 种权限授予不同的用户。

5．游标的定义和使用

SQL 以集合方式操纵数据，而程序以数组方式操纵数据，所以数据库系统为程序设计提供了游标（CURSOR），使得用户可以以数组的方式处理关系表中的数据。

声明游标的语法格式如下：

```
DECLARE <游标名> CURSOR FOR select_statement;
```

打开游标的语法格式如下：

```
OPEN <游标名>
```

从游标中获取数据并存入变量的语法格式如下：

```
FETCH <游标名> INTO <变量>,<变量>[,……]
```

关闭游标的语法格式如下：

```
CLOSE <游标名>;
```

以下存储过程使用游标计算 works 表所包含的记录数。学生可将其输入数据库系统，并调用查看结果。

```
DELIMITER $$
CREATE PROCEDURE p1()
BEGIN
    DECLARE row_e_name VARCHAR(30);
    DECLARE row_c_name VARCHAR(30);
    DECLARE row_salary INT;
    DECLARE cnt INT DEFAULT 0; -- 定义总行数
    DECLARE i INT DEFAULT 0;
    DECLARE getcategory CURSOR FOR SELECT * FROM works;
    SELECT COUNT(*) INTO cnt FROM works; -- 求和并赋给 cnt
    OPEN getcategory;
    REPEAT
    set i:=i+1;
    FETCH getcategory INTO row_e_name,row_c_name,row_salary;
    SELECT row_e_name,row_c_name,row_salary;
    UNTIL i>=cnt END REPEAT;
    CLOSE getcategory;
END$$
DELIMITER;
```

六、实验习题

在 employee 数据库中完成如下存储过程或函数操作。

1. 创建一个存储过程 CountCom1，输入为公司的名称（company_name），输出为该公司的员工数。

2. 调用存储过程 CountCom1，其输入参数为"The People Bank"，查看输出结果。

3. 创建一个存储函数 CityByName()，其作用是返回姓名为"Shelby"的员工所居住的城市（city），并调用该存储函数并查看输出结果。

4. 查看存储过程 CountCom1 的状态和定义。

5. 删除存储过程 CountCom1。

七、思考题

1. 存储过程与存储函数有什么区别？

2. 存储过程/函数中可以调用其他存储过程/函数吗？

3. 数据库以关系为基本操作单位，如何使用存储过程/函数返回一张表？若在高级语言中调用，则应该用什么结构接收并处理这样的表？

触发器、视图和索引

触发器、视图和索引都是数据库运行维护的重要手段。本实验包括创建、查看及删除触发器、视图和索引等基本操作。学生首先要掌握本实验内容，在此基础上可以考虑在数据库长期的运行过程中，数据库一致性维护、为新应用提供服务、提高常用查询操作效率等问题的解决思路。

一、实验目的

1. 掌握触发器的创建、查看与使用方法。
2. 掌握视图的创建、删除与使用方法。
3. 掌握索引的创建与删除方法。

实验 7　演示视频-1　实验 7　演示视频-2

二、实验要求

完成实验内容及实验习题，对主要实验步骤，给出操作命令及执行结果（可截图）并完成实验报告。

三、实验材料

创建 employee 数据库的 SQL 文件。
创建 teaching 数据库的 SQL 文件。

四、实验准备

查阅与触发器、视图和索引管理相关的内容。

五、实验内容

1．触发器操作

（1）创建表 comsalary，记录每个公司所有员工的平均工资，其主要字段包括 company_

name、avgsalary，其中 company_name 为主键。创建表后，向表中添加当前各公司的平均工资数据。

创建表和插入数据的语句如下：

```
CREATE TABLE comsalary(
    company_name VARCHAR(30) PRIMARY KEY,
    avgsalary REAL(9,2));
INSERT INTO comsalary SELECT company_name,AVG(salary) FROM works GROUP BY company_name;
```

（2）在表 works 上定义一个触发器。当某个员工的工资发生变化时，自动重新计算相关公司的平均工资，并更新到表 comsalary 中。

【分析】若工资发生变化时自动重新计算相关公司的平均工资，那么触发器应该是表works 上由 UPDATE 事件触发，触发操作重新计算对应公司的平均工资。因此，触发器的设计如下。

```
DELIMITER $$
CREATE TRIGGER update_comSalary AFTER UPDATE ON works FOR EACH ROW
BEGIN
    IF 0<(SELECT COUNT(*) FROM comsalary WHERE company_name=OLD.company_name)
    THEN
        UPDATE comsalary
        SET avgsalary=(
                SELECT avg(salary) FROM works
                WHERE company_name=OLD.company_name)
        WHERE company_name=OLD.company_name;
    ELSE
        INSERT INTO comsalary SELECT company_name,AVG(salary) FROM works
        WHERE company_name=old.company_name GROUP BY company_name;
    END IF;
END;
$$
DELIMITER ;
```

执行结果如图 1-7-1 所示。

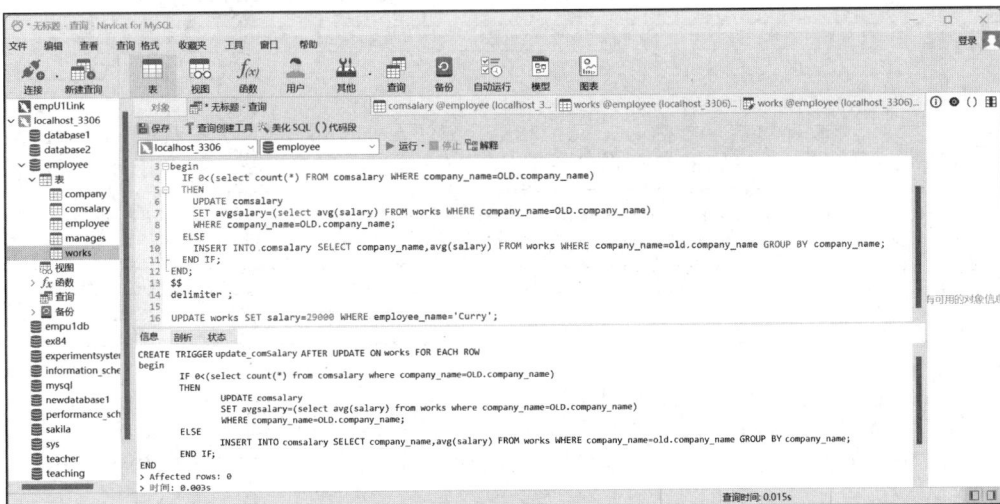

图 1-7-1　创建触发器的执行结果

触发器、视图和索引　**实验 7**

（3）修改 Curry 的工资为 19000，观察 comsalary 表中数据的变化。

修改 Curry 的工资，查看 comsalary 表中 Curry 所属单位平均工资的命令及执行结果如图 1-7-2 所示。为方便观察，在此使用 Navicat for MySQL 的命令行窗口。图中首先使用 SELECT 命令查看 comsalary 表中 Curry 所在公司的平均工资，再执行 UPDATE 命令，然后查看 comsalary 表中 Curry 所在公司的平均工资，可见这家公司的平均工资有变化。

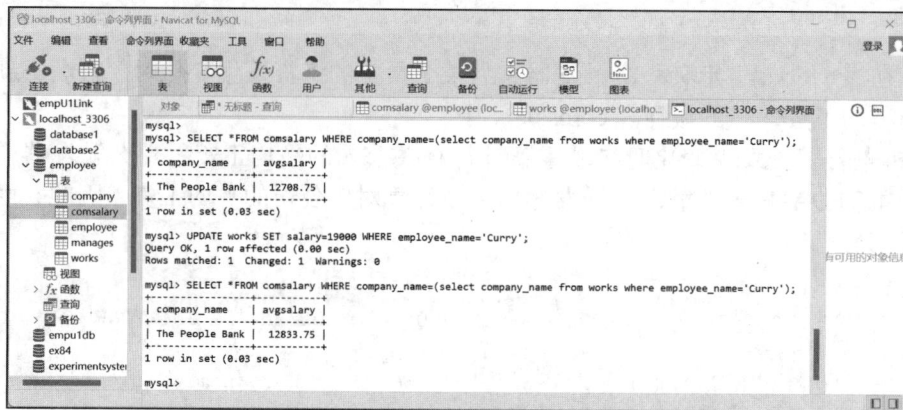

图 1-7-2　查看触发器的效果

（4）查看触发器。查看触发器的命令如下：

```
SHOW TRIGGERS;
```

查看触发器的定义的语法格式如下：

```
SHOW CREATE TRIGGER <触发器名>;
```

此命令的执行结果如下：

```
mysql> SHOW CREATE TRIGGER update_comSalary;
+-----------------+--------------------------------------------------+----------------
--------------------------------------------------------------------------------------
--------------------------------------------------------------------------------------
--------------------------------------------------------------------------------------
--------------------------------------------------------------------------------------
------------------+-------------------------+-------------------------------------------
---+--------------------+
| Trigger | sql_mode | SQL Original Statement | character_set_client | collation_
connection | Database Collation | Created |
+-----------------+--------------------------------------------------+----------------
--------------------------------------------------------------------------------------
--------------------------------------------------------------------------------------
--------------------------------------------------------------------------------------
--------------------------------------------------------------------------------------
------------------+-------------------------+-------------------------------------------
---+--------------------+
| update_comSalary | STRICT_TRANS_TABLES,NO_ENGINE_SUBSTITUTION | CREATE DEFINER=
`root`@`localhost` TRIGGER `update_comSalary` AFTER UPDATE ON `works` FOR EACH ROW begin
if 0<(select count(*) from comsalary where company_name=OLD.company_name)
then
update comsalary
set avgsalary=(select avg(salary) from works where company_name=OLD.company_name)
```

```
    where company_name=OLD.company_name;
    else
    insert into comsalary select company_name,avg(salary) from works where company_
name=old.company_name group by company_name;
    end if;
    end | utf8mb4 | utf8mb4_0900_ai_ci | utf8mb4_0900_ai_ci | 2023-07-15 14:38:28.07 |
    +----------------+-----------------------------------------+-----------------
--------------------------------------------------------------------------------
--------------------------------------------------------------------------------
--------------------------------------------------------------------------------
--------------------------------------------------------------------------------
---+------------------------+
    1 row in set (0.05 sec)
```

（5）插入新员工 Bob 的信息（他居住的城市为"Foshan"，街道为"Second Road"，工作的公司名为"Baidu"，工资为 18500），观察 comsalary 表中的数据变化。若对新雇用员工、解雇员工都会带来的平均工资的变化，则应如何处理？

【分析】插入 Bob 的信息实际需要两步操作，即将 Bob 居住城市、街道信息添加到 employee 表，再将他的工作信息添加到 works 表，因此完成此题目要求的操作及结果如图 1-7-3 所示。首先查看并发现 Baidu 公司的平均工资为 19500.00，向 employee 表和 works 表插入数据后再查看 Baidu 公司的平均工资还是 19500.00。但查看 works 表中所有 Baidu 公司的员工工资平均值，可见该值与 comsalary 表中的记录不符。

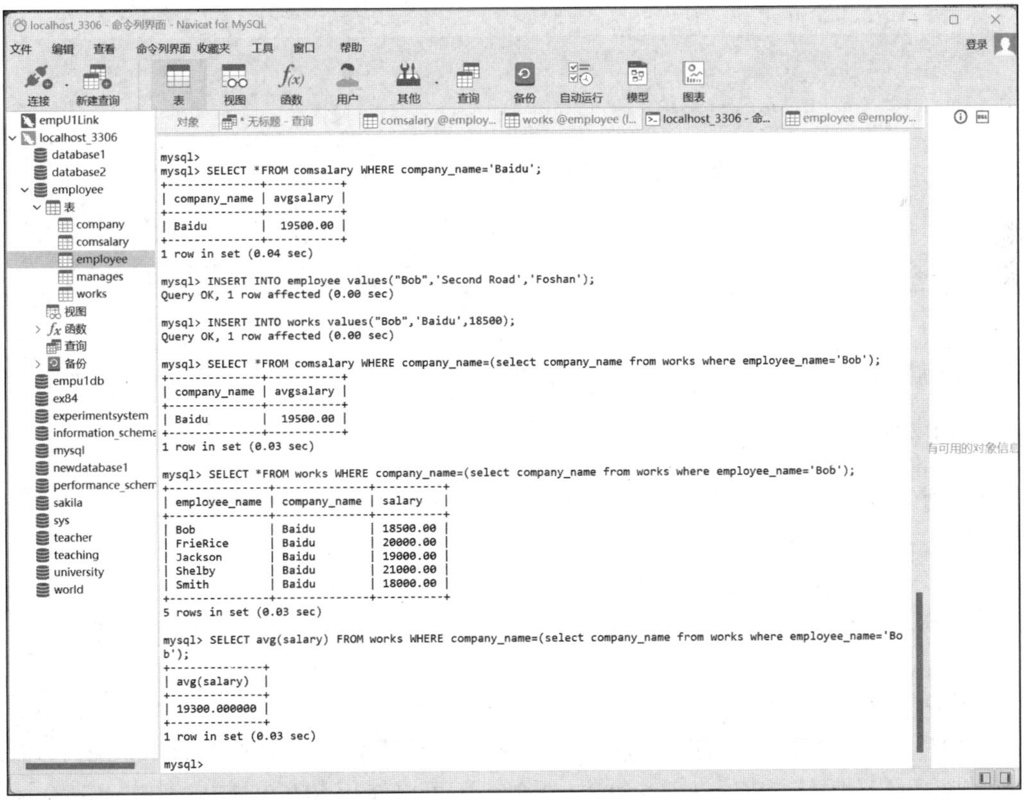

图 1-7-3　在表 works 中插入数据及对表 comsalary 的影响

因为添加新员工、删除老员工都可能影响平均工资，实际情况中除了更新触发器，还需要设计插入、删除触发器。

插入触发器的代码如下：

```
DELIMITER $$
CREATE TRIGGER insert_comSalary AFTER INSERT ON works FOR EACH ROW
BEGIN
    IF 0<(SELECT COUNT(*) FROM comsalary WHERE company_name=NEW.company_name)
    THEN
        UPDATE comsalary
        SET avgsalary=(SELECT AVG(salary) FROM works
                    WHERE company_name=NEW.company_name)
        WHERE company_name=NEW.company_name;
    ELSE
        INSERT INTO comsalary SELECT company_name,AVG(salary) FROM works
            WHERE company_name=NEW.company_name GROUP BY company_name;
    END IF;
END;
$$
DELIMITER ;
```

删除触发器的代码如下：

```
DELIMITER $$
CREATE TRIGGER delete_comSalary AFTER DELETE ON works FOR EACH ROW
BEGIN
    IF 0<(SELECT count(*) FROM comsalary WHERE company_name=OLD.company_name)
    THEN
        UPDATE comsalary
        SET avgsalary=(SELECT AVG(salary) FROM works
                        WHERE company_name=OLD.company_name)
        WHERE company_name=OLD.company_name;
    ELSE
        INSERT INTO comsalary SELECT company_name,avg(salary) FROM works
            WHERE company_name=OLD.company_name GROUP BY company_name;
    END IF;
END;
$$
DELIMITER ;
```

2．视图操作

（1）创建视图 view1，显示每家公司的公司名称、最高工资、最低工资、平均工资。其命令如下：

```
CREATE VIEW view1 AS
    SELECT company_name, MAX(salary), MIN(salary),AVG(salary) FROM works
GROUP BY company_name;
```

（2）查看视图及视图定义。

视图是虚表，它可以被当作表进行操作，所以查看表名可以使用 SHOW TABLES 命令，查看表结构可以使用 DESC <表名>命令。另外，还可以使用 SHOW CREATE VIEW 命令查看视图定义。图 1-7-4 给出查看视图的命令及执行结果。

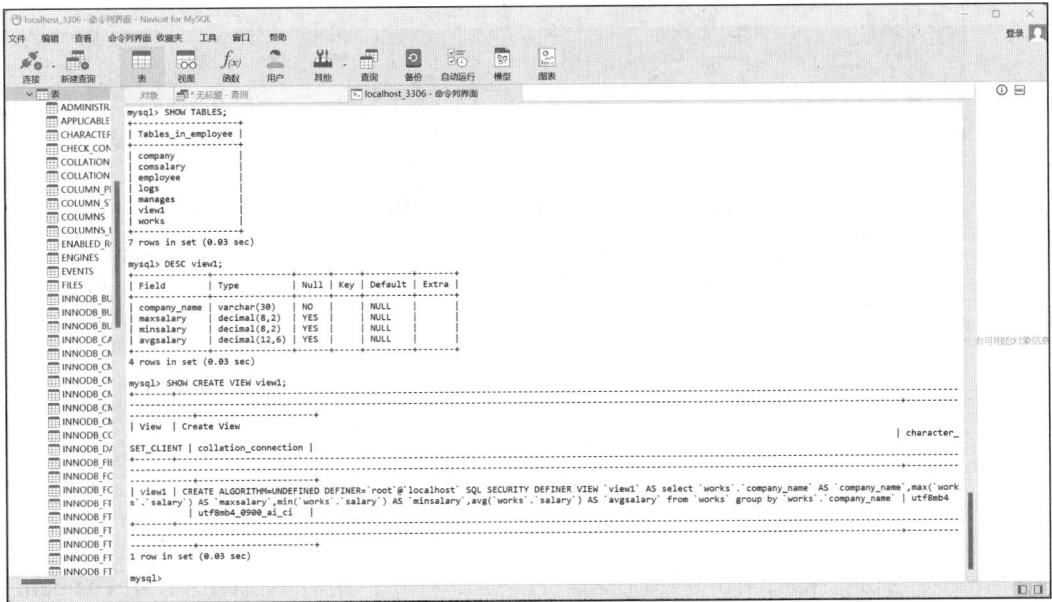

图 1-7-4　查看视图及视图定义

（3）在视图 view1 之上创建视图 view2 查询所有公司的最高工资、最低工资和平均工资。创建视图的命令如下：

```
CREATE VIEW view2 AS
    SELECT MAX(maxsalary) maxsalary, MIN(minsalary) minsalary, AVG(CONVERT
(avgsalary, DECIMAL(8,2))) avgsalary FROM view1;
```

需要注意的是，avgsalary 的数据类型不稳定，在此使用 CONVERT(avgsalary, DECIMAL(8,2))将 avgsalary 的数据类型进行转换后可计算得到正确结果。

（4）使用视图 view1 和 view2 查询平均工资高于所有公司平均工资的公司的最高工资、最低工资和平均工资。其命令如下：

```
SELECT * FROM view1 v1, view2 v2 WHERE v1.avgsalary>v2.avgsalary;
```

（5）假设系统已创建用户 U1，且 U1 对 employee 没有其他操作权限。结合实验 5 将视图 view1 的查询权限授权给用户 U1，以用户 U1 的身份登录系统，查看 employee 数据库中 view1 的数据。思考，若用户 U1 对 employee 数据库只有 view1 的查询权限，它能否获取数据库中的其他信息？

授权需要具有授权操作权限的用户来实施。授权命令如下：

```
GRANT SELECT ON view1 TO U1;
```

【分析】用户 U1 登录系统后，只能看到 employee 数据库中的视图 view1，其他数据库中的对象无法被看到。由图 1-7-5 可知，employee 中表、函数、查询、备份等对象都是空的，用户通过视图 view1 可看到各公司的最高工资、最低工资、平均工资。

3．索引操作

（1）对 works 表创建 employee_name 字段上的索引，并查看索引信息。

触发器、视图和索引　实验 7

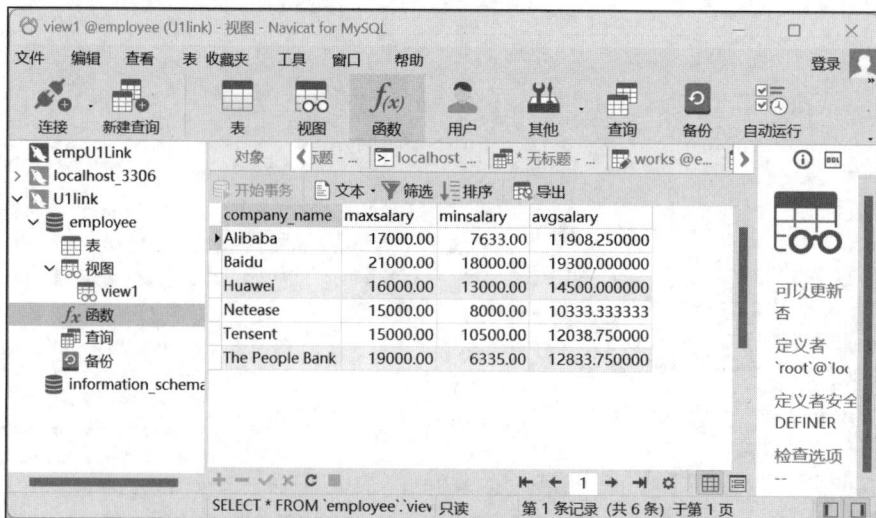

图 1-7-5 用户 U1 的视图

操作命令与执行结果如图 1-7-6 所示。注意图 1-7-6 中索引 PRIMARY 与 enameIndex 的关键字是相同的。数据库系统并不会检查索引创建的必要性，只要用户使用创建索引的命令，系统就会创建索引，因此，用户需要慎重考虑创建索引的必要性。

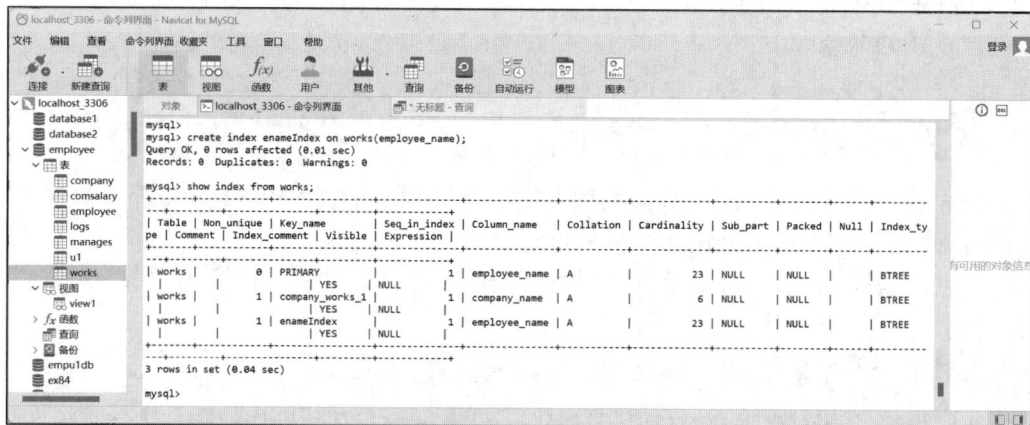

图 1-7-6 创建、查看索引的操作及结果

（2）删除 enameIndex 索引。

删除 enameIndex 索引的命令如下：

```
DROP INDEX enameIndex ON works;
```

删除索引后，再使用查看索引的命令，可以看到这个索引没有了。

六、实验习题

创建一张表 logs 来记录表 employee 的数据增、删、改操作。logs 表结构如下：

```
CREATE TABLE logs(
    LOG_ID INT AUTO_INCREMENT PRIMARY KEY,   -- 本字段设置为自增
```

```
    LOG_DML VARCHAR(100) NOT NULL,   -- 修改操作
    LOG_KEY_ID VARCHAR(100),  -- 操作记录的ID
    LOG_DATE DATE,     -- 修改日期
    LOG_USER VARCHAR (50)   -- 修改用户，取当前用户
    );
```

此表中 LOG_ID 字段是操作序列号，从 1 开始自增；LOG_KEY_ID 字段记录的是更新记录的主键；LOG_DML 字段记录的是插入、删除或更新操作，记作 INSERT、DELETE 或 UPDATE；LOG_DATE 字段记录的是数据更新日期；LOG_USER 字段记录的是数据操作用户名，即当前用户。

1. 在表 employee 上添加插入触发器，当发生插入数据操作时把插入数据的相关信息写一条记录到表 logs 中。

2. 在表 employee 中插入一条新的员工数据('Cara', 'Guangzhou','Wushan Street')，并观察表 logs 中数据的变化。

3. 在表 employee 上添加、更新和删除触发器，当发生数据更新和删除操作时把插入数据的相关信息写入表 logs 中。

4. 插入、删除表 employee 上的一批记录，查看表 logs 中是否有相关变化。

5. 实验内容第 2 步，在表 works 上定义一个触发器。当某个员工的工资发生变化时，自动重新计算相关公司的平均工资，并更新到表 comsalary 中。若 UPDATE 语句修改了员工所在公司（对应现实中员工从一家公司调动到另一家公司工作），会引起两家公司平均工资的变化。修改以上触发器，使触发器对所有表 works 的数据更新都能同步修改表 comsalary。

七、思考题

1. 触发器上的操作与触发触发器的操作属同一个事务，即要么全做，要么全不做。通过失败的插入、删除、修改操作观察实验结果。

2. 触发器最忌级联，即一个数据操作引发触发器上对另一个表的数据增、删、改操作，进而又触发这张表上另一个触发器对第三张表的增、删、改操作，如此多级触发可能导致意想不到的效果。查阅相关资料，注意避免此类现象。

3. 用户可以创建、删除查询，但无法控制系统使用或不使用查询。系统在查询优化时会自动选择要使用的索引。用户可通过查看查询执行计划确认某个索引在某个查询执行时是否被使用了。学生可设计查询，使某个索引在查询执行时被使用。

事务管理

事务机制是数据库管理系统核心的技术之一。本实验提供观察事务运行、事务之间隔离性的基本方法，一方面辅助学生理解事务的基本原理，另一方面提醒学生重视应用的事务性需求，在高并发的情况下利用一些措施保障数据的一致性。

一、实验目的

1. 理解事务的基本概念。
2. 掌握 MySQL 事务的基本操作（如自动提交、保存点、回滚、提交等）。

二、实验要求

完成实验内容及实验习题，对主要实验步骤，给出操作命令及执行结果（可截图）并完成实验报告。

三、实验材料

创建 employee 数据库的 SQL 文件。

四、实验准备

查阅事务相关内容。

五、实验内容

1. 事务的提交与回滚

（1）自动提交。

MySQL 5.0 以前的版本不提供事务机制，后来的版本也只在 InnoDB 存储引擎上提供事务机制。在 MySQL 默认设置下，事务都是自动提交的，即执行 SQL 语句后就会马上自动执行提交操作，与之对应的事务也就结束了。若想要观察事务的执行情况，则需要先设置自动提交为关闭状态。MySQL 查看和设置自动提交的命令如下：

```
SHOW VARIABLES LIKE 'AUTOCOMMIT';
SET AUTOCOMMIT=FALSE;
```

图 1-8-1 给出事务自动提交参数的设置与查看命令及执行结果。本例为后续事务操作设置 AUTOCOMMIT 为 OFF 状态。VARIABLES 实质是 MySQL 的一些系统变量，可以通过 SHOW 命令查看所有系统变量的值。

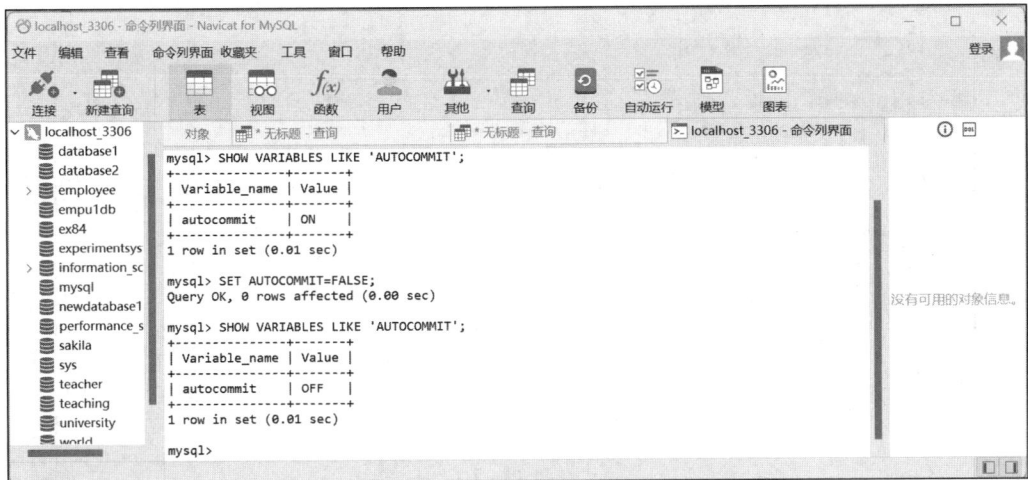

图 1-8-1　自动提交参数的设置与查看命令及执行结果

（2）事务的开始与结束。

MySQL 的事务还可以划分为隐式事务和显式事务。隐式事务自动开始，自动提交。在开启自动提交的情况下，每条 SQL 语句是一个事务，事务在用户输入 SQL 语句时开始，在完成语句执行后结束。在未开启自动提交的情况下，事务从用户输入一条 SQL 命令时开始，在遇到用户输入提交命令时结束。另外，服务器操作命令、数据库的模式操作语句、更新 MySQL 数据库中数据的语句、事务控制和锁操作语句都会引起一个事务的隐式提交。MySQL 手册中列出的引发隐式提交的语句至少有 30 个，学生可查阅了解。一般一个隐式事务提交后，系统会自动开启下一个隐式事务，直至再次提交。

与之相对应，显式事务是用户使用事务开始命令开启的事务。若它操作过程中没有遇到引发事务隐式提交的操作，则在遇到事务提交或回滚命令时结束。MySQL 开始和结束事务的命令如下。

① 显式开始事务：

```
START TRANSACTION | BEGIN | XA START | XA BEGIN
```

② 结束事务：

```
COMMIT | ROLLBACK | XA COMMIT | XA ROLLBACK
```

其中 COMMIT 是提交事务，并使已对数据库进行的所有修改满足持久性（Duriability）的要求。ROLLBACK 是回滚用户的事务，可撤销用户对数据库的修改。

图 1-8-2 对 works 表的数据进行修改，执行 UPDATE 语句后可以看到数据已修改，但执行 ROLLBACK 语句后数据恢复到修改前的状态。若此事务在执行 UPDATE 语句后执行

事务管理　实验 8

COMMIT 语句，则它对数据库的修改不能再被撤销。学生可自行测试。

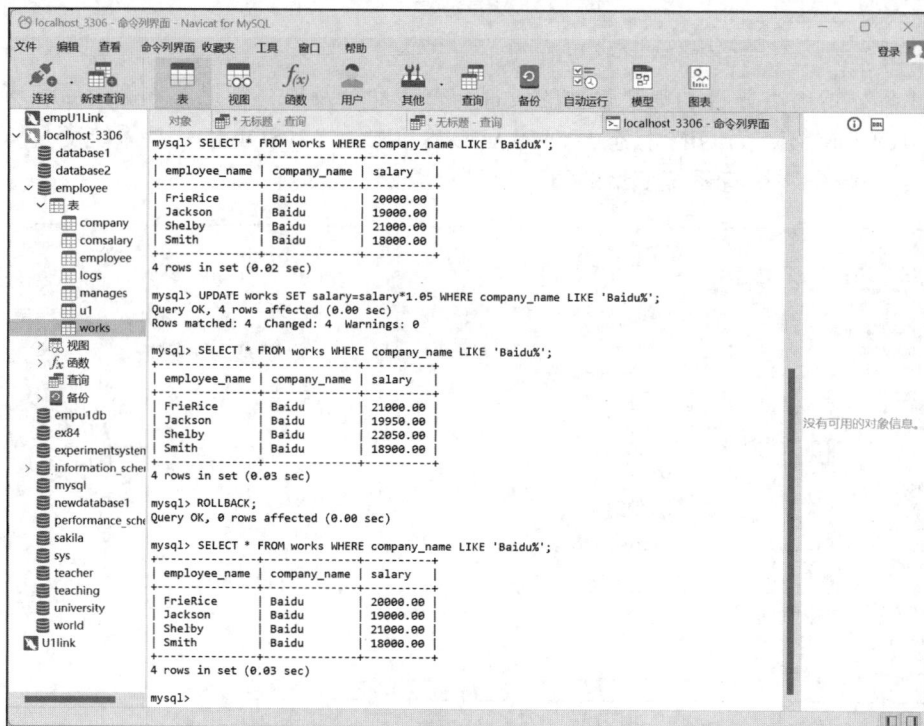

图 1-8-2　事务的执行与回滚

（3）保存点。

MySQL 中可为事务设置保存点。保存点是事务中的一个位置，事务执行过程中可回滚到保存点，取消当前位置到保存点之间的一段操作。一个事务中可包含多个保存点，方便用户撤销部分操作。保存点设置释放及回滚到保存点的命令如下：

```
SAVEPOINT <保存点标识>;
ROLLBACK [WORK] TO [SAVEPOINT] <保存点标识>
RELEASE SAVEPOINT <保存点标识>
```

对以上操作，图 1-8-3 给出设置保存点、数据更新、事务回滚到保存点的命令及这些命令执行后的数据状态。以下依次解释这些命令。

```
SELECT * FROM works WHERE employee_name LIKE 'Fri%';  -- 查询数据
SAVEPOINT p1;  -- 设置保存点 p1
UPDATE works SET salary=salary*1.05 WHERE employee_name LIKE 'Fri%';
-- 更新数据，工资增加 5%
SELECT * FROM works WHERE employee_name LIKE 'Fri%'; -- 查询数据，此时数据已增加 5%
SAVEPOINT p2;  -- 设置保存点 p2
UPDATE works SET salary=salary*1.05 WHERE employee_name LIKE 'Fri%';
-- 更新数据，工资再增加 5%
SELECT * FROM works WHERE employee_name LIKE 'Fri%';  -- 查询数据，此时数据已增加 10%
ROLLBACK p2;  -- 取消了第二次工资增加 5% 的操作
SELECT * FROM works WHERE employee_name LIKE 'Fri%';  -- 查询数据，工资增加 5%
```

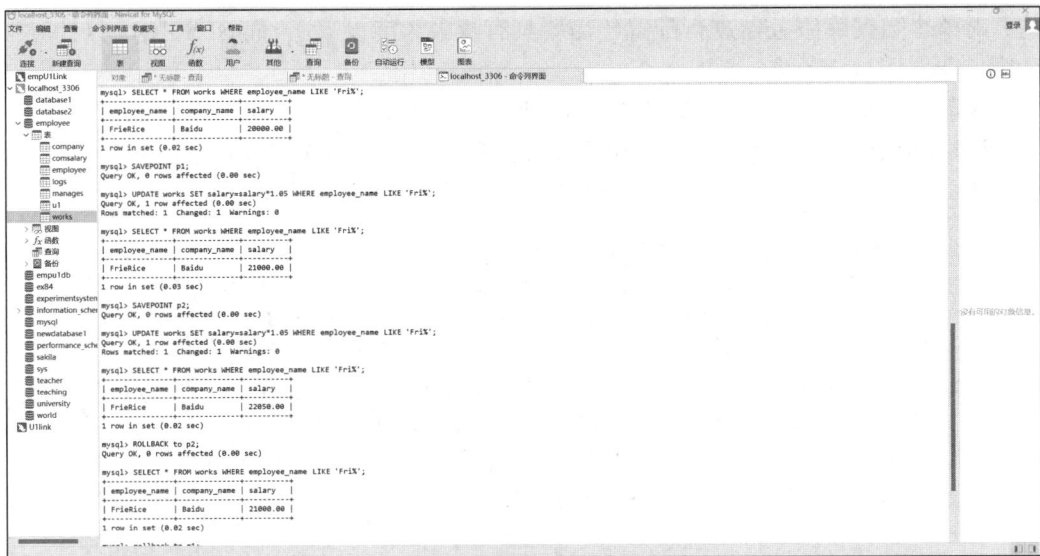

图 1-8-3 事务回滚到保存点

在此基础上，还可以继续执行回滚到保存点 p1 的操作，并查看执行结果。

```
ROLLBACK p1;
SELECT * FROM works WHERE employee_name LIKE 'Fri%';
```

2．事务隔离级别

MySQL 定义了事务的以下 4 种隔离级别。

（1）READ UNCOMMITTED（读取未提交内容）：事务可以看到其他未提交事务对数据库的修改。

（2）READ COMMITTED（读取提交内容）：事务只能看见其他已经提交事务对数据库的修改。这一隔离级别可避免读"脏"数据，但不能避免不可重复读、幻读等不一致现象。同一事务两次读同一数据可能有不同结果。

（3）REPEATABLE READ（可重读）：保障一个事务多次读取同一数据时读到的值是一致的，但不能避免幻读。

（4）SERIALIZABLE（可串行化）：其作为最高的事务隔离级别，可保障事务序列的执行结果是可串行化的、正确的。

一般比较严谨的数据库系统会选择 SERIALIZABLE 作为默认隔离级别，稍乐观一点的数据库系统可能选择 REPEATABLE READ 或 READ COMMITTED 作为默认隔离级别，但几乎没有数据库系统的默认事务隔离级别是 READ UNCOMMITTED，读取"脏"数据会导致事务执行结果错误。

查看与修改事务隔离级别的命令如下：

```
SELECT @@TRANSACTION_ISOLATION;  -- 查看事务隔离级别
SHOW VARIABLES LIKE 'TRANSACTION_ISOLATION';
SET [SESSION | GLOBAL] TRANSACTION ISOLATION LEVEL {READ UNCOMMITTED | READ
COMMITTED | REPEATABLE READ | SERIALIZABLE}  -- 修改事务隔离级别
```

修改事务隔离级别的命令可作用于 SESSION，也可作用于 GLOBAL。GLOBAL 是全局的，对整个数据库服务器进行配置（需要具有权限才能设置），而 SESSION 只针对当前会话窗口起作用。

（1）隔离级别 READ UNCOMMITTED 下的数据修改。

为测试隔离级别的作用，可打开两个窗口进行测试，本例使用 Navicat for MySQL 的一个查询窗口和一个命令行窗口。在查询窗口中输入如下命令。

```
SET AUTOCOMMIT=false;  -- 命令 1，关闭自动提交
SELECT * FROM works WHERE employee_name LIKE 'Fri%';  -- 命令 2，查询 FrieRice 的工资
UPDATE works SET salary=salary*1.05 WHERE employee_name LIKE 'Fri%';
-- 命令 3：修改 FrieRice 的工资
SELECT * FROM works WHERE employee_name LIKE 'Fri%';  -- 命令 4，查询 FrieRice 的工资
UPDATE works SET salary=salary*1.05 WHERE employee_name LIKE 'Fri%';
-- 命令 5：修改 FrieRice 的工资
SELECT * FROM works WHERE employee_name LIKE 'Fri%';  -- 命令 6，查询 FrieRice 的工资
ROLLBACK; -- 命令 7：事务回滚
SELECT * FROM works WHERE employee_name LIKE 'Fri%';  -- 命令 8，查询 FrieRice 的工资
```

依次执行命令 1、命令 2，可以看到员工 FrieRice 的工资。此时在命令行窗口中依次输入并执行如下命令。

```
SET TRANSACTION ISOLATION LEVEL READ UNCOMMITTED;
SELECT * FROM works WHERE employee_name LIKE 'Fri%';
```

命令执行完成后，本会话的事务隔离级别是 READ UNCOMMITTED，也就是说本事务可以看到其他未提交事务的执行结果，此时看到的 FrieRice 的工资数据与查询窗口中看到的相同。

在查询窗口执行命令 3、命令 4，可看到 FrieRice 的工资增加了 5%。此时在命令行窗口中执行以下查询操作。

```
SELECT * FROM works WHERE employee_name LIKE 'Fri%';
```

可以看到与查询窗口中相同的数据，FrieRice 的工资增加了 5%。

在查询窗口执行命令 5、命令 6，可看到 FrieRice 的工资又增加了 5%。此时在命令行窗口中执行以下查询操作。

```
SELECT * FROM works WHERE employee_name LIKE 'Fri%';
```

可以看到，FrieRice 的工资同样也增加了 5%。

在查询窗口执行命令 7、命令 8，回滚事务后再查询 FrieRice 的工资，其工资恢复到增加第一个 5% 以前的状态。此时在命令窗口中查询 FrieRice 的工资，还是可以看到与查询窗口中同样的数据。

（2）隔离级别 READ COMMITTED 下的数据修改。

对实验（1），仅将命令行窗口最初设置的隔离级别修改为 READ COMMITTED，重复实验过程，可以看到命令行窗口始终只能看到 FrieRice 的工资初值。

（3）数据提交对事务的影响。

重复实验（2），将查询窗口中的命令 7 修改为 COMMIT;，则提交后在命令行窗口可以看到与查询窗口中相同的执行结果。

3．MySQL 事务观察

事务运行时可以从 INFORMATION_SCHEMA.INNODB_TRX 表中查到活跃事务的信息，具体命令如下：

```
SELECT * FROM INFORMATION_SCHEMA.INNODB_TRX;
```

在进行以上实验（1）修改事务隔离级别后，查看事务的命令及执行结果如下：

```
mysql> SELECT * FROM INFORMATION_SCHEMA.INNODB_TRX;
+-----------------+-----------+---------------------+----------------------+---
--------------+-----------+--------+----------------------+---------------------
-----+-----------------+
| trx_id | trx_state | trx_started | trx_requested_lock_id | trx_wait_started |
trx_weight | trx_mysql_thread_id | trx_query| trx_operation_state | trx_tables_in_use
| trx_tables_locked | trx_lock_structs | trx_lock_memory_bytes | trx_rows_locked |
trx_rows_modified | trx_concurrency_tickets | trx_isolation_level | trx_unique_checks
| trx_foreign_key_checks | trx_last_foreign_key_error | trx_adaptive_hash_latched |
trx_adaptive_hash_timeout | trx_is_read_only | trx_autocommit_non_locking | trx_
schedule_weight |
+-----------------+-----------+---------------------+----------------------+---
--------------+-----------+--------+----------------------+---------------------
-----+-----------------+
| 33033 | RUNNING | 2023-09-03 12:51:27 | NULL | NULL | 12 | 22 | NULL| NULL|0 |
2 | 8 |1128 | 11 | 4 | 0 | REPEATABLE READ | 1 | 1 | NULL | 0 | 0 | 0 | 0 | NULL |
| 283208705961864 | RUNNING | 2023-09-03 12:40:27 | NULL | NULL | 0 |17 |
SELECT * FROM INFORMATION_SCHEMA.INNODB_TRX | NULL | 0 | 0 | 0 | 1128 | 0 | 0 | 0 |
READ COMMITTED | 1 | 1 | NULL | 0 | 0 | 0 | 0 | NULL |
+-----------------+-----------+---------------------+----------------------+---
--------------+-----------+--------+----------------------+---------------------
-----+-----------------+
2 rows in set (0.04 sec)
```

此时系统中有两个活跃的事务，其 ID 分别是 33033、283208705961864。由此继续查看每个事务所持有的数据锁，其操作命令及执行结果如下：

```
mysql> SELECT * FROM performance_schema.data_locks;
+--------+----------------------------------------------+----------------------+-------
----+----------+-------------+------------------------------+
| ENGINE | ENGINE_LOCK_ID | ENGINE_TRANSACTION_ID | THREAD_ID | EVENT_ID | OBJECT_
SCHEMA | OBJECT_NAME | PARTITION_NAME | SUBPARTITION_NAME | INDEX_NAME | OBJECT_
INSTANCE_BEGIN | LOCK_TYPE | LOCK_MODE | LOCK_STATUS | LOCK_DATA |
+--------+----------------------------------------------+----------------------+-------
----+----------+-------------+------------------------------+
| INNODB | 1733729252760:1233:1733694499392 | 33033 |66 | 568 | employee |
comsalary | NULL | NULL | NULL| 1733694499392 | TABLE | IX| GRANTED | NULL |
| INNODB | 1733729252760:1232:1733694499304 | 33033 |66 | 567 | employee |
works | NULL | NULL | NULL| 1733694499304 | TABLE | IX| GRANTED | NULL |
| INNODB | 1733729252760:169:4:10:1733694496520 | 33033 |66 | 567 | employee |
works | NULL | NULL | PRIMARY | 1733694496520 | RECORD| X | GRANTED | 'FrieRice'|
| INNODB | 1733729252760:170:4:10:1733694496864 | 33033 |66 | 568 | employee |
comsalary | NULL | NULL | PRIMARY | 1733694496864 | RECORD| X,REC_NOT_GAP |
GRANTED | 'Baidu' |
| INNODB | 1733729252760:169:5:10:1733694497208 | 33033 |66 | 569 | employee |
works | NULL | NULL | company_works_1 | 1733694497208 | RECORD| S | GRANTED |
'Baidu', 'FrieRice' |
| INNODB | 1733729252760:169:5:11:1733694497208 | 33033 |66 | 569 | employee |
works | NULL | NULL | company_works_1 | 1733694497208 | RECORD| S | GRANTED |
```

```
'Baidu', 'Jackson']
   | INNODB | 1733729252760:169:5:12:1733694497208 | 33033 |66 |  569 | employee
 works   | NULL  | NULL  | company_works_1 | 1733694497208 | RECORD| S | GRANTED |
'Baidu', 'Smith' |
   | INNODB | 1733729252760:169:5:13:1733694497208 | 33033 |66 |  569 | employee
 works   | NULL  | NULL  | company_works_1 | 1733694497208 | RECORD| S | GRANTED |
'Baidu', 'Shelby' |
   | INNODB | 1733729252760:169:4:11:1733694497552 | 33033 |66 |  569 | employee
 works   | NULL  | NULL  | PRIMARY | 1733694497552 | RECORD| S,REC_NOT_GAP | GRANTED
| 'Jackson' |
   | INNODB | 1733729252760:169:4:12:1733694497552 | 33033 |66 |  569 | employee
 works   | NULL  | NULL  | PRIMARY | 1733694497552 | RECORD| S,REC_NOT_GAP | GRANTED
| 'Smith'  |
   | INNODB | 1733729252760:169:4:13:1733694497552 | 33033 |66 |  569 | employee
 works   | NULL  | NULL  | PRIMARY | 1733694497552 | RECORD| S,REC_NOT_GAP | GRANTED
| 'Shelby' |
   | INNODB | 1733729252760:169:5:23:1733694497896 | 33033 |66 |  569 | employee
 works   | NULL  | NULL  | company_works_1 | 1733694497896 | RECORD| S,GAP | GRANTED
| 'Huawei', 'CbingQuan' |
   | INNODB | 1733729252760:169:4:3:1733694498240 | 33033 |66 |  570 | employee
 works   | NULL  | NULL  | PRIMARY | 1733694498240 | RECORD| X,GAP | GRANTED | 'Glenn'  |
   +--------+---------------------------------+-------+----+------+--------
----+--------+----------------+----------+-----------------------+
13 rows in set (0.05 sec)
```

可以看到，事务 33033 锁定了 14 条 works 表中的数据，这个事务就是查询窗口所对应的事务。若此时提交这个事务，再查询 performance_schema.data_locks，可以看到这个事务的锁全部释放。

六、实验习题

1. 使用命令 SHOW ENGINE INNODB STATUS; 查看存储引擎的状态，分析系统显示信息的含义。

2. 开启两个事务 T_1、T_2，测试在 REPEATABLE READ 隔离级别下事务 T_1 读数据、事务 T_2 插入数据的操作，查看 T_1 是否操作前后两次读取的数据一致。在 READ COMMITTED 隔离级别下执行同样的操作，查看 T_1 是否操作前后两次读取的数据一致。

3. 开启两个事务 T_1、T_2，测试在 REPEATABLE READ 和 SERIALIZABLE 两个隔离级别的区别。

七、思考题

设计实验查看一个事务所拥有的锁及在等待的锁。

备份与恢复

数据库在漫长的运行过程中面临的故障概率很高，这就要求数据库具有较强的恢复机制，在故障出现后能够尽量恢复数据，减少损失。本实验包括 MySQL 的多种数据备份与恢复方法，要求学生掌握。

一、实验目的

1. 理解数据库备份与恢复的概念。
2. 掌握 MySQL 数据库备份与恢复命令。

实验 9　演示视频

二、实验要求

完成实验内容及实验习题，对主要实验步骤，给出操作命令及执行结果（可截图）并完成实验报告。

三、实验材料

创建 employee 数据库的 SQL 文件。

四、实验准备

查阅事务恢复技术的相关内容。

五、实验内容

1. 数据库备份与恢复

MySQLdump 是 MySQL 的逻辑备份工具，其功能是对数据库整体或部分数据对象进行转储，保存为 SQL、CSV、XML 或文本格式的数据文件。这些数据文件可用于数据库系统出现故障时恢复数据库或将数据库转移到另一台数据库服务器。

MySQLdump 命令的语法格式如下：

```
shell> mysqldump --databases db_name1 [db_name2 …] > backupfile.sql
shell> mysqldump --all-databases > backupfile.sql
shell> mysqldump db_name [tbl_name …] > backupfile.sql
```

此处，第一个 MySQLdump 命令导出多个指定的数据库，第二个 MySQLdump 命令导出本服务器上的所有数据库，第三个 MySQLdump 命令导出指定数据库中的指定表。导出到的文件是一个二进制文件或一个包含多个 CREATE 语句和 INSERT 语句的文本文件。

MySQLdump 命令对应的可执行文件在 MySQL 的安装目录下，该命令需要在操作系统的命令行模式下执行，且执行时需要指定所在目录（若已将此目录配置到操作系统环境变量 Path 中，则此命令执行时不用指定目录）。

（1）使用 MySQLdump 转储和恢复数据库。

图 1-9-1 给出备份 employee 数据库的命令，命令执行完成后在 d:\下得到文件 e0904.sql。使用记事本或其他文本文件查看软件可以查看文件内容。学生可使用此命令导出 employee 数据库的某一张表或某几张表，也可导出指定的多个数据库。

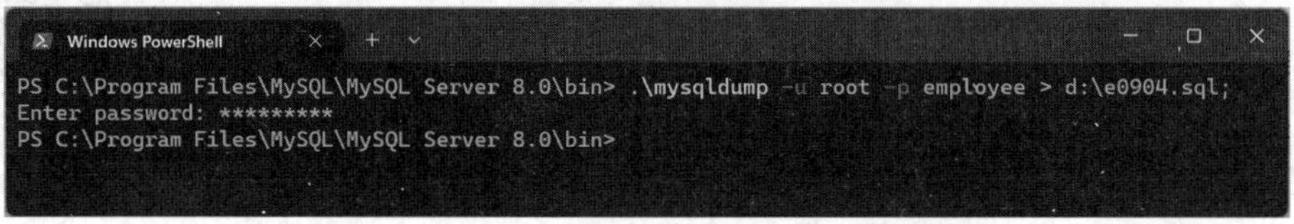

图 1-9-1　利用 MySQLdump 命令转储数据库

利用备份文件恢复数据库可以使用 MYSQL 命令，其语法格式如下：

```
shell> mysql db_name < backup-file.sql
```

或者

```
shell> mysql -e "source /path-to-backup/backup-file.sql" db_name
```

图 1-9-2 给出使用 MYSQL 命令恢复数据库的操作过程。注意，第一次使用 MYSQL 命令失败的原因是用户'ODBC'@'localhost'没有权限，于是使用 root 用户权限进行数据恢复。第二次使用 MYSQL 命令，系统要求输入密码，说明连接数据库使用的是 root 用户权限，它具有足够的权限。但又一次执行失败，原因是文件的编码不对，使用记事本或类似的软件将备份文件另存为 e090404.sql，另存时编码修改为 UTF-8，再次执行 MYSQL 命令，执行成功。此时打开数据库可以看到数据库恢复到备份时的状态。

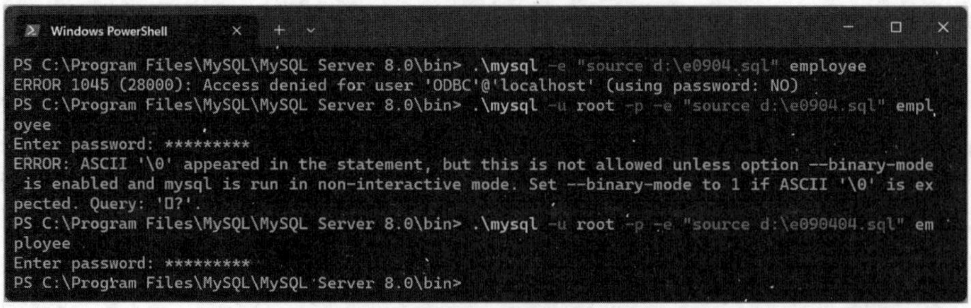

图 1-9-2　恢复数据库的操作过程

MySQLdump 命令有很多个参数可选，例如使用-d 参数仅导出数据库结构，其语法格式如下：

```
shell> mysqldump -u root -p -d db_name [tbl_name …] > backupfile.sql
```

此时生成的 SQL 文件中只有创建对象的语句，没有 INSERT 语句。使用-t 参数仅导出数据库的数据，其语法格式如下：

```
shell> mysqldump -u root -p -t db_name [tbl_name …] > backupfile.sql
```

此时生成的 SQL 文件中只有 INSERT 语句，没有创建对象的语句。

另外，通过 MySQLdump 命令还可对 InnoDB 引擎上的数据进行热备份，或者备份日志。

（2）使用 MySQLpump 备份和恢复数据库。

MySQL 还提供了 MySQLpump 命令来备份数据库，其语法格式如下：

```
shell> mysqlpump --all-databases
shell> mysqlpump db_name
shell> mysqlpump db_name tbl_name1 [tbl_name2 … ] >path\backupfile.sql
shell> mysqlpump --databases db_name1 [db_name2 …]
```

其中第一条命令备份服务器上所有数据库，第二条命令备份单个数据库，第三条命令备份数据库中一张或多张表到指定文件，第四条命令备份一个至多个数据库。

此命令格式与 MySQLdump 的命令格式相似，学生可使用如下命令备份 employee 数据库。

```
C:\>mysqlpump -u root -p employee >d:\e090407.sql
```

MySQLpump 命令的功能与 MySQLdump 命令的功能相似，但 MySQLdump 更适用于小规模数据库的备份。

对 MySQLpump 命令生成的备份，同样可使用 MySQL 命令进行恢复。

2．数据迁移

若一个数据库是从一台 MySQL 服务器上备份的，MySQL 允许使用这个备份将这个数据库恢复到其他 MySQL 服务器。最简单的做法是首先使用 MySQLpump 命令将数据库转储到一个 SQL 文件，然后在另一台 MySQL 服务器上创建同名的数据库，再运行 MYSQL 命令恢复此 MySQL 服务器上的同名数据库。

另外，MySQLpump 将一台服务器中全部数据库备份到另一台服务器的命令如下：

```
C:\>mysqlpump -h host1 -u root -p --all-databases |
mysql -h host2 -u root -p
```

其中-h host1 指明转储数据库的服务器，-h host2 指明接收转储数据库的服务器。符号"|"的含义是重定向，即 MySQLpump 命令的输入作为 MySQL 命令的输入。对两台服务器都使用了 root 超级用户身份，若使用其他用户身份，则需要注意其是否具有备份、恢复数据库系统的权限。参数--all-databases 是指 host1 服务器上的所有数据库；若备份一个或多个数据库，则可给出数据库的名称。

注意，此处 host1 与 host2 需要指定为相同版本的 MySQL 数据库服务器。若版本不同，则可能导致命令运行失败。

六、实验习题

1. 使用图形界面客户端备份和恢复数据非常简单，试选择一个图形界面客户端完成如下操作。

（1）备份整个 employee 数据库。

（2）查找文件位置，并使用记事本查看备份文件，注意查看备份文件的编码。

（3）删除当前数据库中的部分表，并使用图形界面客户端恢复数据库。

（4）备份 employee 数据库中 employee、works 两张表，查看备份结果。

（5）删除当前使用的数据库中的 works 表，再使用已有备份恢复此表，并查看恢复结果。

2. 直接复制整个数据库目录，可实现一台 MySQL 数据库服务器上所有数据库向另一台 MySQL 数据库服务器的迁移，请尝试把本机 MySQL 服务器的数据迁移到另一个 MySQL 服务器。

七、思考题

1. 一般情况下，一个数据库备份是无法直接在另一台不同的服务器上使用恢复命令进行恢复的，因为不同数据库管理系统可能在数据类型、SQL 命令上有细微差别。这样，在不同数据库服务器之间迁移数据就成了一件非常麻烦的事。常见的处理方法是将一个数据库的结构单独备份为 SQL 文件，人工修改其中语句后在新服务器上创建数据库结构，然后将数据库中的数据备份为文本、CSV 或 XML 等通用格式，使用数据库导入功能将这些数据导入新的数据库中。尝试将 employee 数据库导出后恢复到 SQL Server 或 Oracle 服务器中。

2. MySQL 提供 MySQLbackup 命令进行数据库的备份。它支持热（在线）备份、增量和差异备份、物理备份、选择性备份和恢复、直接云存储备份、备份加密和压缩等功能。但此工具收费，若有条件则可试用，以帮助学生理解热备份、增量备份等概念。

学生可以完成数据库设计与实现是数据库课程开设的重要目的，也是综合利用所学知识解决实际问题的体现。本实验提供一些练习题目，给出基本需求，要求学生运用所学去分析、设计并实现数据库。本实验实际需要学时较多，而且为完成数据库设计需要使用更多需求分析与设计工具软件。因此，建议此实验由学生自行完成。

一、实验目的

锻炼学生综合运用数据库基本原理与技术，解决现实问题的能力。

二、实验要求

1. 针对所选题目，通过调研等方法完善需求，完成数据库设计与实现，依据模板撰写实验报告。
2. 生成所创建数据库的 SQL 文件。

三、实验材料

PowerDesigner 或其他数据库设计软件。

四、实验准备

1. 下载安装数据库需求分析与设计软件，并学习其使用方法。
2. 熟悉 Navicat for MySQL 或其他数据库客户端图形界面生成数据库模型、逆向生成 E-R 模型（实体-联系模型）的功能，比较逆向生成 E-R 模型与设计软件生成 E-R 模型的区别和联系。

五、实验内容

选择一个实验题目完成数据库设计实验。以下给出可选择的实验题目，学生可选择本书给出的实验，也可选择难度相当的应用问题完成实验。

1．实验需求

（1）实体-联系模型。

构建一个代表现实应用中需要存储信息的 E-R 模型，描述每个实体的唯一标识、属性、实体之间的联系等信息。

（2）关系模型。

对 E-R 模型设计关系数据库的模式（包括表、表之间的引用关系、约束），并使用规范化理论进行优化。如果优化设计时发现 E-R 模型中存在缺陷，返回修改 E-R 模型，保持本实验中设计的 E-R 模型与关系模型一致。

根据用户需求设计不同用户的用户模式。

预估数据库中各表的数据量及数据增、删、查、改等操作的频率，设计必要的索引。

（3）关系数据库实现。

使用 MySQL 或其他数据库管理系统创建数据库及数据库对象，向数据库中添加数据，形成数据库实例。若没有真实数据，则可以添加符合数据约束的实验数据，每张表数据不少于 50 条。

（4）数据库端编程。

在数据库上定义一致性规则，并使用触发器、完整性规则来维护它们。

（5）查询。

设计满足用户需求的查询，并给出完成查询的 SQL 语句来测试数据库是否可以成功运行。以下针对超市列出部分常用的查询。对于其他应用问题，学生可自行设计。此外，对一些复杂的查询可通过编写存储过程或存储函数完成。

> 每家超市最畅销的 20 种商品。
> 分别列举当年销售数量最多、销售额最高的前 5 种商品的信息。
> 某品牌的某批次商品目前的库存量。
> 某品牌的某型号商品当月每天销售数量及销售额。
> 某品牌的某型号商品一年内每天销售数量及销售额。
> 某类商品一年内每月销售数量及销售额。
> 超市本月每天销售情况汇总。
> 超市本年度各类商品销售情况汇总。

2．参考实验题目

（1）超市管理。

假设有一家实体超市销售多种商品，对每批次商品需要记录其商品信息，顾客可采用匿名或会员两种方式购买商品，每次购买行为会产生一张交给顾客的销售小票，同时系统生成一张包含多条销售记录的销售订单，记录顾客此次购买商品的各种信息及购买时间、总折扣、总价等信息。超市可能会组织促销活动，每次促销活动需要确定促销活动名称、促销时间段、参与促销商品分类、促销折扣、是否与其他折扣同时使用等信息，若顾客购买促销商品，则可以依据活动规则及会员等级打折扣，计算真实付款值。

商品信息、会员管理、积分规则等说明如下。

> 商品信息：包括商品批次二维码、商品名称、品牌、批次号、重量（包括重量单位、数值）、大小（包括长、宽、高）、进货数量、制造商、生产日期、保质期、

产地、库存数量等基本信息。

> 销售订单：订单编号、订单生成时间、顾客会员号、付款号、商品总数量、总折扣、总价。
> 销售记录：记录编号、所属订单编号、商品名称、商品批次二维码、数量、价格、实际折扣、折扣原因、金额。
> 会员信息：会员卡号、姓名、开卡时间、等级、购买记录（可能有多条）、积分。
> 会员等级：会员等级名称、所对应的正常商品折扣、可享受的服务等。
> 会员积分规则：积分来自购买记录，可以按购买 1 元积 1 分计算。积分在每年某个具体时间点清零，积分达到一定规则后可升级。积分可在参加某些活动时使用，用以抵扣现金。积分仅用于抵扣现金，不影响会员升级。
> 商品类型：商品可以按类型进行管理，商品类型经多层抽象后形成网状结构，例如，可乐是一种饮料、一种食品。有些商品属于多个类别，例如，小苏打是一种清洁剂、一种食品（因为它用于烘焙）和一种药物（因为它可以用作抗酸剂）。

在此假设不需要考虑采购的问题，系统可通过某种渠道自动增加需要销售的商品。其他需要补充的细节，学生可自行选择一些超市进行观察和了解，从其实际运营中获取。对此需求进行数据库设计，以完成本实验。

（2）快递站管理。

假设快递站每天自动接收包裹并能从快递系统中了解对应的包裹信息清单，系统依据每个快递员的任务来分配快递给不同快递员。快递员可以接单，也可以拒绝（拒绝需要给出理由），但接单后需要在规定时间内将包裹送达客户处并签收，完成派送任务。快递站需要统计当天、当月、当年完成及未完成快递情况。快递员需要每天统计自己当天完成及未完成快递情况、当月完成及未完成快递情况。快递站需要管理的信息包括以下几个方面。

> 快递站信息：快递站名称、地址、所拥有装备〔装备名称、编号、装备用途、装备状态、装备使用人（使用人是否为本站员工）等〕、本站员工（一般包含一个站长、多个快递员）、每天接受派送任务的记录、对每件接受的派送任务的执行结果（送达、未送达）等。
> 包裹信息：客户 ID、姓名、地址、电话、递送物类别、来站时间、送达时限、包裹重量、大小（长、宽、高）、特殊要求等。
> 快递员信息：快递员 ID、姓名、电话、已接受派送任务清单、入职时间、使用设备情况（使用电动车、服装、快递箱等快递站的设备）、每天完成快递任务清单、基本工资、每月绩效工资、每月完成率等。
> 未正常送达包裹信息：包裹信息及未送达原因、责任人、事发时间等。

此题目仅列出派送业务，且假设需要派送的快递自动添加到本系统中。实际上快递系统需要从上级节点接收快递，且未正常送达的快递需要回退到上级节点。另外，本系统需要与第三方支付公司接口，完成收款。另外，多数快递站还有快递收揽业务，即收取本区域顾客的快递，填写相关信息后分类交付总站。

学生可依据实际收发快递的经验进行进一步调研，形成完整的需求文档，并依据需求文档，进行数据库设计，以完成本实验。

（3）网上水果店。

假设需要建立一个网上水果店，该店店长负责进货、打包寄送快递、线上回答顾客问题等事宜。游客通过该网站来浏览水果信息。游客注册成为会员后，可选择想要购买的水果并加入购物车（一般地，加入购物车行为可激活注册功能）。购物车界面可修改购买水果的数量、删除某种已选中水果。在此界面单击【结算】，完成付款、录入快递地址等流程后等待商家发货。顾客提交订单后由店长按地址填写快递信息，并打包发货。顾客确认收到货物后，此订单交易完成。店长在此过程中需要查看各商品销售情况、依据库存决定进下一批货，并随时统计一段时间内销售数量、价格、利润等信息。顾客可以登录网页查看自己的历史购买记录、当前购买水果快递状态等信息，快递状态可使用快递单号从快递公司提供的远程接口查询得到。支付一般由第三方完成，类似支付宝。支付行为发生后，系统通过接口调用完成支付功能。与之相关的信息包括以下几个方面。

> 水果信息：水果名称、分类、图片（多张）、视频（可能有）、品质等级、特征介绍、规格、库存量、采购价格、销售价格等信息。

> 购物车：购物车ID、水果清单（每类水果包括名称、价格、数量、折扣等）、运费、整体折扣、总数量、总价格等。

> 顾客信息：顾客ID、顾客姓名、地址、电话、送货地址（可存储多个用户提供的送货地址，每个送货地址包括省、市、区、街道、详细信息、收件人姓名、电话等）。

> 订单：订单号、购买顾客ID、水果清单、运费、整体折扣、总数量、总价格、实际付款、付款号、付款时间、付款方式等。

> 发货单：发货单号、对应订单号、水果清单、送货地址、快递单号。

对缺少的信息适当调研、补充，对此需求进行数据库设计，以完成本实验。

第二部分　知识概述与习题解析

第1章 绪论

1.1 知识点总结

本章是主教材的第 1 章，基本概念和知识点较多。本章学习目标是了解数据库相关概念、术语和技术，为今后的学习打基础。在今后的学习中，这些知识点还会以不同形式反复出现，学生可以在学习过程中逐步加深理解。

对本章知识点进行梳理如下。

1．知识点

本章的知识点如图 2-1-1 所示，其中无底色部分需要了解，带灰底色部分需要理解并掌握。

2．基础知识

（1）数据管理技术的发展分人工管理、文件管理和数据库管理 3 个阶段（了解）。
（2）数据库技术的发展历史及当前常用的数据库管理系统（了解）。
（3）我国数据库的发展状况及主要数据库管理系统产品（了解）。

3．本章难点

数据库的三级模式结构。

1.2 习题解析

1．名词解释：数据、数据库、数据库管理系统、数据库系统、关系数据模型。
答：
（1）数据是对客观事物的一种抽象、符号化的表示，是信息的载体。
【解析】参看主教材第 2 页，从定义上，主教材强调对数据与信息不严格区分。信息是人类想要表达或获取的目标，它以数据的形式表示出来。数据是信息的载体，信息是数据的含义。信息当然也可以作为数据，再进行加工、整理，得到更深度的信息。
（2）数据库是长期存储在计算机内，有组织的、可共享的大量数据的集合。其特点是长期存储、有组织、可共享。

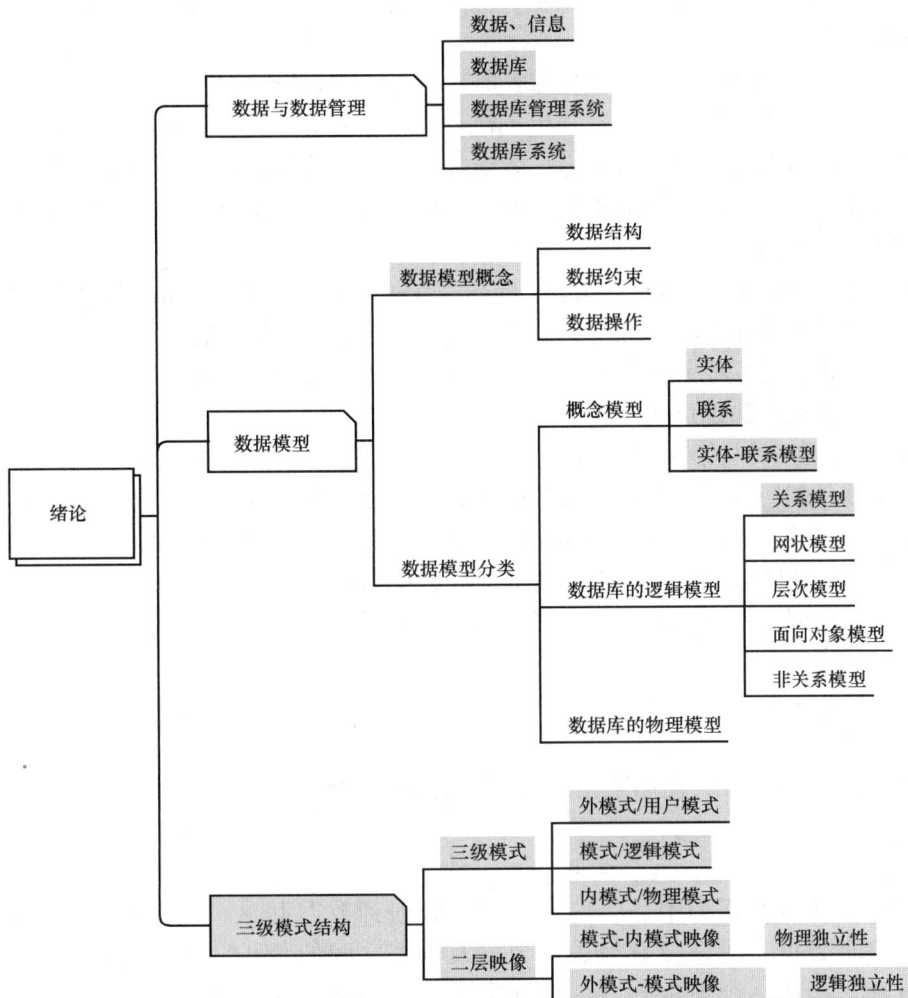

图 2-1-1　本章绪论的知识点

【解析】参看主教材第 7 页和第 8 页，其中对数据库特点进行了阐述。

长期存储是由企事业单位业务的长期性决定的。

有组织是指数据以一定的逻辑结构组织存储。一般称数据库的逻辑结构为数据库的数据模型，常见的数据模型包括关系模型、层次模型、网状模型、面向对象模型等。本书后续章节会对最常用的数据模型——关系模型进行详细讲解，介绍其数据结构、数据约束和数据操作等内容。

可共享是指允许多个用户使用数据库中的数据且互不影响。可共享有多层含义：首先，用户使用数据库不受时间、空间限制，可以随时随地连接数据库获取需要的数据；其次，用户可以是不同的人，也可以是程序或其他具有获取数据功能的主体；再次，一个用户的数据库访问不应该受到其他数据库用户的干扰，特别是在并发的情况下；最后，现实中每个用户仅可在权限允许范围内使用数据，不能越级越权访问其不应该访问的数据。

（3）数据库管理系统（database management system，DBMS）是位于用户与操作系统之间的一层系统软件，对数据库进行统一的管理和控制，以保证数据库的安全性和完整性。

DBMS 的主要功能包括数据定义、数据存储与管理、数据操纵、数据库运行管理、安全管理、事务管理等。

【解析】参看主教材第 8 页。数据库管理系统是当前计算机系统重要的系统软件之一，从产生至今一直处于高速发展中。它产生于银行类计算机应用先驱行业的应用需求，同时它又是计算机得以普及应用的强大助力。学生需要了解当前数据库产品的基本情况，更应该了解我国数据库管理系统产品的现状、进一步发展的优势和劣势，为推动我国数据库管理技术的发展尽一份力。

（4）数据库系统（database system，DBS）有两个定义：狭义上讲，数据库系统是由数据库和数据库管理系统组成的系统，其中数据库是核心，数据库管理系统是管理数据库的软件；广义上讲，数据库系统是使用数据库技术来管理数据的计算机系统，它包括计算机硬件、软件、数据库和用户 4 个要素。

【解析】参看主教材第 8 页和第 9 页。其中从组成上介绍了数据库系统的概念，数据库系统的作用就是利用数据库管理系统等软件来管理数据库，供用户或应用程序使用。数据库系统是与文件系统、目录服务相同层次的概念，都是管理数据的技术；与其他数据管理技术相比，它管理的数据的结构更加清晰，数据管理更高效、便捷。

（5）关系模型是一种数据库的逻辑模型，它使用表格来表示实体集以及实体集之间的关联。

【解析】参看主教材第 12 页。主教材第 2 章对关系模型有较详细的讲解，学生可参考。

2. 相比于文件系统，使用数据库管理数据有什么优势？

答：

（1）数据库结构严谨，冗余度低。

数据库系统以数据为中心，将现实世界映射到数据世界。它使用统一的数据模型来表示、管理数据，可以很好地表示数据及数据之间的关联，并对所有数据实行统一规划、管理，构成一个数据仓库，即数据库。因为数据库按数据模型来设计和存储，冗余度低。

（2）数据库独立性强。

数据库具有较高的独立性，其独立性表现具有逻辑独立性和物理独立性。逻辑独立性是指数据库独立于应用程序，不会因为应用程序的改变而改变。物理独立性是指数据库独立于物理设备，数据库的逻辑结构不会因为物理设备更换、操作系统更换而改变。

（3）数据库由数据库管理系统统一地管理和控制。

数据库管理系统从数据库完整性保障、数据库安全性保护、数据库访问的并发控制和数据库恢复等方面提供统一的管理与控制，提高了数据的完整性、安全性和可靠性。

【解析】参看主教材第 7 页。数据库系统是在文件系统之上开发的专门用于管理数据的系统，其优点正好对应"使用文件系统管理海量数据，无法满足应用需求"的缺点。可以说，文件系统的产生与发展在当时是最能满足用户数据存储需求的先进技术，数据库技术的产生与发展也是当时最能满足用户数据存储需求的先进技术。随着大数据、AI 时代的到来，数据库技术、数据管理技术会在新的需求的推动下继续蓬勃发展。这一点值得读者持续关注。

3. 试述数据库系统的特点。

答：数据库是长期存储在计算机内，有组织的、可共享的数据的集合。其特点是长期存储、有组织、可共享。

【解析】参看主教材第 8 页中数据库的定义及解释。

4. 数据库管理系统的功能是什么？

答：数据库管理系统对数据库提供统一的管理和控制，具体功能包括数据定义、数据的存储与管理、数据库完整性和安全性控制、数据库访问的并发控制与恢复、数据库访问方法以及其他功能。

【解析】参看主教材第 7 页中数据库管理系统的功能介绍。

5. 数据库系统的主要组成部分是什么？

答：广义上讲，数据库系统是使用数据库技术来管理数据的计算机系统，它包括计算机硬件、软件、数据库和用户 4 个要素。狭义上，也可以称数据库系统由数据库管理系统和数据库组成。

【解析】参看主教材第 8 页。

6. 什么是数据模型？它包括什么内容？

答：数据模型从抽象层次上描述了一个系统的静态特征、动态行为和约束条件，包括数据结构、数据操作和数据约束 3 个部分的内容。

【解析】参看主教材第 10 页。

7. 将数据存储到数据库的过程中需要使用哪些数据模型？如何使用？

答：将现实中的数据存储在数据库中需要进行多次抽象。首先，现实世界中客观存在的事物和联系映射到人们头脑中，形成一次抽象，称为概念模型。其次，依据数据库的数据模型对概念模型再次进行抽象，获得针对某一数据库的模型，称为数据库的逻辑模型。最后，对数据的逻辑模型再进行进一步抽象，形成数据库逻辑模型所对应的文件存取路径、存取方式、索引等纯计算机层的概念，即数据库的物理模型。

常用的概念模型是 E-R 模型，常用的逻辑模型包括层次模型、网状模型、关系模型和面向对象模型等。物理模型一般由数据库管理系统决定。

【解析】参看主教材第 11～14 页。

8. 有哪几种常用数据库的数据模型？它们主要的特征是什么？

答：

（1）层次模型。层次模型是数据库系统最早使用的一种模型，它用树状结构表示实体集之间的关联，其中实体集（用矩形框表示）为节点，而树中各节点之间的连线表示它们之间的关联。

层次模型的主要特征是：有且只有一个无双亲的根节点；根节点以外的子节点，向上仅有一个父节点，向下可以有若干个子节点。

（2）网状模型。网状模型用网状结构表示实体集之间的联系，其中实体集为节点，各节点之间的连线表示它们之间的关联。其主要特征是：允许有一个以上的节点无父节点，至少有一个节点有多于一个的父节点。

（3）关系模型。关系模型用表格来表示实体集以及实体集之间的关联，其中实体集表示为一张表，表之间的公共属性表示实体集之间的关联。其主要特征是：具有严格的数学基础；关系模型结构简单，实体和实体之间的联系都使用关系来表示。

（4）面向对象模型。面向对象模型将客观世界的一切实体模型转换为对象，每个对象有自己的内部状态和运动规律，不同对象之间的相互联系和相互作用就构成了各种系统。其主要特征是：面向对象模型通过属性及取值区分不同对象，也通过类之间的逻辑包含来表达实体之间的关联。

【解析】参看主教材第11～14页。主教材第2章对关系模型进行了详细讲解，学生学习完第2章后对关系模型特点的理解可进一步加深。

9. 什么是数据库的三级模式结构？有什么优点？

答：数据库系统的三级模式结构由外模式、模式和内模式组成，即数据的结构分3层：用户模式、逻辑模式和物理模式，分别是从3个不同角度看到的数据库，三级模式之间通过两级映像对应起来，实现各层数据的管理。

（1）用户模式，也称子模式或外模式，是数据库用户的数据视图，是数据库用户能够看见和使用的局部数据的逻辑结构及特征的描述，是与某一应用有关的数据的逻辑表示。

（2）逻辑模式，也称模式，是数据库中全体数据的逻辑结构和特征的描述，是数据库的整体视图。

（3）物理模式，也称存储模式或内模式，是数据库的物理存储和存储方式的描述，是数据在数据库内部的组织方式。

用户模式/逻辑模式映像定义用户模式中数据与逻辑模式中数据的对应关系。当用户的数据需求发生变化时，通过修改用户模式、用户模式/逻辑模式映像，可保证数据库的逻辑模式不受影响。当数据库的逻辑模式发生变化时，通过修改用户模式/逻辑模式映像可以保证应用程序不受数据库的变化影响。

逻辑模式/物理模式映像定义数据全局逻辑结构与存储结构之间的对应关系。当数据库的存储结构改变时，由数据库管理员调整逻辑模式/物理模式映像，可以使数据库的总体结构（逻辑模式）保持不变。

通过这两级映像的定义，在数据库的用户模式或物理模式发生变化时都可以保持不变，从而数据库具有了逻辑独立性和物理独立性。

【解析】参看主教材第15～17页。

10. 我国国产数据库有哪些典型代表？

答：

（1）金仓（Kingbase）是由北京人大金仓信息技术股份有限公司开发的数据库管理系统。目前其也已形成了覆盖数据管理全生命周期、全技术栈的产品、服务和解决方案体系。

（2）达梦（DM）是由武汉达梦数据库股份有限公司研发的数据库管理系统产品。目前其已推出达梦数据库管理系统（DM8）、达梦数据共享集群（DMDSC）、达梦启云数据库（DMCDB）、达梦图数据库（GDM）、达梦新一代分布式数据库等多款产品，形成了完整的数据库系统产品线。

（3）openGauss是2019年由华为公司（华为技术有限公司）推出的一款开源关系型数据库管理系统。除了openGauss以外，华为公司还推出了GaussDB及一系列云数据库产品，已形成完整的数据库系统产品线。

（4）OceanBase是由蚂蚁集团自主研发的企业级分布式关系数据库管理系统，于2021年6月开源。它具有云原生性、数据强一致性、分布式水平扩展能力强等特点。

【解析】参看主教材第23页和第24页。

1.3 拓展习题

1．选择题

（1）数据库系统与文件系统最根本的区别是_____。

A．文件系统只能管理程序文件，而数据库系统可以管理各种类型的文件

B．数据库系统复杂，而文件系统简单

C．文件系统管理的数据量小，而数据库系统可以管理庞大的数据量

D．文件系统不能解决数据冗余和数据的独立性问题，而数据库系统可以

（2）数据管理技术的发展阶段不包括_____。

A．操作系统管理阶段   B．人工管理阶段

C．文件系统管理阶段   D．数据库系统管理阶段

（3）不属于数据库管理阶段的数据处理特点的是_____。

A．可为各种用户共享   B．较高的数据独立性

C．较差的扩展性   D．较小的冗余度

（4）长期存储在计算机内，有组织的、可共享的数据的集合是_____。

A．数据   B．数据库管理系统   C．数据库   D．数据库系统

（5）以下模式中，不是数据库系统体系结构中包含的模式的是_____。

A．逻辑模式   B．外模式   C．优化模式   D．物理模式

（6）能够实现对数据库中数据元素定义与数据操纵的软件是_____。

A．操作系统   B．解释系统   C．编译系统   D．数据库管理系统

（7）数据库系统的分类是根据数据库管理系统支持的_____。

A．文件形式   B．记录类型   C．数据模型   D．数据类型

（8）下列关于数据库系统的叙述中，正确的是_____。

A．数据库系统减少了数据冗余

B．数据库系统避免了一切冗余

C．数据库系统中数据的一致性是指数据类型的一致性

D．数据库系统比文件系统能管理更多的数据

（9）在关系数据库管理系统中，用户视图在数据库三级结构中属于_____。

A．外模式   B．逻辑模式   C．物理模式   D．概念模式

（10）下列模式中_____是描述存储在数据库整体结构的。

A．外模式   B．逻辑模式   C．物理模式   D．概念模式

（11）用树状结构来表示实体之间联系的模型称为_____。

A．关系模型   B．层次模型   C．网状模型   D．面向对象模型

（12）用表格结构来表示实体之间联系的模型称为_____。

A．关系模型   B．层次模型   C．网状模型   D．面向对象模型

（13）下列有关数据库的描述中，正确的是_____。

A．数据库是磁盘上的一个或一组文件

B．数据库是一个或多个关系

C. 数据库是一个结构化的数据集合

D. 数据库是一张表

（14）数据库中，数据的逻辑独立性是指_____。

A. 数据库的逻辑模式相对独立，不受物理模式影响

B. 数据库的外模式相对独立，不受逻辑模式变化的影响

C. 当数据库的用户模式发生变化时，应用程序不受影响

D. 当应用程序发生变化时，数据库的逻辑结构不受影响

（15）数据库中，数据的物理独立性是指_____。

A. 数据库的物理模式相对独立，应用程序变化时不受影响

B. 数据库的逻辑模式相对独立，不受用户模式影响

C. 数据库的物理模式相对独立，不受其逻辑模式影响

D. 数据库的逻辑结构独立于物理结构，不受物理模式的影响

2．填空题

（1）数据库是以一定的组织方式将相关的数据组织在一起、长期存放在计算机内、可为多个用户共享、与应用程序彼此独立、统一管理的_____。

（2）数据库管理系统主要有_____、_____、_____、_____、_____功能。

（3）数据库系统通常由计算机硬件、软件、数据库和用户组成，其中软件包括_____、_____，用户主要包括_____、_____、_____。

（4）数据管理技术经历了_____、_____、_____3个阶段。

（5）数据模型通常由_____、_____、_____3个部分组成。

（6）数据库领域中常用的数据模型有_____、_____、_____、_____。

（7）将现实世界抽象到人头脑中，需要使用的数据模型是_____。

（8）目前的数据库系统主要采用的数据模型是_____。

（9）数据库系统的三级模式结构由_____、_____、_____组成。

（10）一般地，一个数据库系统的外模式可以有_____。

3．简答题

（1）列举日常使用较多的 3 种应用系统，不限于网页应用、手机应用等，并简述它们如何通过数据库系统来存储持久性数据。

（2）针对上述题目中的任一种应用系统，你觉得其背后的数据库系统中至少应该保存哪些数据表？试着列举 3 个。

1.4 拓展习题答案

1．选择题答案

题号	1	2	3	4	5	6	7	8	9	10	11	12	13	14	15
答案	D	A	C	C	C	D	C	A	A	B	B	A	C	D	D

2．填空题答案

（1）数据集合

（2）数据定义、数据的存储与管理、数据完整性和安全性控制、数据库的并发控制与恢复、数据库访问方法

（3）数据库管理系统、数据库应用系统；数据库管理员、开发人员、终端用户

（4）人工管理阶段、文件系统阶段、数据库系统阶段

（5）数据结构、数据操作、数据约束

（6）层次模型、网状模型、关系模型、面向对象模型

（7）概念模型

（8）关系模型

（9）外模式（或用户模式）、逻辑模式、内模式（或物理模式）

（10）多个

3．简答题答案

（1）略。

（2）略。

第2章 关系数据库

2.1 知识点总结

本章重点介绍关系模型。本章学习目标是：理解关系模型的基本概念，包括关系、关系模型、码、关系的完整性约束等；掌握关系代数的基本运算，能够使用关系代数表达式完成数据增、删、改、查操作。此外，对数据库技术有所了解，对数据库的模式、实例等基本概念有些理解。关系模型是关系数据库的理论基础，理解基本概念与基本理论对后续学习非常重要。学生在学习本章时需要认真研读、掌握，在后续章节的学习过程中也可以反复阅读本章内容，提高理论水平，并提高利用 SQL 管理数据库的能力。

对本章知识点进行梳理如下。

1．知识点

本章的知识点如图 2-2-1 所示，其中无底色部分需要了解，带灰底色部分需要理解并掌握。

2．基础知识

（1）通过 teaching 数据库理解关系模型的基本概念（掌握）。
（2）使用关系代数表达数据查询、更新操作（熟练掌握）。
（3）关系演算、SQL、QBE 语言（了解）。

3．本章难点

关系代数操作。

2.2 习题解析

1．名词解释：域、关系、关系模式、关系实例、关系数据库、超码、候选码、外码。
答：
域——一组具有相同数据类型的值的集合。
关系——假设 D_1, D_2, D_3, …, D_n 是域，$D_1 \times D_2 \times D_3 \times \cdots \times D_n$ 是它们的笛卡儿积，那么 $r \subseteq D_1 \times D_2 \times D_3 \times \cdots \times D_n$ 称为 $D_1, D_2, D_3, \cdots, D_n$ 上的关系。

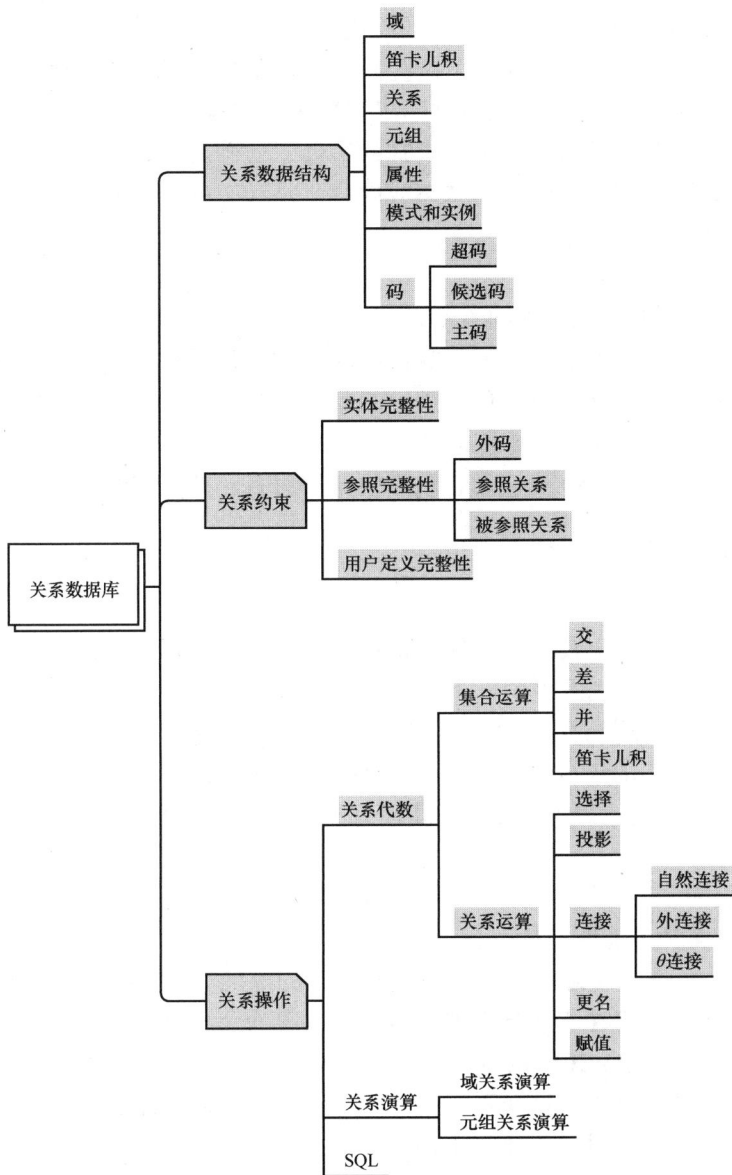

图 2-2-1　本章关系数据库的知识点

关系模式——对一个关系的逻辑结构的描述。它可以表示为 $R(U)$ 或者 $R(A_1, A_2, \cdots, A_n)$，其中 R 为关系名，U 为组成该关系的属性的集合，$A_1, A_2, \cdots, A_n$ 为该关系的属性名。

关系实例——关系在某一个时刻所包含的元组的集合。它表达关系的内容或状态是动态的、不断变化的。

关系数据库——使用关系模型建立的数据库，是互相关联的关系的集合。

超码——如果关系中的某一个或几个属性的集合能唯一地标识一个元组，则称该属性集为超码。

候选码——若属性集 S 是关系 R 的超码，且存在 S 的真子集 S' 是关系 R 的超码，则它是关系 R 的候选码。

外码——假设 F 是关系 R 中的一个属性集，K_S 是关系 S 的主键。如果属性集 F 的所有取值都引用于K_S的值，则称F是关系R的外码。

【解析】参看主教材第25～29页，这些都是重要概念，需要认真理解。

2. 试述关系数据库模式与关系数据库实例的区别和联系。

答：关系数据库模式是所包含关系模式的集合，是静态的、稳定的逻辑结构。关系数据库的实例是数据库在某一个时刻的状态或内容，是动态的、不断变化的；它由所包含的所有表的内容或状态组成。

【解析】参看主教材第29页。

3. 什么是关系模型的完整性约束？

答：关系模型的完整性是指对关系数据库的某种约束条件，即数据库始终都应该满足的约束条件。这些约束条件反映了现实世界的要求，不违反这些要求则意味着数据库中的数据是正确的、有效的、与现实相符的。

【解析】参看主教材第30页。每种数据模型都有自己的完整性约束，关系数据库的约束条件比较严格。

4. 什么是实体完整性？什么是参照完整性？

答：

（1）实体完整性——若属性集A是关系R的主键，则对每一元组，其属性A的值不能出现空值。实体完整性规则的说明如下。

① 实体完整性规则是针对关系而言的。关系通常对应现实世界的一个实体集，例如student关系对应于学生的集合，course关系对应于课程的集合。

② 现实世界中的实体是可区分的，即拥有唯一的标识。例如，每个学生都是独立的个体，是不一样的。

③ 关系模型中，以主键作为唯一标识，两个不同的元组其主键一定是不同的。

④ 主键中的属性不能取空值。

（2）参照完整性——若属性集F是基本关系R的外键，它与基本关系S的主键K_S相对应，则对于R中每个元组在F上的值必须等于S中某个元组的候选码的值。

【解析】参看主教材第30～32页。实体完整性和参照完整性是两类重要的关系数据库的完整性约束，可结合第4章数据完整性约束的定义与检查，并结合实验加深理解。

5. 关系数据操作有哪些？它们之间是什么关系？

答：关系代数、元组关系演算、域关系演算、SQL、QBE都是关系数据操作。其中关系代数、元组关系演算、域关系演算是抽象的关系模型的数据操作，它们是等价的。SQL和QBE是关系数据库系统对关系数据操作的实现。

【解析】参看主教材第32～41页。

6. 假设公司雇员的数据库模式如下，完成以下要求的关系代数表达式。

```
company(cname, city, asset)
employee(ename, city, address, phoneNum)
works(ename,cname, salary) FOREIGN KEY(ename) REFERENCES employee; FOREIGN KEY
(cname) REFERENCES company
```

（1）查询所有广州的公司的名称和资产。

答：

$$\Pi_{\text{cname, city, asset}}(\sigma_{\text{city='广州'}}(\text{company}))$$

（2）查询工资大于 5000 元的雇员的姓名和电话。

答：

$$\Pi_{\text{ename, phoneNum}}(\sigma_{\text{salary}>5000}(\text{employee} \bowtie \text{works}))$$

（3）查询工作的公司资产大于 1000000 元的雇员的姓名和地址。

答：

$$\Pi_{\text{ename,address}}(\sigma_{\text{assert}>1000000}((\text{employee} \bowtie \text{works}) \bowtie_{\text{works.cname=company.cname}} \text{company}))$$

【解析】对很多查询，关系代数表达式都不是唯一的。例如对以上第（2）小题：

$$\Pi_{\text{ename, phoneNum}}(\text{employee} \bowtie \sigma_{\text{salary}>5000}(\text{works}))$$

$$\Pi_{\text{ename, phoneNum}}(\Pi_{\text{ename, phoneNum}}(\text{employee}) \bowtie \sigma_{\text{salary}>5000}(\Pi_{\text{ename,salary}}(\text{works})))$$

都是正确的。

7. 对 teaching 数据库，使用关系代数表达式完成如下查询。

（1）查询所有学生的学号、姓名、所在学院。

答：

$$\Pi_{\text{id, name, college\_name}}(\text{student})$$

（2）查询所有信息学院学生的学号、姓名、性别、所在学院、年龄。

答：

$$\Pi_{\text{id,name,gender,college\_name,year(current\_date())-year(birthday) as age}}(\sigma_{\text{college\_name='信息学院'}}(\text{student} \bowtie \text{college}))$$

（3）查询所有选修 2022 年秋季学期"马克思主义原理"课程的学生的学号、姓名。

答：

$$\Pi_{\text{id,name}}(\sigma_{\text{title='马克思主义原理'}\wedge\text{semester='秋'}\wedge\text{year}=2022}(\text{takes} \bowtie \text{student} \bowtie_{\text{course.course\_id=takes.course\_id}} \text{course}))$$

（4）查询所有教授 2022 年秋季学期"马克思主义原理"课程的教师的工号、姓名、性别、所在学院。

答：

$$\Pi_{\text{id,name,college\_name}}(\sigma_{\text{title='马克思主义原理'}\wedge\text{semester='秋'}\wedge\text{year}=2022}$$
$$(\text{instructor} \bowtie \text{teachs} \bowtie_{\text{course.course\_id=teachs.course\_id}} \text{course}))$$

（5）若 A 同学选修了 2022 年秋季学期"马克思主义原理"课程第一个 section，且教师 B 讲授 2022 年秋季学期"马克思主义原理"课程第一个 section，那么 A 同学的授课教师列表中有 B 教师。请查询 A 同学的授课教师名单，包括课程名称、学年、学期、section 号及授课教师工号、授课教师姓名等信息。

答：这里分以下多个步骤解决问题。

第 1 步，获取学生 A 所有选课信息 course_id、sec_id、semester、year。

$$r_1 \leftarrow \Pi_{\text{id as s\_id,course\_id,sec\_id,semester,year}}(\sigma_{\text{id='A'}}(\text{takes}))$$

第 2 步，在 teachs 中查找上学生 A 选修课程的教师的工号，此处，A 理解为学号。

$$r_2 \leftarrow \Pi_{\text{s\_id,id as i\_id,course\_id,sec\_id,semester,year}}(r_1 \bowtie \text{teachs})$$

第 3 步，查找对应的课程名称、教师姓名。

$$\text{result} \leftarrow \Pi_{i\_id,name, r_2.course\_id, course\_name} (\text{course} \bowtie r_2 \bowtie_{r_2.i\_id=instructor.id} \text{instructor})$$

注意此处假设的是 A 为学生学号，若 A 为学生姓名，则需要在第 1 步前增加一步：从 student 表中查询 A 的学号。

8. 使用并运算、差运算可以表达关系表的添加元组、删除元组的操作，修改元组可以用删除旧元组并添加新元组来表示。试用集合运算完成下列插入、删除、修改数据的操作。

（1）插入一条新的学生记录，其学号、姓名、所在学院、专业、性别、生日取值分别如下。

202267488301　陈冬雨　信息学院　信息与计算科学　男　2004-10-17

答：student = student ∪

{< '202267488301','陈冬雨','信息学院',' 信息与计算科学',' 男', #2004 - 10 - 17 # >}

（2）删除 student 表中学号为 201935965727 的学生。

答：$\text{student} = \text{student} - \sigma_{id='201935965727'}(\text{student})$

（3）删除所有 2022 级农学院种子科学与工程专业学生的 "M600005" 号课程的选修记录。

答：这里分以下两个步骤完成。

$$r_1 \leftarrow \Pi_{id}(\sigma_{college\_name='农学院' \wedge major='种子科学与工程' \wedge substr(id,0,4)='2022'}(\text{student} \bowtie \text{college}))$$

$$\text{takes} \leftarrow \text{takes} - \sigma_{course\_id='M600005'}(\text{takes} \bowtie r_1)$$

注：此处假设学生学号最左 4 位是其入学年份，使用 substr 函数取学生的学号前 4 位判断其是否等于 2022 来查找 2022 级学生。

（4）若要修改农学院的名称为 "农学学院"，需要同步修改哪些表中的数据才能保障数据的参照完整性？

答：仅需要修改 college 表，不需要同步其他表中的数据，因为其他表对 college 表的引用使用的是 college_id 字段。

【解析】向表中添加数据可以使用集合的并操作实现，从表中删除数据可以使用集合的减法操作实现，那么数据修改可以先用集合的减法操作删除数据，再用集合的并操作添加新数据。集合运算需要注意的是，参与运算的集合是结构相同的，或者至少是相容的。

2.3 拓展习题

1．选择题

（1）在关系数据库中，使用_____来表示实体之间的联系。

A．二维表　　　　B．域　　　　C．元组　　　　D．属性

（2）关系数据库的查询操作主要由 3 种关系代数运算组合而成，这 3 种基本运算不包括_____。

A．连接　　　　B．投影　　　　C．选择　　　　D．合并

（3）关系表中的每一行称为一个_____。

A. 元组　　　　　　B. 属性　　　　　　C. 码　　　　　　D. 分量

（4）关系数据库管理系统能实现的专门关系运算包括_____。

A. 排序、索引、统计　　　　　　　　B. 选择、投影、连接

C. 关联、更新、排序　　　　　　　　D. 显示、打印、制表

（5）在数据库中能唯一地标识一个元组的一个或一组属性，称为_____。

A. 记录　　　　　　B. 属性　　　　　　C. 域　　　　　　D. 键

（6）关系表中的属性也被称为_____。

A. 元组　　　　　　B. 字段　　　　　　C. 集合　　　　　　D. 记录

（7）关系运算中的选择运算是_____。

A. 从关系中找出满足给定条件的元组的操作

B. 从关系中选择若干个属性组成新的关系的操作

C. 从关系中选择若干满足给定条件的属性的操作

D. 从关系中选择若干属性和若干元组的操作

（8）关系 R_1 和 R_2 先后经过多次关系运算得到的结果是_____。

A. 一个关系　　　　B. 一个表单　　　　C. 一个数据库　　　D. 一个数组

（9）在关系运算中，要保留一个关系的某些属性，可使用_____关系运算。

A. 选择　　　　　　B. 除　　　　　　　C. 连接　　　　　　D. 投影

（10）向一个已知关系 R 中添加新元组（新元组存在 S 中），以下运算正确的是_____。

A. $R \leftarrow R \cap S$　　　B. $R \leftarrow R \cup S$　　　C. $R - S$　　　D. $R \times S$

（11）以下不是关系运算符的是_____。

A. σ　　　　　　B. $-$　　　　　　C. $\times$　　　　　　D. $\wedge$

（12）对 R 和 S 两个关系进行集合运算，结果仅包含 R 中元组，不包含 S 中元组，这种集合运算是_____。

A. 交运算　　　　　B. 并运算　　　　　C. 差运算　　　　　D. 笛卡儿积运算

（13）若 $D_1 = \{d_1, d_2, d_3\}$、$S_2 = \{s_1, s_2, s_3, s_4\}$，则 $D_1 \times S_2$ 中共有_____个元组。

A. 9　　　　　　　　B. 6　　　　　　　　C. 12　　　　　　　D. 8

（14）已知 R 的关系模式是 $R(A, B, C, D, E)$，若想取 R 中满足任意属性等于 x 的元组的集合，正确的关系运算式是_____。

A. $\sigma_{A=x \vee B=x \vee C=x \vee D=x}(R)$

B. $\sigma_{A="x" \wedge B="x" \wedge C="x" \wedge E="x"}(R)$

C. $\sigma_{A="x" \vee C="x" \vee D="x" \vee E="x"}(R)$

D. $\sigma_{A="x" \vee B="x" \vee C="x" \vee D="x" \vee E="x"}(R)$

（15）以下不改变关系中的属性个数但能减少元组个数的是_____。

A. 并　　　　　　　B. 交　　　　　　　C. 投影　　　　　　D. 笛卡儿积

2．填空题

（1）关系模型的 3 类完整性约束包括_____、_____和_____。

（2）关系代数的运算可分为_____和_____两类。

（3）纯关系操作可分为_____、_____和_____。它们是等价的，可以使用任

意一种来表达对关系数据的操作。

（4）在关系数据库中，表的列称为_____或_____，二维表的行称为_____或_____。

（5）元组关系演算表达式中操作符是_____，变量是_____。

（6）在连接运算中，_____是去掉重复属性的等值连接。

（7）若有 R 和 S 两个关系，能将在 R 和 S 中都出现的元组组织成一个新关系的运算是_____。

（8）连接是由笛卡儿积导出的，它相当于对两个关系 R 和 S 的笛卡儿积再做一次_____运算。

（9）关系的_____是对关系的逻辑结构的描述，关系的_____是关系所包含的元组的集合。

（10）关系数据库的_____是所包含关系的模式的集合，是静态的、稳定的逻辑结构。关系数据库的_____是数据库在某一个时刻的内容或状态，是动态的、不断变化的。

3．简答题

考虑以下的银行数据库模式，完成要求的关系代数表达式。

```
branch(branch_name, branch_city, assets);
customer (ID, customer_name, customer_street, customer_city);
loan (loan_number, branch_name, amount);
borrower (ID, loan_number);
account (account_number, branch_name, balance);
depositor (ID, account_number);
```

其中 branch、customer 分别代表支行和客户信息；loan、borrower 分别代表贷款和贷款人信息；account 和 depositor 分别代表储蓄账户和存款人信息。

（1）查找只有储蓄账户而没有贷款的客户 ID 和姓名。

（2）查找储蓄账户余额小于 100000 元且贷款数额超过 1000000 元的客户姓名和地址。

（3）在 customer 关系中插入一个新的元组，其属性对应的值分别为 0208528、宋彬、五山路 483 号、广州。

（4）删除储蓄账户余额小于 5 元的账户 account 以及 depositor 的相关信息。

2.4 拓展习题答案

1．选择题答案

题号	1	2	3	4	5	6	7	8	9	10	11	12	13	14	15
答案	A	D	A	B	D	B	A	A	D	B	D	C	C	D	B

2．填空题答案

（1）实体完整性、参照完整性、用户定义完整性

（2）集合运算、专门的关系运算

（3）关系代数、域关系演算、元组关系演算

（4）属性、字段，元组、记录

（5）一阶谓词、元组

（6）自然连接

（7）交运算

（8）选择

（9）模式、实例

（10）模式、实例

3．简答题答案

（1）

$$\Pi_{\text{id,customer\_name}} (\text{depositor} \bowtie \text{customer}) - \Pi_{\text{id,customer\_name}} (\text{borrower} \bowtie \text{customer})$$

（2）

$$\Pi_{\text{customer\_name,customer\_street,customer\_city}} ((\Pi_{id} (\sigma_{\text{balance}<100000} (\text{depositor} \bowtie \text{account}))) \bowtie$$
$$\Pi_{id} (\sigma_{\text{amount}>1000000} (\text{loan} \bowtie \text{borrower}))) \bowtie \text{customer})$$

（3）

$$\text{customer} = \text{customer} \bigcup \{<'0208528', '宋彬', '五山路483号', '广州'>\}$$

（4）其分步骤完成如下。

$$r_1 \leftarrow \Pi_{\text{account\_number}} (\sigma_{\text{balance}<5} (\text{account}))$$
$$\text{depositor} \leftarrow \text{depositor} - \text{depositor} \bowtie r_1$$
$$\text{account} \leftarrow \text{account} - \text{account} \bowtie r_1$$

关系数据库 第2章

第3章 结构化查询语言

3.1 知识点总结

结构化查询语言（structured query language，SQL）是典型的声明式语言，也是关系数据库盛行多年的主要原因。SQL 完整实现了数据定义、数据操纵、数据安全性和完整性定义与控制等所有数据库操作。要求学生了解 SQL 的特点及发展，熟练掌握利用 SQL 进行数据定义的方法，熟练掌握利用 SQL 进行数据增、删、查、改操作的方法。

对本章知识点进行梳理如下。

1．知识点

本章的知识点如图 2-3-1 所示，本章的知识点全部需要理解并掌握。

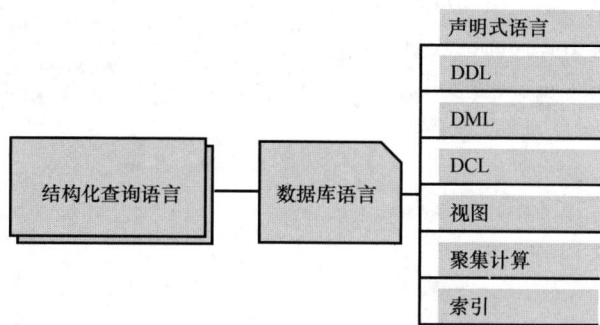

图 2-3-1　本章结构化查询语言的知识点

2．基本知识

本章重点在于可使用 SQL 语句完成用户的数据库管理需求，SQL 基本操作如图 2-3-2 所示。其中带灰底色部分需要熟练掌握，无底色部分需要了解。

3．本章难点

嵌套查询和标量查询。

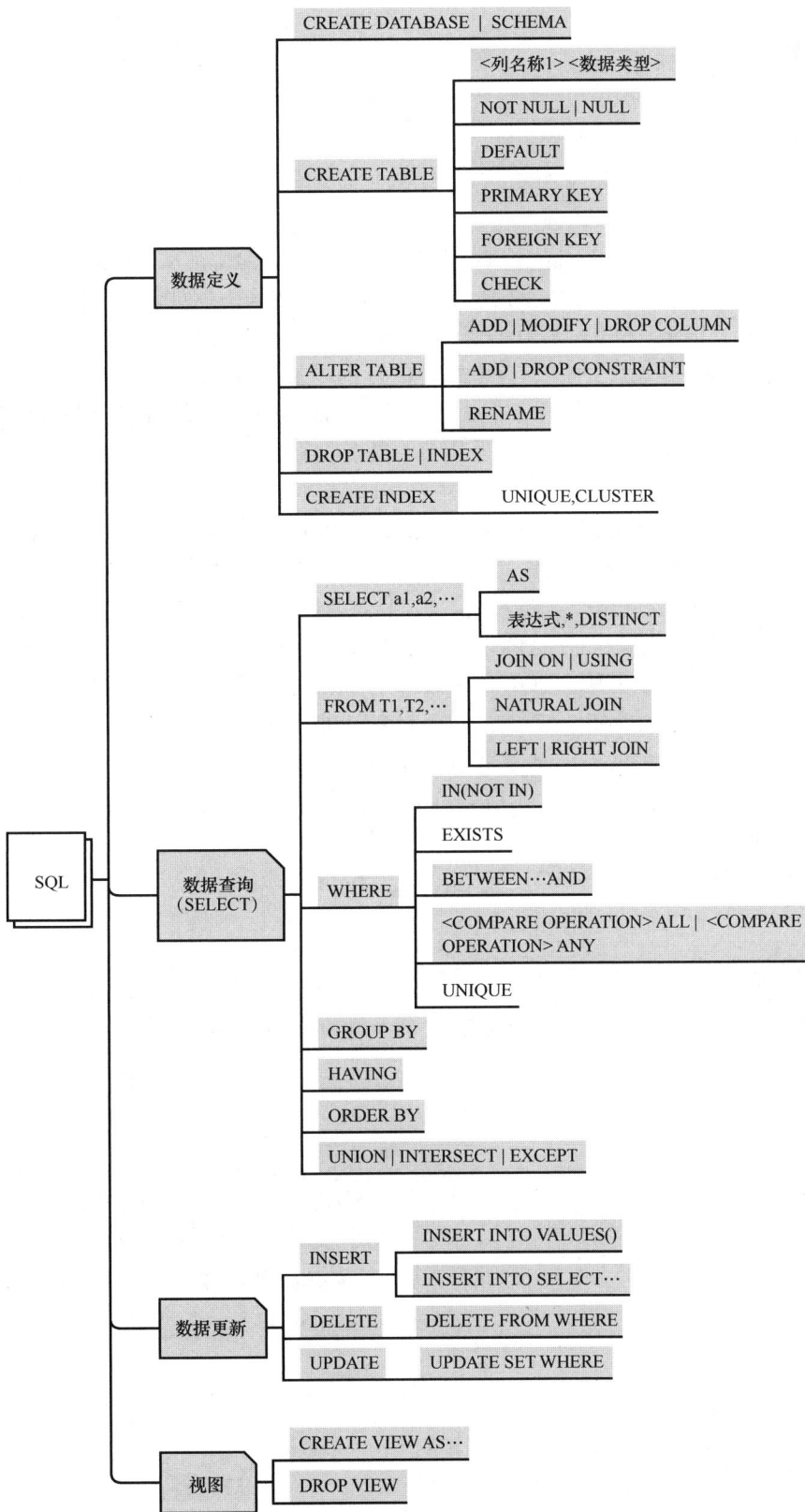

SQL

- 数据定义
  - CREATE DATABASE | SCHEMA
  - CREATE TABLE
    - <列名称1> <数据类型>
    - NOT NULL | NULL
    - DEFAULT
    - PRIMARY KEY
    - FOREIGN KEY
    - CHECK
  - ALTER TABLE
    - ADD | MODIFY | DROP COLUMN
    - ADD | DROP CONSTRAINT
    - RENAME
  - DROP TABLE | INDEX
  - CREATE INDEX　　UNIQUE,CLUSTER

- 数据查询 (SELECT)
  - SELECT a1,a2,…
    - AS
    - 表达式,*,DISTINCT
  - FROM T1,T2,…
    - JOIN ON | USING
    - NATURAL JOIN
    - LEFT | RIGHT JOIN
  - WHERE
    - IN(NOT IN)
    - EXISTS
    - BETWEEN…AND
    - <COMPARE OPERATION> ALL | <COMPARE OPERATION> ANY
    - UNIQUE
  - GROUP BY
  - HAVING
  - ORDER BY
  - UNION | INTERSECT | EXCEPT

- 数据更新
  - INSERT
    - INSERT INTO VALUES()
    - INSERT INTO SELECT…
  - DELETE　　DELETE FROM WHERE
  - UPDATE　　UPDATE SET WHERE

- 视图
  - CREATE VIEW AS…
  - DROP VIEW

图 2-3-2　SQL 基本操作

3.2 习题解析

1. SQL 有什么特点?

答: SQL (structured query language, 结构化查询语言) 是关系数据库标准语言。其特点如下。

(1) 综合统一。SQL 可以独立完成数据库生命周期中的全部活动, 例如定义关系模式、录入数据、查询、更新、维护、数据库重构、数据库安全性控制等一系列操作要求且语言风格统一。

(2) 高度非过程化。SQL 是声明式语言, 因此用 SQL 进行数据操作时, 用户只需提出"做什么", 而不必指明"怎么做"。存取路径的选择以及 SQL 语句的解析、优化、执行过程由数据库管理系统自动完成, 这样不但大大减轻了用户负担, 而且有利于提高数据独立性。

(3) 面向集合的操作方式。SQL 采用集合操作方式, 增、删、查、改数据都是按集合方式进行操作。

(4) 以同一种语法结构提供两种使用方式。SQL 既是自含式语言, 又是嵌入式语言。作为自含式语言, 它能够独立地用于联机交互的使用方式, 用户可以在终端键盘上直接输入 SQL 命令对数据库进行操作。作为嵌入式语言, SQL 语句能够嵌入高级语言程序中, 以供程序员设计程序时使用。而在这两种使用方式下, SQL 的语法结构基本上是一致的。

(5) 语言简洁, 易学易用。SQL 的语法十分简洁, 接近英语口语, 容易学习、使用。

【解析】参看主教材第 45~47 页。SQL 的特点很多教材都有提供, 说法大同小异, 学生可通过本章及后续相关内容的学习来自行总结其特点。

2. SQL 语句与关系代数表达式是等价的, 请给出与第 2 章习题 7 等价的 SQL 语句。

(1) 查询所有学生的学号、姓名、所在学院。

$$\Pi_{id, name, college\_name}(student)$$

答:

```
SELECT id, name, college_name FROM student;
```

(2) 查询所有信息学院学生的学号、姓名、性别、所在学院、年龄。

$$\Pi_{id,name,gender,college\_name,year(current\_date())-year(birthday) \text{ as age}}(\sigma_{college\_name='信息学院'}(student \bowtie college))$$

答:

```
SELECT id, name,gender, college_name, YEAR(current_date())-YEAR(birthday) AS age
FROM student
WHERE college_name='信息学院';
```

(3) 查询所有选修 2022 年秋季学期"马克思主义原理"课程的学生的学号、姓名。

$$\Pi_{id,name}(\sigma_{title='马克思主义原理' \wedge semester='秋' \wedge year=2022}(takes \bowtie student \bowtie_{course.course\_id=takes.course\_id} course))$$

答:

```
SELECT id, name
FROM student NATURAL JOIN takes JOIN course ON course.course_id=takes.course_id
WHERE title='马克思主义原理' AND semester='秋' AND year=2022;
```

(4) 查询所有教授 2022 年秋季学期"马克思主义原理"课程的教师的工号、姓名、性别、所在学院。

$$\Pi_{\text{id,name,college\_name}}(\sigma_{\text{title='马克思主义原理'}\wedge\text{semester='秋'}\wedge\text{year}=2022}(\text{instructor}\bowtie\text{teachs}$$

$$\bowtie_{\text{course.course\_id=teachs.course\_id}}\text{course}))$$

答：

```
SELECT id, name,instructor.college_name
FROM instructor NATURAL JOIN teaches JOIN course ON course.course_id=teaches.course_id
WHERE course.title='马克思主义原理' AND semester='秋' AND year=2022;
```

（5）若 A 同学选修了 2022 年秋季学期"马克思主义原理"课程第一个 section，且教师 B 讲授 2022 年秋季学期"马克思主义原理"课程第一个 section，那么 A 同学的授课教师列表中有 B 教师。请查询 A 同学的授课教师名单，包括课程名称、学年、学期、section 号及授课教师工号、授课教师姓名等信息。

$$r_2 \leftarrow \Pi_{\text{s\_id, id as i\_id,course\_id,sec\_id,semester,year}}(\Pi_{\text{course\_id,sec\_id,semester,year}}(\sigma_{\text{id='A'}}(\text{takes}))\bowtie\text{teachs})$$

$$\text{result} \leftarrow \Pi_{\text{i\_id,name, }r_2\text{.course\_id, title}}(\text{course}\bowtie r_2 \bowtie_{r_2.\text{i\_id=instructor.id}}\text{instructor})$$

答：

```
SELECT i_id, name, r2.course_id,r1.title
FROM course r1
NATURAL JOIN
  (SELECT teaches.id as i_id, teaches.course_id FROM takes, teaches
  WHERE takes.course_id=teaches.course_id AND takes.sec_id=teaches.sec_id
  AND takes.semester= teaches.semester AND takes.year=teaches.year) AS r2 join
instructor on instructor.id=i_id
```

【解析】大部分数据操作都可以由多个等价的 SQL 语句来表示，这一点与关系代数表达式类似。

3. 利用本章各例中的 student 表和 takes 表进行查询，显示选课数量最多的学生的姓名和专业。思考有多少种查询结构可以完成这个查询。

答：

第 1 种写法如下。

```
SELECT id, name, major FROM student WHERE id IN
  (SELECT t2.id
  FROM takes t2
  group by id
  having COUNT(DISTINCT course_id)= (
  select max(cc) from
  (SELECT id, COUNT(DISTINCT course_id) as cc FROM takes t1
  GROUP BY t1.id) r1))
```

其中最内两层查找学生选课数量的最大值，即按学号分组统计学生学习课号数，再嵌套一层求最大值。第三层查找学生选课的最大数量所对应的学生学号，最外层从 student 表中查找指定学号的学生的姓名、专业。

第 2 种写法如下。

```
SELECT id, name, major FROM student
WHERE id IN
```

```
        (SELECT t1.id FROM takes t1,
        (select id,COUNT(DISTINCT course_id) AS cc FROM takes t2 GROUP BY t2.id) AS temp1,
        (SELECT MAX(cc) mCC from (select id,COUNT(DISTINCT course_id) AS cc FROM takes t3
                                        GROUP BY t3.id) temp2) AS temp3
        WHERE t1.id=temp1.id AND temp1.cc=temp3.mCC) ;
```

【解析】答案 2 使用连接操作替换了一个子查询,比答案 1 少一层查询嵌套。学生可使用类似思路写出更多答案。

4. 使用 teaching 数据库的结构和数据,完成下列查询。

(1)查询信息学院开设的学分超过 3 的所有课程的名称。

```
SELECT course_id FROM course WHERE credits > 3 AND college_name ='信息学院';
```

(2)查询学号为 202067486227 的学生所选的所有课程,显示课程编号、课程名称。

```
SELECT course.course_id,title FROM course,takes
WHERE takes.course_id=course.course_id AND takes.id= '202067486227';
```

(3)查询没有任何选课记录的学生的学号和姓名。

```
SELECT student.id, name FROM student
WHERE student.id NOT IN (SELECT DISTINCT id FROM takes);
```

(4)查询选课人数超过 5 人的课程的平均分,显示课程名称、选课人数和平均分。

```
SELECT course.title,COUNT(DISTINCT id), AVG(grade) FROM course,takes
WHERE course.course_id = takes.course_id
GROUP BY course.course_id, course.title HAVING COUNT(id)>5;
```

(5)查询所有学生姓名和总学分。总学分是该学生所有考试通过的课程的学分数总和。

```
SELECT takes.id, name, SUM(credits) FROM student NATURAL JOIN takes, course
WHERE course.course_id=takes.course_id AND takes.grade > 60
GROUP BY takes.id, name;
```

(6)查询所有没有开过的课程,列出课程编号、课程名称、学分。

```
SELECT course.course_id,course.title,course.credits FROM course
WHERE course.course_id NOT IN (SELECT distinct course_id FROM takes);
```

(7)查询所有上过刘泓老师的课的学生,显示学号、姓名、课程名称、学年、学期、成绩。

```
SELECT student.id, student.name,course.title,teaches.year, teaches.semester,grade
FROM student,takes,course,teaches, instructor
WHERE student.id=takes.id AND course.course_id=takes.course_id AND takes.course_
id= teaches.course_id AND teaches.sec_id =takes.sec_id AND teaches.semester =takes.
semester AND teaches.year =takes.year AND teaches.id=instructor.id AND instructor.name =
'刘泓';
```

(8)查询 2022 年秋"数据库系统"课程第一个 section 的点名册,显示学号、姓名、点名时间 1、点名时间 2、点名时间 3 共 5 个字段,这些点名时间字段的值为空。

```
SELECT student.id, name,' ',' ',' ',' ',' '
FROM student,takes,course
WHERE student.id = takes.id AND course.course_id = takes.course_id AND course.
title='数据库系统' AND sec_id=1 AND semester='秋' AND year=2022;
```

(9)查询信息学院学生选课列表,显示学号、姓名、所选课程编号、所选课程名称。

若学生未选课，则所选课程编号、所选课程名称取空值。

```
SELECT student.id, name, takes.course_id, title
FROM student LEFT JOIN takes on student.id=takes.id,course
WHERE course.course_id = takes.course_id;
```

5. 假设公司雇员的数据库设计如下，自行设计各个属性的数据类型，并完成以下要求。

```
company(cname, city, asset)
employee(ename, city, address, phonenum)
works(ename, cname, salary) FOREIGN KEY(ename) REFERENCES employee;
         FOREIGN KEY(cname) REFERENCES company;
```

（1）给出上述 3 个表的定义语句。

```
CREATE TABLE company(
    cname       VARCHAR(15),
    city        VARCHAR(7),
    asset       DECIMAL(12,2),
    PRIMARY KEY (cname)
    );
CREATE TABLE employee(
    ename       VARCHAR(15),
    city        VARCHAR(7),
    address     VARCHAR(15),
    phonenum    NUMERIC(11),
    PRIMARY KEY (ename)
    );
CREATE TABLE works(
    ename       VARCHAR(15),
    cname       VARCHAR(15),
    salary      DECIMAL(8,2),
FOREIGN KEY(ename) REFERENCES employee(ename),
FOREIGN KEY(cname) REFERENCES company(cname)
);
```

（2）将 company 的 asset 属性类型改为 DECIMAL(10,2)。

```
ALTER TABLE company MODIFY COLUMN asset DECIMAL(10,2);
```

（3）向 employee 中插入新记录：雇员姓名为"张三"，城市为"广州"，地址为"广州市天河区五山路 483 号"，电话号码未知。

```
INSERT INTO employee VALUES('张三' , '广州' ,'广州市天河区五山路483号' ,NULL);
```

（4）将工资低于 5000 元的雇员工资提高 10%；高于或等于 5000 元的雇员工资提高 5%。

```
UPDATE works SET salary = salary*1.1 WHERE salary<5000;
UPDATE works SET salary = salary*1.05 WHERE salary>=5000;
```

（5）删除所有姓刘的员工及其工作关系。

```
DELETE FROM works WHERE ename LIKE '刘%';
DELETE FROM employee WHERE ename LIKE '刘%';
```

（6）定义一个视图，显示公司在广州的所有雇员的姓名和电话。该视图是否可以被更新？简述原因。

```
CREATE VIEW guangZhouEmployee(ename,phonenum) AS SELECT ename,phonenum FROM
employee WHERE city = '广州';
```

此视图是一个行列子集视图，只能进行少量数据的更新，若修改员工姓名、电话，则可以执行。若删除通过视图可以看到的员工，在满足表 employee 上所有相关约束的情况下可执行。但因为看不到员工的工号等信息，则插入数据不执行。

【解析】所有查询语句的答案都不唯一，只要正确表达了查询即可。对于视图，一般强调视图是用于查询数据的工具，尽量不要用视图更新数据。

6. 简述基本表与视图的区别和联系。

答：基本表即数据库中的表，数据库保存其模式及数据，使用 CREATE TABLE 语句进行定义，使用 INSERT、DELETE、UPDATE 等语句操纵其数据。

视图是从一个或多个基本表（或者其他视图）生成的虚拟表。数据库中只保存视图的定义，而不会保存视图对应的数据表。每次用到视图时，系统会运行视图定义的语句生成数据。一旦基本表中的数据改变，视图相关的数据也就随之改变。

另外，基本表属于数据库的逻辑模式，视图属于外模式。

二者的联系体现在视图是定义在视图或基本表之上的，经层层展开后其数据最终从基本表得到。

【解析】参看主教材第 63 页。

3.3 拓展习题

1. 选择题

（1）SQL 分别使用_____和_____语句从表中移除一行和一列。

A. ALTER、DELETE　　　　　　　　　B. DELETE、ALTER
C. DROP、ALTER　　　　　　　　　　D. UPDATE、DELETE

（2）在 SQL 中，_____等价于运算符"IN"。

A. <>ALL　　　　B. <> SOME　　　　C. =ALL　　　　　　D. =SOME

（3）下面的_____可以在 WHERE 子句中用来测试一个空值的"amount"。

A. amount=''　　　B. amount =0　　　C. amount IS NULL　　　D. amount = null

（4）针对下面的 SQL 查询，_____的输出结果是正确的。

```
SELECT COUNT(*)
FROM employee LEFT OUTER JOIN works;
```

employee 表

emp_name	street	city
Alice	Toon	Seattle
Bob	Tunnel	Hollywood
Coyote	Seaview	Carrotville
Smith	Revolver	Death Valley

works 表

emp_name	company	salary
Alice	Google	5000
Bob	Yahoo	4300
Williams	Dropbox	3800

A. 2　　　　　　　B. 3　　　　　　　C. 4　　　　　　　D. 5

（5）下面的_____语句能够把表 user 的查询权限授权给用户 Alice。

A.　GRANT SELECT ON user TO Alice　　　B.　GRANT SELECT TO Alice ON user

C.　GRANT SELECT TO user ON Alice　　　D.　REVOKE SELECT ON Alice TO user

（6）如果使用下面的 SQL 语句创建表格，那么_____元组能够插入 student 表中。

```
CREATE TABLE student ( no CHAR(4) PRIMARY KEY, name CHAR(8) NOT NULL, sex CHAR(2),
age INT);
```

A.（'1031', '曾华', '男', '23'）　　　　　B.（'1031', '曾华', null, null）

C.（null, '曾华', 男, 23）　　　　　　　D.（'1031', null, 男, 23）

（7）数据定义语言用于维护关系数据库中的数据库结构，包括_____。

A.　从数据字典中查询数据　　　　　　B.　修改表结构

C.　添加或删除表中的记录　　　　　　D.　更新表的元组中的属性

（8）下面_____语句能够查询所有姓氏不是"张"的学生。

A.　SELECT name FROM student WHERE name != '张_'

B.　SELECT name FROM student WHERE name < > '张%'

C.　SELECT name FROM student WHERE name NOT LIKE '张%'

D.　SELECT name FROM student WHERE name IS NOT LIKE '张%'

（9）下面哪个表述是正确的？_____

A.（'A', ''）与（'A', null）是等价的　　　B.　"null = null" 的计算结果是 true

C.　"7 > null" 的计算结果是 null　　　　D.　以上都正确

（10）假设表 EMP 由下面的语句创建。

```
CREATE TABLE EMP(ID CHAR(3) PRIMARY KEY, Name CHAR(8), Age Integer,
    CONSTRAINT const1 CHECK (Age>18 AND Age<60));
```

执行下面的 SQL 语句：

```
INSERT INTO EMP(ID, Age) VALUES ('001',25);
INSERT INTO EMP(ID, Age) VALUES ('002',35);
INSERT INTO EMP(ID, Age) VALUES ('003',15);
INSERT INTO EMP VALUES ('004', 40);
COMMIT;
```

那么在表 EMP 中插入了_____行。

A.　0　　　　　　　B.　1　　　　　　　C.　2　　　　　　D.　3

2．填空题

（1）SQL 完整实现了所有数据库操作，包括_____、_____、数据安全性和完整性定义与控制等。

（2）SQL 是_____式语言，因此用 SQL 进行数据操作时，用户只需提出"做什么"，而不必指明"怎么做"。

（3）SQL 中支持的定长字符和可变长字符的类型分别是_____和_____。

（4）各种数据类型中都包括一个共同的成员 null，其代表_____状态。

（5）修改学生表中的学号属性，将其由整型修改为定长 11 位的字符，则 SQL 语句为
ALTER TABLE 学生_____。

（6）索引是为了解决数据量很大时_____的问题。

（7）自然连接自动寻找两表中的_____，将_____作为两表连接的条件，并且会自动消除_____属性列。

（8）如果所有元组的 a 属性全部都是 NULL，则 COUNT(a)返回_____，而其他聚集函数返回_____。

（9）对表的查询结果，用户可以进一步通过_____子句进行关键字排序。

（10）视图是从一个或多个基本表（或者其他视图）生成的_____。

3．简答题

考虑以下的银行数据库模式，完成以下要求的关系代数表达式。

```
branch(branch_name, branch_city, assets);
customer (ID, customer_name, customer_street, customer_city);
loan (loan_number, branch_name, amount);
borrower (ID, loan_number);
account(account_number, branch_name, balance);
depositor (ID, account_number);
```

其中 branch、customer 代表支行和客户信息；loan、borrower 代表贷款和贷款人信息；account 和 depositor 代表储蓄账户和存款人信息。

（1）查询只有储蓄账户而没有贷款的客户 ID 和姓名。

（2）查询储蓄账户余额小于 100000 元且贷款数额超过 1000000 元的客户姓名和地址。

（3）查找位于"广州"的每个支行的贷款总额。

（4）查找平均账户余额最高的支行名称。

（5）在 customer 表中插入一个新的记录，其属性对应的值分别为 0208528、宋彬、五山路 483 号、广州。

（6）删除储蓄账户余额小于 5 的账户 account 以及 depositor 的相关信息。

3.4 拓展习题答案

1．选择题答案

题号	1	2	3	4	5	6	7	8	9	10
答案	B	D	C	C	A	B	B	C	C	C

2．填空题答案

（1）数据定义、数据操纵

（2）声明

（3）CHAR、VARCHAR

（4）某个属性值未知或不存在的

（5）ALTER COLUMN 学号 CHAR(11)

（6）查询操作耗时较长

（7）所有共同属性、所有共同属性相等、相同的

（8）0、NULL

（9）ORDER BY

（10）虚拟表

3．简答题答案

（1）

```
SELECT ID, customer_name FROM depositor NATURAL JOIN customer WHERE ID NOT IN
(SELECT ID FROM borrower);
```

（2）

```
SELECT customer_name, customer_street, customer_city FROM customer NATURAL JOIN
depositor NATURAL JOIN account WHERE balance<100000 AND ID IN (SELECT ID FROM borrower
NATURAL JOIN loan WHERE amount>1000000);
```

（3）

```
SELECT branch_name, SUM(amount) FROM loan NATURAL JOIN branch WHERE branch_city=
'广州' GROUP BY branch_name;
```

（4）

```
SELECT branch_name, AVG(balance) as avgBalance FROM account a1 GROUP BY a1.branch_name
HAVING AVG(balance)>=ALL(SELECT avg(balance) FROM account a2 GROUP BY a2.branch_name);
```

（5）

```
INSERT INTO customer VALUES('0208528', '宋彬', '五山路483号', '广州');
```

（6）

```
DELETE FROM depositor WHERE account_number IN (SELECT account_number FROM account
WHERE balance<5);
    DELETE FROM account WHERE balance<5;
```

注意：删除顺序不能颠倒，因为 depositor 中的 account_number 是外键，参考 account 中的 account_number。

第4章 数据库完整性

4.1 知识点总结

本章介绍数据库完整性。本章学习目标是理解数据库完整性的基本概念，包括实体完整性、参照完整性和其他完整性，掌握完整性约束的实现方法等。数据库的完整性约束是数据库技术的重要基础，为后续学习数据库的设计与实现提供了理论依据。在后续章节的学习过程中，可以反复阅读本章内容，提高理论水平和使用 DBMS 管理数据的能力，并提高对数据库设计等章节内容的理解能力。

对本章知识点进行梳理如下。

1．知识点

本章的知识点如图 2-4-1 所示，其中无底色部分需要了解，带灰底色部分需要理解并掌握。

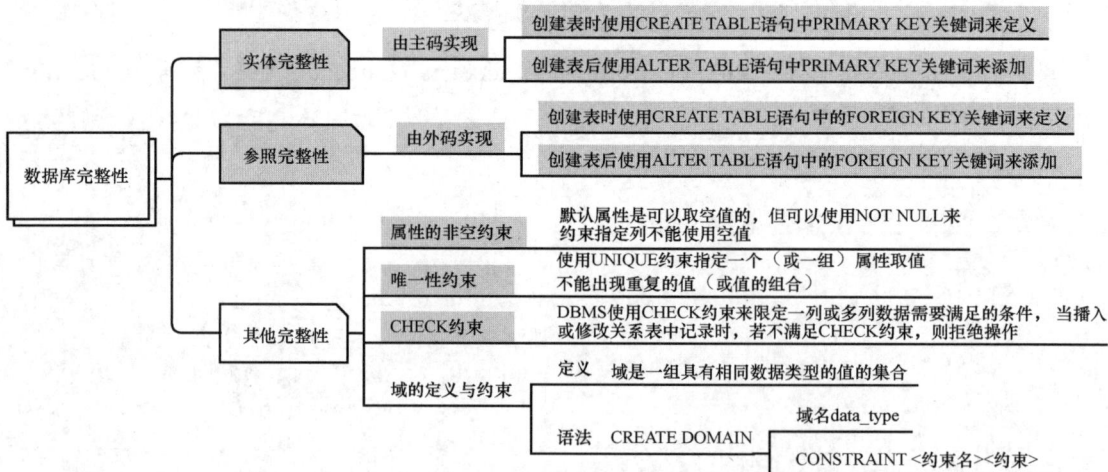

图 2-4-1　本章数据库完整性的知识点

2．基础知识

（1）数据库的实体完整性及实现（理解）。

（2）数据库的参照完整性及实现（理解）。

（3）数据库的其他完整性及实现（理解）。

3．本章难点

数据库的 3 种完整性实现方式。

4.2 习题解析

1．什么是数据库完整性？DBMS 为什么要提供数据库完整性约束机制？

答：数据库的完整性是指数据库的正确性和相容性。正确性是指数据库中的数据与现实世界状态是相符合的、无误的；相容性是指表示同一实体的数据（可能多份）是一致的、不会相互矛盾。

DBMS 提供数据库的完整性约束机制是为了约束用户对数据的修改行为，保障数据库的数据与现实相符合，用于防止"garbage in garbage out"。

【解析】参看主教材第 68 页，本章内容需要结合学习实践来掌握。

2．数据库系统如何实现实体完整性约束？如何实现参照完整性约束？

答：数据库系统通过定义主键实现实体完整性。具体地，由用户定义表的主键，数据库系统在数据发生修改时检查所有主键是否有重复、所有主键属性是否都非空；若不满足，则因违反实体完整性约束而拒绝进行该数据的修改操作。

数据库系统通过为关系表定义外键来实现参照完整性约束。具体地，由用户定义一张表中的一组属性为外键，并指定外键所参照的具体表及表中属性组。当参照表及被参照表的数据发生修改时，检查是否满足外键的取值来自被参照表的相应属性组的值；若不满足，则应依据参照完整性约束定义进行处理。

【解析】关于数据库系统如何实现实体完整性约束，学生可参看主教材第 69～71 页；关于如何实现参照完整性约束，学生可参看主教材第 72～75 页。

3．什么是列级约束条件、元组约束条件和表级约束条件？

答：根据定义范围的不同，数据完整性约束可以分为列级约束、元组约束和表级约束。列级约束是针对属性的类型、格式、范围、空值等进行约束；元组约束是指元组中各属性取值应该满足的条件；表级约束是指表中若干元组之间、关系集合中关系之间的约束。

【解析】参考主教材第 69 页。

4．数据更新不满足实体完整性、参照完整性或用户自定义完整性时，数据库系统应如何处理？

答：数据更新若违反实体完整性规则，则数据库系统拒绝此数据更新操作。

数据更新若违反参照完整性规则，则数据库系统依据参照完整性定义时的 ON DELETE、ON UPDATE 选项来处理。

【解析】多数数据库管理系统对违反实体完整性规则的处理是一致的，但对参照完整性规则的处理可能略有不同。需要通过查阅用户手册或实验来掌握其处理方法。

5．已知 employee 数据库包含的 4 张表的创建语句如下：

```
CREATE TABLE employee (
employee_name VARCHAR(20) NOT NULL,
street VARCHAR(20) NOT NULL,city VARCHAR(20) NOT NULL,
```

```
Birthday date,
PRIMARY KEY (employee_name) );
CREATE TABLE company (
 company_name VARCHAR(30) NOT NULL,
 city VARCHAR(20) NOT NULL,
 PRIMARY KEY (company_name));
CREATE TABLE manages (
 employee_name VARCHAR(20) NOT NULL,
 manager_name VARCHAR(20),
 PRIMARY KEY (employee_name),
 CONSTRAINT employee_manages_1 FOREIGN KEY (employee_name) REFERENCES
employee (employee_name) ON DELETE CASCADE);
CREATE TABLE works (
 employee_name VARCHAR(20) NOT NULL PRIMARY KEY,
 company_name VARCHAR(30) NOT NULL,
 salary numeric(8,2) CHECK (salary>3000),
 CONSTRAINT employee_works_1 FOREIGN KEY (employee_name) REFERENCES employee
(employee_name) ON DELETE CASCADE,
 CONSTRAINT company_works_1 FOREIGN KEY (company_name) REFERENCES company (company_
name) ON DELETE CASCADE);
```

使用 SQL 语句在此数据库上完成如下操作。

（1）向 employee 表中增加性别属性列，其属性名为 gender，数据类型为字符型，默认值为 male，并显示修改结果。

答：

```
ALTER TABLE employee ADD gender VARCHAR(10) DEFAULT 'male';
```

（2）添加约束限制员工性别不能为空值。此约束是否能够创建？若能够创建，则展示创建结果；若不能创建，则说明原因。

答：

```
ALTER TABLE employee MODIFY gender VARCHAR(10) NOT NULL;
```

（3）添加约束限制员工生日大于 1949-1-1，并查看约束。

答：

```
ALTER TABLE employee ADD CONSTRAINT birthConstraint CHECK (birthday >'1949-1-1');
SHOW CREATE TABLE employee;   --此命令在 MySQL 中可显示表结构，可用于查看约束
```

另外，还可以通过查询元数据表 CHECK_CONSTRAINTS，查看约束的信息。

（4）删除 works 表对 company 表的参照完整性约束。

答：通过 SHOW CREATE TABLE 命令查看约束的名字，再删除此约束。

```
SHOW CREATE TABLE works;
ALTER TABLE works DROP FOREIGN KEY employee_works_1;
```

（5）假设使用以下语句向数据库中插入数据：

```
INSERT INTO company VALUES ('Alibaba', 'Hangzhou');
INSERT INTO company VALUES ('Tencent computer system Co.', 'Shenzhen');
INSERT INTO employee(employee_name,street,city) VALUES ('Johnson', 'XihuRoad',
'Hangzhou');
INSERT INTO employee(employee_name,street,city) VALUES ('Glenn', 'XihuRoad',
```

```
'Hangzhou');
    INSERT INTO employee(employee_name,street,city) VALUES ('Brooks', 'FirstRoad',
'Shenzhen');
    INSERT INTO works VALUES ('Johnson', 'Alibaba', 7633);
    INSERT INTO works VALUES ('Glenn', 'Alibaba', 12500);
    INSERT INTO works VALUES ('Brooks', 'Tencent computer system Co.', 15000);
    INSERT INTO manages VALUES ('Johnson', 'Glenn');
```

① 能否删除 company 表的 Alibaba 公司？若能执行成功，则说明执行结果；若不能执行成功，则说明原因。

答：可以删除，因为 works 表对 company(company_name)引用的外键 company_works_1 删除操作的操作规则是 ON DELETE CASCADE。所以 works 表中引用 "Alibaba" 公司的数据同时被删除。查询 works 表可知：

```
mysql> select * from works;
+---------------+-----------------------------+----------+
| employee_name | company_name                | salary   |
+---------------+-----------------------------+----------+
| Brooks        | Tencent computer system Co. | 15000.00 |
+---------------+-----------------------------+----------+
1 row in set (0.01 sec)
```

② 删除 manages 表的所有数据能否成功？若能执行成功，则说明执行结果；若不能执行成功，则说明原因。

答：可以删除，manages 表没有引用其他表的数据，没有违反参照完整性。删除后 mamages 表为空。

③ 将 company 表中 company_name 字段长度修改为 20，是否可修改？若不能修改，则说明原因。

答：无法修改，因为 company 表有数据，其中 company_name 字段长度若由 30 减到 20，公司名称 "Tensent computer system Co." 的长度大于 20，则修改字段长度后会破坏数据。

④ 将公司名称 "Tensent computer system Co." 修改为 "Tensent" 后再执行③修改能否成功？说明原因。

答：可修改，因为此时 company 表没有长度超过 20 的数据，修改字段长度不会破坏原数据。此外，不同数据库系统对完整性约束的检查与处理可能不同，例如以上第④步将 company 表中 company_name 字段长度修改为 20 的操作，有的数据库系统在当前数据长度不超过 20 时，也不允许执行。

4.3 拓展习题

1．选择题

（1）关于主键约束，以下说法错误的是_____。

A．一个表中只能设置一个主键约束

B．允许空值的字段上不能定义主键约束

C．允许空值的字段上可以定义主键约束

D．可以将包含多个字段的字段组合设置为主键

（2）在 MySQL 中列约束只能应用在单一列上，下面不是应用在单一列上的约束是_____。

A. UNIQUE
B. CHECK
C. FOREIGN KEY
D. PRIMARY KEY

（3）在关系数据库中，要求基本关系中所有的主属性上不能有空值，其遵守的约束规则是_____。

A. 参照完整性规则
B. 用户定义完整性规则
C. 实体完整性规则
D. 域完整性规则

（4）下列 SQL 命令的短语中，不属于属性上约束条件的是_____。

A. NOT NULL 短语
B. UNIQUE 短语
C. CHECK 短语
D. HAVING 短语

（5）要建立一个约束，保证用户表（user）中年龄（age）必须在 16 岁以上，下面语句正确的是_____。

A. ALTER TABLE user ADD CONSTRAINT df_age DEFAULT(16) FOR age
B. ALTER TABLE user ADD CONSTRAINT df_age DEFAULT(16)
C. ALTER TABLE user ADD CONSTRAINT uq_age UNIQUE(age>16)
D. ALTER TABLE user ADD CONSTRAINT ck_age CHECK(age>16)

（6）若用如下的 SQL 语句创建了一个表 S：

```
CREATE TABLE S
(sno CHAR(6) NOT NULL,
sname CHAR(8) NOT NULL,
sex CHAR(2),
age INTEGER);
```

现向 S 表插入如下行时，哪一行可以被插入?_____

A.（'99101', '李明芳', 女, '23'）
B.（'991746', '张伟', null, null）
C.（null, '陈一道', '男', 32）
D.（'992345', null, '女', 25）

（7）在数据库的表定义中，限制"成绩"属性列的取值在 0 到 100 的范围内，属于数据的_____。

A. 实体完整性
B. 参照完整性
C. 用户定义完整性
D. 用户操作

（8）下述哪个是 SQL 中的数据控制命令?_____

A. GRANT
B. COMMIT
C. UPDATE
D. SELECT

（9）下述 SQL 中的权限，哪一个允许用户定义新关系时，引用其他关系的主键作为外键?_____

A. INSERT
B. DELETE
C. REFERENCES
D. SELECT

（10）"性别"列设置了检查约束，限制只能输入"男"或"女"，如果在"性别"列输入一个其他字符，可能的操作结果是_____。

A. 拒绝执行
B. 级联操作
C. 设置为空
D. 没有反应

（11）约束"主键中的属性不能取空值"，属于_____。

A. 实体完整性
B. 参照完整性
C. 用户定义完整性
D. 函数依赖

（12）有关系模式：$R(A, B, C)$ 和 $S(D, E, A)$，若规定关系 S 中 A 的值必须属于关系 R 中

A 的有效值，则这种约束属于_____。

    A. 实体完整性规则   B. 用户定义完整性规则

    C. 参照完整性规则   D. 数据有效性规则

（13）在关系 R_1(S, SN, D) 和 R_2(D, CN, NM) 中，关系 R_1 的主键是 S，关系 R_2 的主键是 D，两个表建立了一对多的联系，则 D 在关系 R_1 中称为_____。

    A. 外键   B. 主键   C. 候选码   D. 属性

（14）对关系的完整性约束通常包括哪 3 种？_____

    A. 实体完整性、属性完整性、关系完整性

    B. 实体完整性、参照完整性、用户定义完整性

    C. 实体完整性、属性完整性、用户定义完整性

    D. 实体完整性、属性完整性、参照完整性

（15）允许取空值但不允许出现重复值的约束是_____。

    A. NULL   B. PRIMARY KEY   C. UNIQUE   D. OREIGN KEY

2．填空题

（1）在数据库系统中，保证数据及语义正确和有效的功能是_____。

（2）在表或视图上执行_____的语句都可以激活触发器。

（3）数据库的_____是指数据库的正确性和相容性。

（4）数据库的完整性是指数据的_____、_____和_____。

（5）为了保护数据库的实体完整性，当用户程序对主键进行更新使主键值不唯一时，DBMS 就_____。

（6）实体完整性是指在基本表中_____。

（7）参照完整性是指在基本表中_____。

（8）关系模型的实体完整性在_____中用_____定义。

3．简答题

（1）DBMS 的完整性控制机制应具有哪些功能？

（2）简述数据库的完整性概念与数据库的安全性概念有什么区别和联系。

（3）假设有下面两个关系模式：

职工(职工号, 姓名, 年龄, 职务, 工资, 部门号)，其中职工号为主键。

部门(部门号, 名称, 经理名, 电话)，其中部门号为主键。

用 SQL 定义这两个关系模式，要求在模式中完成以下完整性约束条件的定义。

①定义每个模式的主键。②定义参照完整性。③定义职工年龄不得超过 60 岁。

4.4 拓展习题答案

1．选择题答案

题号	1	2	3	4	5	6	7	8	9	10	11	12	13	14	15
答案	C	C	C	D	D	B	C	A	C	A	A	C	A	B	C

2．填空题答案

（1）完整性控制
（2）INSERT、DELETE、UPDATE
（3）完整性
（4）实体完整性、参照完整性、用户定义完整性
（5）拒绝此操作
（6）主属性不能取空值且值唯一
（7）外键可以是空值或者另一个关系主键的有效值
（8）CREATE TABLE 或 ALTER TABLE、PRIMARY KEY

3．简答题答案

（1）DBMS 的完整性控制机制应具有 3 个方面的功能。
- 定义功能，即提供定义完整性约束条件的机制。
- 检查功能，即检查用户发出的操作是否违背了完整性约束条件。
- 处理功能，即如果发现用户的操作请求使数据违背了完整性约束条件，则采取一定的"动作"来保证数据的完整性。

（2）前者是为了防止数据库中存在不符合语义的数据、防止错误信息的输入和输出造成无效操作与错误结果。后者是保护数据库，以防止恶意破坏和非法存取。也就是说，安全性措施的防范对象是非法用户和非法操作，完整性措施的防范对象是不符合语义的数据。

（3）

```
CREATE TABLE DEPT (
    Deptno NUMBER(2),
    Deptname VARCHAR(10),
    Manager VARCHAR(10),
    PhoneNumber CHAR(12),
    CONSTRAINT PK_SC PRIMARY KEY (Deptno) );

CREATE TABLE EMP(
    Empno NUMBER(4)PRIAMRY KEY,
    Ename VATCHAR(10),
    Birthday date    --此处基本表中存储的是生日而不是存储年龄可以方便维护,
    Job VARCHAR(9),
    Sal NUMBER(7,2),
    Deptno NUMBER(2),
    CONSTRAINT C1 CHECK(year(Date())-year(birthday)<=60),
    CONSTRAINT FK_DEPTNO FOREIGN KEY(Deptno) REFERENCES DEPT(Deptno) );
```

第5章 数据库安全与保护

5.1 知识点总结

本章介绍了与数据库安全相关的内容，其学习目标是：了解数据库安全的基本概念，包括面临的安全问题、安全标准、安全管理措施等；重点掌握数据库用户管理配置，深入理解关系数据库中常见的基于角色的权限管理机制（RBAC），能够熟练使用 SQL 实现对数据库用户及角色的权限管理。本章还介绍了其他数据库安全措施的相关原理或操作，如数据库系统加密、MySQL 中的密码策略、数据库审计，最后简要介绍了数据库常见故障类型以及转储与恢复方法。本章旨在向学生初步介绍数据库安全的相关概念与技术，由于篇幅原因，我们对部分内容没有做出更详细的介绍。随着信息技术的发展，关于数据库安全的内容也会有所更新，感兴趣的学生可以自行寻找相关资料阅读。

对本章知识点进行梳理如下。

1．知识点

本章的知识点如图 2-5-1 所示，其中无底色部分需要了解，带灰底色部分需要理解并掌握。

2．基础知识

（1）数据库安全的基本概念（了解）。
（2）访问控制机制以及数据库用户管理配置（熟练掌握）。
（3）加密、审计等其他数据库安全措施的原理（了解）。
（4）数据库故障类型以及数据库转储与恢复方法（了解）。

3．本章难点

数据库访问控制。

5.2 习题解析

1. 数据库面临哪些安全性问题?
答:

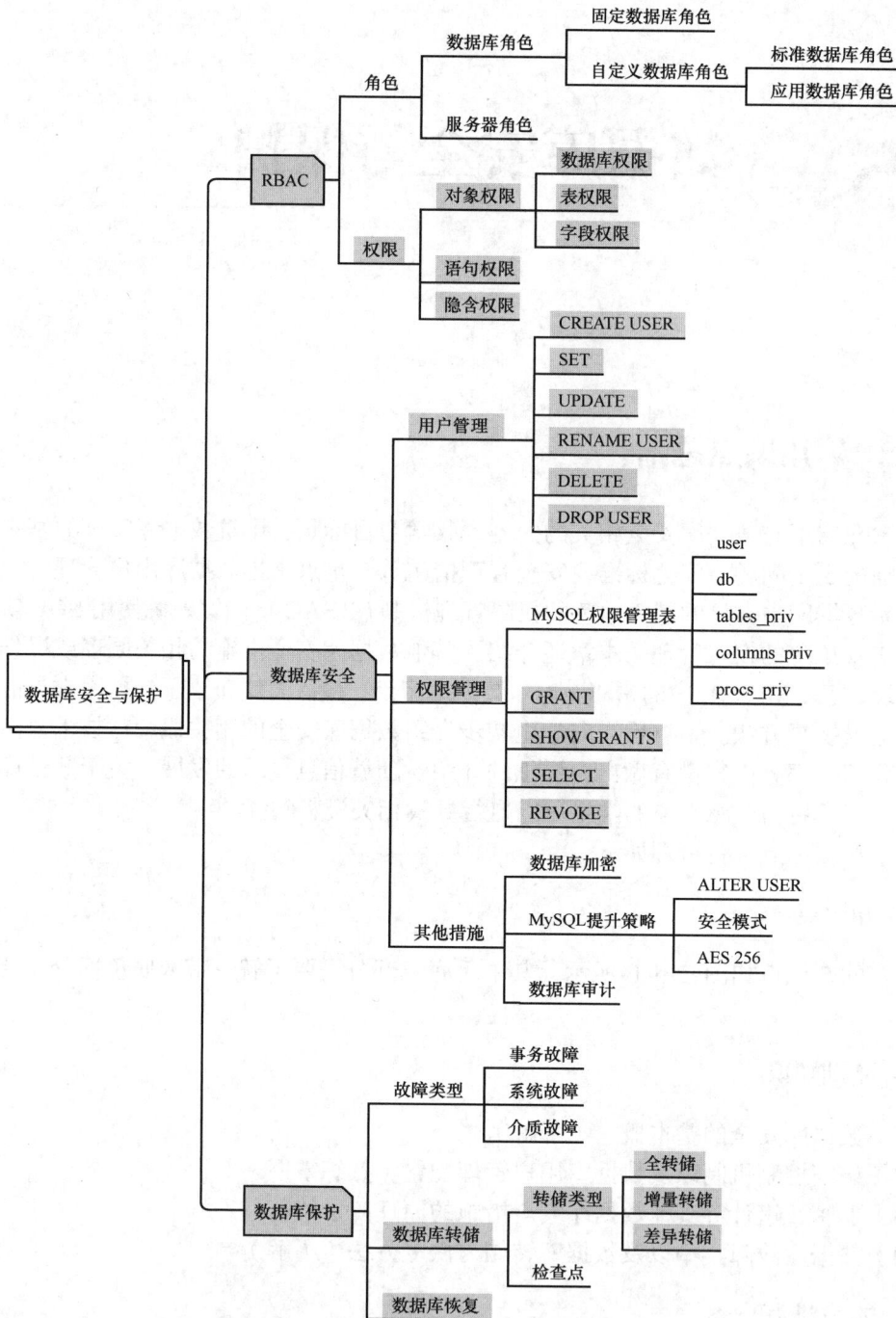

图 2-5-1 本章数据库安全与保护的知识点

（1）系统运行安全。计算机系统的运行安全包括计算机硬件安全、操作系统安全和网络安全等多个方面，硬件漏洞、操作系统安全性不足或网络安全性脆弱都会形成数据库的安全威胁。

（2）系统信息安全。

① 外部安全威胁。外部安全威胁主要包括黑客等不法分子对数据的窃取、篡改和破坏。

黑客或不法分子可能利用系统漏洞、窃取合法用户登录信息、网络侦听、SQL 注入等手段窃取数据，甚至篡改数据或者进行敲诈勒索等犯罪活动。

② 内部信息泄露。内部人员也可能窃取信息，如公司工作人员泄露商业机密等。

【解析】参看主教材第 82 页和第 83 页。

2. 数据库安全相关的技术规范和标准提供了实现数据库安全性的基本技术和基本方法，试查阅文献查找我国数据库安全方面的技术规范和标准，并说明每一个技术规范和标准的主要内容。

答：我国数据库安全方面的技术规范和标准主要包括《计算机信息系统 安全保护等级划分准则》（GB 17859—1999）、《信息安全技术 数据库管理系统安全评估准则》（GB/T 20009—2019）和《信息安全技术 数据库管理系统安全技术要求》（GB/T 20273—2019）等。

（1）《计算机信息系统 安全保护等级划分准则》（GB 17859—1999）。

本标准规定了计算机信息系统安全保护能力的 5 个等级，即：第一级，用户自主保护级；第二级，系统审计保护级；第三级，安全标记保护级；第四级，结构化保护级；第五级，访问验证保护级。本标准适用于计算机信息系统安全保护技术能力等级的划分。计算机信息系统安全保护能力随着安全保护等级的提升而逐渐增强。

（2）《信息安全技术 数据库管理系统安全评估准则》（GB/T 20009—2019）。

本标准依据 GB/T 20273—2019 规定了数据库管理系统安全评估总则、评估内容和评估方法。本标准适用于数据库管理系统的测试和评估，也可用于指导数据库管理系统的研发。

本标准规定的 EAL2 级、EAL3 级、EAL4 级评估内容和评估方法既适用于基于 GB/T 18336—2015 所有部分的数据库管理系统安全性测评，也适用于基于 GB 17859—1999 第二级（系统审计保护级）、第三级（安全标记保护级）、第四级（结构化保护级）的数据库管理系统安全性测评。

（3）《信息安全技术 数据库管理系统安全技术要求》（GB/T 20273—2019）。

本标准规定了数据库管理系统评估对象描述，不同评估保障级的数据库管理系统安全问题定义、安全目的和安全要求，安全问题定义与安全目的、安全目的与安全要求之间的基本原理。本标准适用于数据库管理系统的测试、评估和采购，也可用于指导数据库管理系统的研发。

本标准规定的 EAL2 级、EAL3 级、EAL4 级安全要求既适用于基于 GB/T 18336.1—2015、GB/T 18336.2—2015 和 GB/T 18336.3—2015 的数据库管理系统安全性测评，也适用于基于 GB 17859—1999 第二级（系统审计保护级）、第三级（安全标记保护级）、第四级（结构化保护级）的数据库安全性测评。

【解析】参看主教材第 82～84 页。注意随着国家对数据库安全的重视，此项内容随时可能更新。学生可自行查阅相关资料。

3. 基于角色的访问控制机制是数据库最常用的用户权限管理机制，试述其基本原理。

答：关系数据库系统一般采用基于角色的访问控制（role-based access control，RBAC）机制，其基本思想是定义每一种数据库对象的操作权限，将权限分配给用户或角色。角色可被看成具有某种管理职能的用户组，或者给其分配的一组权限的集合。通过将角色赋予某个用户，用户可以使用角色所拥有的权限。权限可赋予一个具体用户，且可以通过角色进行赋予、回收。

【解析】参看主教材第 84 页。

4. 已知 employee 数据库的结构如第 4 章习题 5 的定义，试使用 SQL 语句实现如下功能。

（1）使用 root 用户身份创建角色 dev，自定密码要求，允许其在任意计算机登录数据库服务器。

答：

```
CREATE ROLE dev @'%';
```

（2）使用 root 用户身份为角色 dev 授权，允许其在 employee 数据库中查询所有视图的数据、增/删/改所有基本表的数据、运行所有存储过程和存储函数。

答：

```
GRANT ALL ON employee.* TO dev;
```

注意，本例中授权语句将整个数据库所有元素的所有权限都授予了 Dev。这与题意不完全相符。若严格按题意授权，则应对每一张视图写一条授予命令，授予 Dev 查询权限；对每一张基本表，写一条授予命令，授予 Dev 增、删、改、查的权限，对每个存储过程和函数，写一条授予命令，授予运行权限。

（3）使用 root 用户身份创建用户 U1、U2、U3、devUser1，自定密码要求，允许他们在任意计算机登录数据库服务器。

答：

```
CREATE user'U1'@'%' IDENTIFIED BY '123456';
CREATE user'U2'@'%' IDENTIFIED BY '123456';
CREATE user'U3'@'%' IDENTIFIED BY '123456';
CREATE user'devUser1'@'%' IDENTIFIED BY '123456';
```

（4）将 dev 授权给用户 devUser1，并使用 devUser1 登录数据库服务器，在授权前、后分别查询 employee 表中的数据，查看授权的作用。

答：

```
GRANT dev TO devUser1;
```

（5）通过创建视图授权允许用户 U1 查询各公司员工的平均工资、最高工资、最低工资，且允许 U1 将此权限授予其他用户。

答：

```
CREATE VIEW view1 as SELECT company_name, AVG(salary) as 平均工资,MAX(salary) as
最高工资,MIN(salary) as 最低工资 FROM employee natutal join works GROUP BY company_name;
GRANT SELECT ON view1 TO U1 WITH GRANT OPTION;
```

（6）U1 将其查询公司员工的平均工资、最高工资、最低工资的权限授权给 U2，且不允许其将此权限授权给其他用户。

答：

```
GRANT SELECT ON view1 TO U2;
```

（7）使用 root 用户身份将查询公司员工的平均工资、最高工资、最低工资的权限授权给 U2、U3。

答：

```
GRANT SELECT ON view1 TO U2, U3;
```

（8）U1 收回 U2 的查询公司员工的平均工资、最高工资、最低工资的权限后，U2 还能不能查询这些信息？root 也收回此项权限后，U2 还能不能查询这些信息？通过实验说明。

答：

```
GRANT SELECT ON view1 TO U2, U3;
```

若 U1 收回 U2 的查询公司员工的平均工资、最高工资、最低工资的权限，U2 不能再访问这些数据。当 root 或 U1 有一方收回授权时，U2 就不再拥有此项权限。

具体命令和执行结果，学生自行列出。

（9）总结 MySQL 在多用户、多次授权情况下的权限管理策略。

答：略。

5. 加密存储数据会降低数据存取效率，所以一般只选择部分非常重要的属性进行加密存储。为什么对用户名、密码需要使用加密存储？如何提高其存取效率？

答：用户名、密码是用户登录系统的重要依据，属于重要数据，因此最好使用加密存储。

对用户名、密码采用加密存储的一个原因是，可以只对它进行加密，判定它是不是合法用户可以在密文上直接判断，无须解密，因此数据处理效率较高。另外，还可采用安全性强的加密算法来提高其存取效率。

【解析】参看主教材第 98～100 页。

6. 什么是数据库审计？

答：数据库审计是指 DBMS 的审计模块在用户对数据库执行操作的同时，以安全事件为中心，实时记录所有用户的数据库操作，形成审计日志。在数据库发生状况时，通过审计日志进行操作的合规性审核，并追踪、重现导致数据库出现状况的一系列事件，找出非法存取数据的人、时间和内容等。

【解析】参看主教材第 102～104 页。

7. 什么是数据库转储与恢复？转储与恢复也可用于数据库迁移，即从一台数据库服务器转储数据后将其恢复到另外一台服务器上，尝试此操作并查看运行结果。

答：数据库转储是指 DBA 定期或不定期将整个数据库复制到数据库以外的其他存储设备，形成一个数据库快照的过程，一般称一个快照为一个备份。

数据库恢复是指将一个备份重装回数据库，使数据库恢复到备份时刻的状态。

操作略。

【解析】参看主教材第 104～108 页。

8. MySQL 可以生成数据库结构（或包括结构与数据）的.sql 文件，利用这一文件也可实现数据库迁移。尝试此操作并查看运行结果。

答：

```
mysqldump -u root -p root dbname>db.sql
```

通过此命令，可得到一个名为 db.sql 的文件。使用记事本打开此文件，可以看到它包含的创建数据库结构及插入所有数据的命令。

若需要数据迁移，则可以在目标数据库服务器上创建同名数据库，并使用命令 MYSQL 将此备份恢复到新服务器的新数据库中，以达到数据迁移的目的，命令如下。

```
mysql -u root -p root dbname<db.sql
```

5.3 拓展习题

1．选择题

（1）数据库管理系统通常提供授权功能来控制不同用户访问数据的权限，这主要是为了实现数据库的_____。

A．可靠性　　　　　B．一致性　　　　　C．完整性　　　　　D．安全性

（2）以下数据库名称中不属于 MySQL 数据库的是_____。

A．information_schema　　　　　　　　B．mysql__schema

C．performance_schema　　　　　　　　D．mysql

（3）下列关于用户定义的角色的说法中，错误的是_____。

A．用户定义的角色可以是数据库级别的角色，也可以是服务器级别的角色

B．用户定义的角色只能是数据库级别的角色

C．用户定义的角色是方便对用户的权限管理

D．用户定义的角色的成员可以是用户

（4）在某数据库中，设用户 U1 同时是角色 R1 和角色 R2 中的成员。现已授予角色 R1 对表 T 具有 SELECT、INSERT 和 UPDATE 权限，授予角色 R2 对表 T 具有 INSERT 和 UPDATE 权限，没有对 U1 进行其他授权，则 U1 对表 T 有权执行的操作是_____。

A．SELECT 和 INSERT　　　　　　　　B．INSERT、UPDATE 和 SELECT

C．SELECT 和 UPDATE　　　　　　　　D．SELECT

（5）在 MySQL 中，使用 CREATE USER 语句来创建一个或多个 MySQL 账户，并设置相应的口令。下列关于其语法格式的说法中错误的是_____。

A．语法项 "user" 格式为'user_name'@'host_name'。其中 user_name 表示用户名，host_name 表示主机名，在创建的过程中必须指定用户名和主机名

B．若该用户账号无口令，则语法项 "IDENTIFIED BY 子句" 可省略

C．关键字 "PASSWORD" 是可选项。但若想以密码的散列值设置口令，则必须加上关键字 PASSWORD

D．语法项 "PASSWORD" 用于指定用户账号的口令。设置的口令值可以是只由字母和数字组成的明文，也可以是通过 PASSWORD()函数得到的散列值

（6）将 Student 表的查询权限授予用户 U1 和 U2，并允许该用户将此权限授予其他用户，实现此功能的 SQL 语句是_____。

A．GRANT SELECT ON Student TO U1,U2 WITH PUBLIC

B．GRANT SELECT TO Student ON U1,U2 WITH PUBLIC

C．GRANT SELECT TO Student ON U1,U2 WITH GRANT OPTION

D．GRANT SELECT ON Student TO U1,U2 WITH GRANT OPTION

（7）下列 SQL 语句中，能够实现 "收回用户 WAN 对学生表（STU）中学号（SNO）的修改权" 这一功能的是_____。

A．REVOKE UPDATE(SNO) ON TABLE FROM WAN

B．REVOKE UPDATE(SNO) ON TABLE FROM PUBLIC

C. REVOKE UPDATE(SNO) ON STU FROM WAN

D. REVOKE UPDATE(SNO) ON STU FROM PUBLIC

（8）为了防止物理上取走数据库而采取的加强数据库安全的方法是＿＿＿＿。

A. 数据加密　　　　B. 数据库加密　　　　C. 口令保护　　　　D. 数据审计

（9）有关数据库加密，下面说法不正确的是＿＿＿＿。

A. 索引字段不能加密　　　　　　　　　B. 关系运算的比较字段不能加密

C. 字符串字段不能加密　　　　　　　　D. 表间的连接码字段不能加密

（10）系统在运行过程中，由于某种硬件故障，致使存储在外存上的数据部分损失或全部损失，这种情况称为＿＿＿＿。

A. 事务故障　　　　B. 系统故障　　　　C. 介质故障　　　　D. 运行故障

（11）下面关于数据库转储的描述中，说法不正确的是＿＿＿＿。

A. 完全转储是对所有数据库进行备份

B. 增量转储只复制上次备份后发生变化的文件

C. 增量转储是对最近一次数据库完全备份以来发生的数据变化进行备份

D. 差异转储是对最近一次数据库完全备份以来发生的数据变化进行备份

（12）在 MySQL 中，有系统数据库 sys、mysql、information_schema、performance_schema 和用户数据库。下列关于系统数据库和用户数据库的备份策略，最合理的是＿＿＿＿。

A. 对以上系统数据库和用户数据库都实行周期性备份

B. 对以上系统数据库和用户数据库都实行修改之后即备份

C. 对以上系统数据库实行修改之后即备份，对用户数据库实行周期性备份

D. 对 sys、mysql、information_schema 和 performance_schema 实行修改之后即备份，对用户数据库实行周期性备份，对 performance_schema 不备份

（13）检查点能减少数据库完全恢复时必须执行的日志，提高数据库恢复速度。下列有关检查点的说法，错误的是＿＿＿＿。

A. 检查点记录的内容包括建立检查点时正在执行的事务清单和这些事务最近一个日志记录的地址

B. 在检查点建立的同时，数据库管理系统会将当前数据缓冲区中的所有数据记录写入数据库中

C. 数据库管理员应定时手动建立检查点，保证数据库系统出现故障时可以快速恢复数据库的数据

D. 使用检查点进行恢复时需要从"重新开始文件"中找到最后一个检查点记录在日志文件中的地址

（14）事务提交（commit）后，对数据库的修改还停留在缓冲区中，未写入磁盘，此时系统出现故障。系统重启后，DBMS 根据＿＿＿＿对数据库进行恢复，将已提交的事务对数据库的修改写入磁盘。

A. 日志文件　　　　B. 全局备份　　　　C. 增量文件　　　　D. 影子备份

（15）数据库恢复的基础是利用转储的冗余数据，这些转储的冗余数据包括＿＿＿＿。

A. 数据字典、应用程序、审计档案、数据库后备副本

B. 数据字典、应用程序、日志文件、审计档案

C. 日志文件、数据库后备副本

D. 数据字典、应用程序、数据库后备副本

（16）假设日志文件尾部如下图所示，则恢复时应执行的操作是_____。

| <T1 start> |
| <T1 A, 1000, 950> |
| <T2 start> |
| <T2 C, 700, 600> |
| <T1 B, 2000, 2050> |
| <T1 commit> |

A. UNDO T1,REDO T2　　　　　B. UNDO T2,REDO T1
C. REDO T1,REDO T2　　　　　D. UNDO T1,UNDO T2

2．填空题

（1）若想保护数据库不被未授权者使用、修改及窃用，则可以采用_____机制。

（2）数据库角色分为_____和_____。

（3）MySQL 中的 user 表记录用户的权限包括_____和_____两大类。

（4）为了防止用户泄露或篡改信息，保障数据库安全性，授予权限为_____即可。

（5）按照数据库加密的层次分类，数据库中的加密方式分为以下 3 种：_____、_____与_____。

（6）系统的用户名、密码是用户登录系统的重要依据，一般采用_____。

（7）_____是通过实时记录用户对数据库执行的操作，监控用户操作合规程度，提高数据库系统的安全级别。

（8）数据库系统运行过程中，可能会出现各种各样的故障，这些故障可分为以下 3 类：_____、_____和_____。

（9）数据库管理系统的_____就是保障当系统运行过程中发生故障后可以将数据库恢复到故障前的某个一致性状态。

（10）数据库转储之前的准备工作包括_____和_____。

3．简答与应用题

（1）什么是加密粒度？不同层次的加密粒度具有什么特点？

（2）简述一下检查点的定义及其作用。

（3）对下列两个关系模式：

学生(学号, 姓名, 年龄, 性别, 家庭住址, 班级号)

班级(班级号, 班级名, 班主任, 班长)

使用 GRANT 语句完成下列授权功能。

① 授予用户 U1 对两个表的所有权限，并可给其他用户授权。

② 授予用户 U2 对学生表具有查看权限，对家庭住址具有更新权限。

③ 将对班级表的查看权限授予所有用户。

④ 将对学生表的查询、更新权限授予角色 R1。

⑤ 将角色 R1 授予用户 U1，并且 UI 可继续授权给其他角色。

（4）假设 A、B、C 初值均为 0，考虑下图所示日志记录：

序号	日志
1	T1：开始
2	T1：写 A，A=10
3	T2：开始
4	T2：写 B，B=9
5	T1：写 C，C=11
6	T1：提交
7	T2：写 C，C=13
8	T3：开始
9	T3：写 A，A=8
10	T2：回滚
11	T3：写 B，B=7
12	T4：开始
13	T3：提交
14	T4：写 C，C=12

① 如果系统故障发生在 14 之后，说明哪些事务需要重做，哪些事务需要回滚。
② 如果系统故障发生在 10 之后，说明哪些事务需要重做，哪些事务需要回滚。
③ 如果系统故障发生在 9 之后，说明哪些事务需要重做，哪些事务需要回滚。
④ 如果系统故障发生在 7 之后，说明哪些事务需要重做，哪些事务需要回滚。
⑤ 如果系统故障发生在 14 之后，写出系统恢复后 A、B、C 的值。
⑥ 如果系统故障发生在 12 之后，写出系统恢复后 A、B、C 的值。
⑦ 如果系统故障发生在 10 之后，写出系统恢复后 A、B、C 的值。
⑧ 如果系统故障发生在 7 之后，写出系统恢复后 A、B、C 的值。
⑨ 如果系统故障发生在 5 之后，写出系统恢复后 A、B、C 的值。

5.4 拓展习题答案

1．选择题答案

1	2	3	4	5	6	7	8	9	10	11	12	13	14	15	16
D	B	A	B	A	D	C	B	C	C	C	D	C	A	C	B

2．填空题答案

（1）基于角色的访问控制
（2）固定数据库角色、自定义数据库角色
（3）服务器管理权限、数据管理权限
（4）能满足需要的最小权限
（5）系统中加密、服务器端加密、客户端加密
（6）加密存储
（7）数据库审计
（8）事务故障、系统故障、介质故障
（9）转储与恢复机制

（10）制定好转储策略、检查数据的一致性

3．简答与应用题答案

（1）数据库加密粒度是指数据加密的最小单位，它可分为数据库级、表级、记录级、字段级和数据项级。

数据库级加密就是将每个数据库作为加密对象，该方式实现最简单，但该方式中的灵活度最低且执行效率最低，浪费大量计算资源。

表级加密针对数据表进行密钥运算，形成密文后存储。相比于数据库级加密，其消耗的资源节省了，但仍有可能存在加密内容非必要的情况。

以记录为单位的加密，将记录看成操作对象，统一进行加密和解密处理。密钥管理为"一条一密"，操作具有更高的灵活性。

当加密粒度为每个记录的字段、数据项时，系统的安全性与灵活性最高，同时实现技术也最复杂。针对字段级加密时存在各字段采用同一密钥加密的不足，数据项级加密是对每个数据项进行加密、解密操作，并使用不同密钥，安全强度加强。

总体来说，加密粒度越小，灵活度越高，安全性越好，但实现技术也更复杂、难度更大。

【解析】参看主教材第 100 页。

（2）检查点（checkpoint）是一种将提交的事务对数据库的修改写入数据库的手段。

检查点的作用如下。

① 通过执行检查点把缓冲区中事务更新后的数据强制写入数据库，保证数据库在内存中的数据与磁盘中的数据一致。

② 实现更快的数据库恢复。数据库恢复要将操作异常关闭前没有写到硬盘的脏数据通过日志进行恢复。如果脏块过多则恢复的时间也会过长，而检查点的执行可以减少脏块的数量，缩短恢复的时间。

【解析】参看主教材第 106 页。

（3）

① GRANT ALL PRIVILEGES ON Student,Class TO U1 WITH GRANT OPTION;

② GRANT SELECT,UPDATE(address) ON Student TO U2;

③ GRANT SELECT ON Class TO PUBLIC;

④ GRANT SELECT,UPDATE ON Student TO R1;

⑤ GRANT R1 TO U1 WITH GRANT OPTION。

（4）

① T1、T3 重做，T2、T4 回滚。

② T1 重做，T2、T3 回滚。

③ T1 重做，T2、T3 回滚。

④ T1 重做，T2 回滚。

⑤ A=8、B=7、C=11。

⑥ A=10、B=0、C=11。

⑦ A=10、B=0、C=11。

⑧ A=10、B=0、C=11。

⑨ A=0、B=0、C=0。

数据库原理实验指导与习题解析 （微课版）
——基于 MySQL 数据库
122

第6章 数据库设计

6.1 知识点总结

本章介绍数据库设计。本章学习目标是了解数据库设计的方法、分类、步骤等内容，并熟悉数据库需求分析、概念结构设计、逻辑设计、物理设计、数据库的实施与维护等步骤的内容及所使用的具体设计方法。例如，使用 E-R 模型进行数据库概念结构设计的方法与步骤。在今后的学习过程中，可以根据本章学习的内容，对数据库设计整体有更深的理解，提高对 E-R 模型的运用能力。

对本章知识点进行梳理如下。

1．知识点

本章的知识点如图 2-6-1 所示，学习本章时要注意两个概念，正确性是指数据库的数据与现实世界是相符合的、无误的；相容性是指表示同一实体的数据（可能多份）是一致的、不会相互矛盾的，图中无灰底部分了解即可，带灰底部分需要理解并掌握。

2．基础知识

（1）数据库设计的定义、内容、特点和方法（了解）。
（2）数据库设计的基本步骤以及各步骤的内容（掌握）。
（3）E-R 模型进行数据库概念结构设计的方法与步骤（掌握）。
（4）数据库设计中物理结构设计、数据库实施与维护的各步骤的内容及方法（了解）。

3．本章难点

E-R 图转换为关系模型、关系模型的优化方法。

6.2 习题解析

1．什么是数据库设计？

答：数据库设计是指在一个给定的应用环境，设计优化数据库的各级模式，并据此建立数据库，使之能够有效地存储和管理数据，满足应用需求，特别是信息管理要求和数据操作要求。

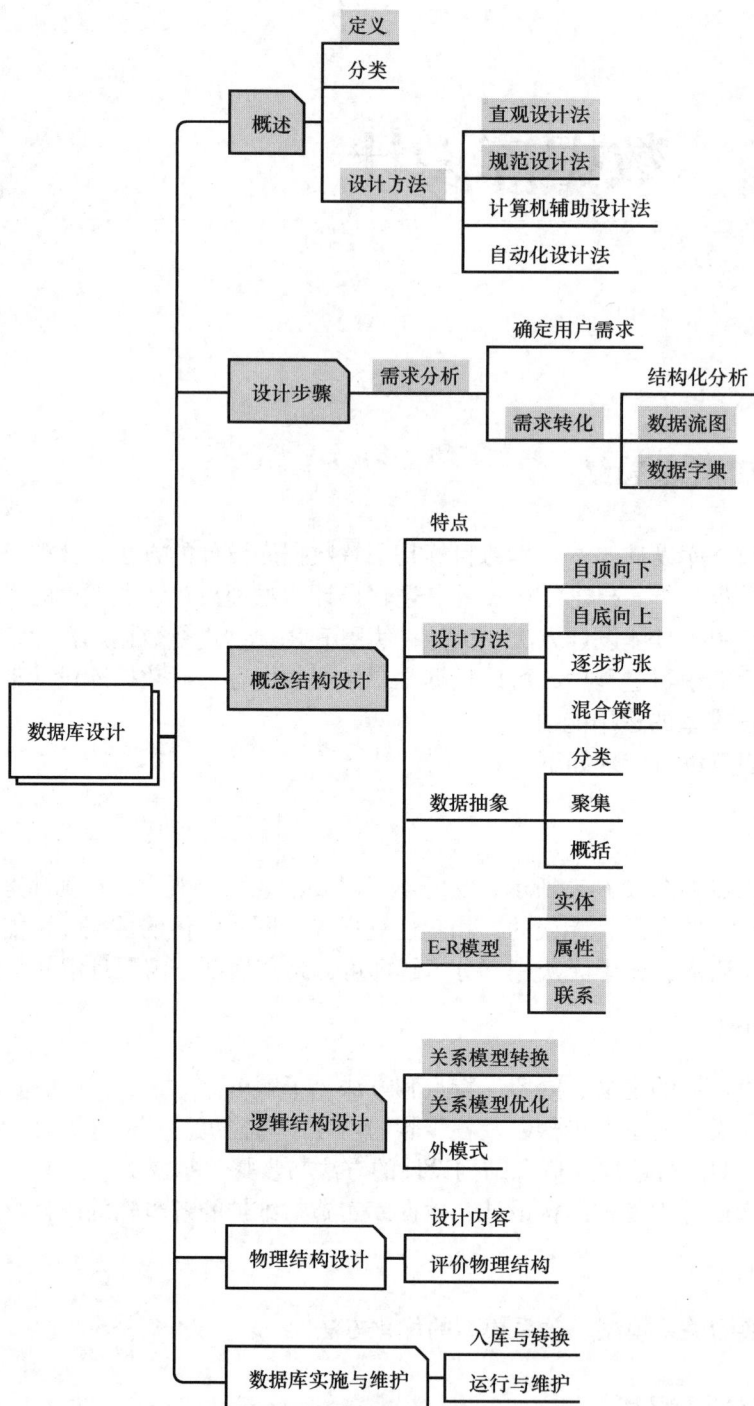

图 2-6-1　本章数据库设计的知识点

【解析】参考主教材第 113 页。

2. 简述数据库设计的步骤及各个步骤的主要工作。

答：

（1）需求分析。需求分析是数据库设计的起点，需要分析用户的数据需求，明确需要数据库实现的功能。该步骤需要数据库设计人员与用户合作来实现。

（2）概念结构设计。概念结构设计是将需求分析转换为数据库概念模型的过程。概念结构设计一般使用实体-联系模型，将需要数据库管理的数据抽象成实体及联系，并以 E-R 图或类似的形式表达出来。

此步工作是整个数据库设计流程中的关键一环，需要设计人员使用面向对象、分类、聚集、概括等多种方法进行实体-联系模型设计。

（3）逻辑结构设计。逻辑结构设计与选用的数据库管理系统密切相关。逻辑结构设计就是将设计好的概念模型转换为与某个特定数据库管理系统支持的数据模型所对应的结构，并对其进行优化。

本书仅讨论转换为关系数据库的情况。若需要使用其他非关系数据库，请参考相关案例或书籍。

（4）物理结构设计。物理结构设计是指为已经确定的逻辑数据结构选取一个适合应用环境的物理结构。设计物理结构的目标是确定存储结构和存取方法，并对设计完成的物理结构进行评价。对物理结构进行评价主要从时间效率、空间效率以及后期维护的代价等角度进行权衡，以得出最优的物理结构设计方案。

（5）数据库实施与维护。在数据库实施阶段，设计人员采用数据库管理系统所提供的数据库语言及其宿主语言，根据逻辑设计和物理设计的模型建立数据库、编制与调试应用程序、组织数据入库进行试运行。维护阶段的任务是对数据库的转存和恢复，维护数据库的安全性与完整性。

【解析】参考主教材第 116～118 页。

3. 数据需求的主要内容是什么？

答：数据需求的主要内容包括数据存储需求、数据处理需求、数据信息安全性和完整性要求。

【解析】参考主教材第 118 页。

4. 数据字典的内容和作用是什么？

答：数据字典是软件需求规格说明书或数据需求说明书的重要组成部分，用于定义、描述整个软件所使用数据元素。对每个数据，描述其名称、结构组成、存储、处理逻辑等内容。

【解析】参考主教材第 122 页。

5. 名词解释：实体、实体集、联系、属性、码。

答：

实体——客观存在并可以相互区分的事物。

实体集——具有相同结构（实体型）的实体的集合。

联系——不同实体之间的相互关系。

属性——实体或联系所具有的性质/特征。

码——可唯一标识实体或联系的属性/属性组。

【解析】参考主教材第 125～128 页。

6. 将 E-R 图转换为关系模式的规则有哪些？

答：

（1）一个实体转换为一个关系模式，实体属性就是关系属性，标识符即为关系模式的码。

（2）两个实体间 1:1 联系，则可以在两个实体转换成的两个关系模式中的任意一个关

数据库设计　第6章

系模式属性内，加入另一个关系模式的码和联系类型属性。

（3）两个实体间 1:n 联系，则在 n 端实体转换成关系模式中加入 1 端实体键和联系类型属性。

（4）两个实体间 $m:n$ 联系，则将联系类型也转换成关系模式，其属性为两端实体的码加上联系类型属性，而码为两端实体码的组合。

【解析】参考主教材第 135 页。

7. 试述数据库物理结构设计的内容和步骤。

答：为给定的逻辑数据模型选取一个最符合应用要求的物理结构的过程，就是数据库的物理结构设计。在关系数据库中，设计者参与物理结构设计的内容主要包括数据库的存取方法和数据库的存储结构。

数据库的物理结构设计通常分为以下两步。

（1）确定数据库的物理结构，在关系数据库中主要指存取方法和存储结构。

（2）对物理结构进行评价，评价的重点是时间效率和空间效率。

【解析】参考主教材第 139～141 页。

8. 试述数据库运行与维护的主要内容和步骤。

答：

（1）对数据库性能的监测、分析和改善。

（2）数据库的转储和恢复。

（3）维持数据库的安全性和完整性。

（4）数据库的重组和重构。

【解析】参考主教材第 142 页。

9. 对每一个规格型号的产品，工厂需要给出一份 BOM（bill of material，物料清单）来描述产品所需要的各种零件的个数。假设某工厂生产多个规格型号的产品，每种规格型号的产品使用多种零件，每种零件在一个产品上可能使用多个，一种零件可以出现在不同规格型号的产品上。工厂的一张订单中可能包含多个规格型号的产品，工厂会为订单完成零件采购、产品生产工作。

（1）请建立概念模型描述订单、产品、零件之间的关系。

答：

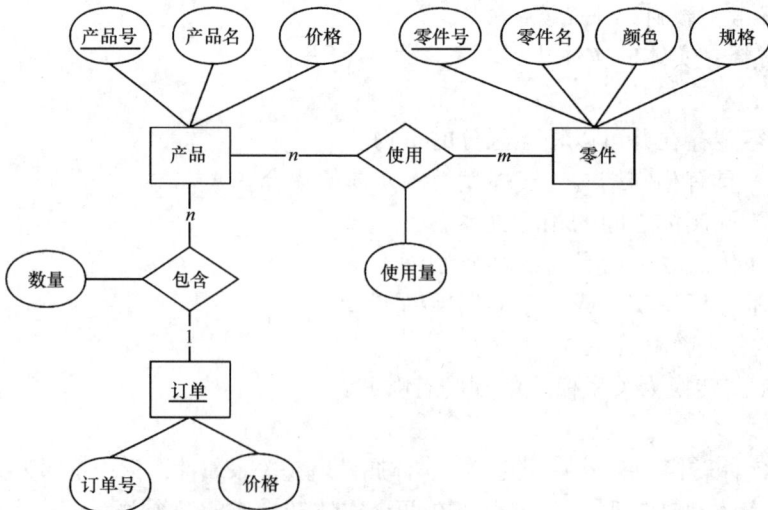

（2）将建立的概念模型转换为关系数据库的逻辑模型，并给出创建数据库的 SQL 语句。

答：

```
CREATE TABLE item (
  item_no VARCHAR(32) NOT NULL,
  item_name VARCHAR(32) NOT NULL,
  model VARCHAR(32) NOT NULL,
  item_price DECIMAL(10, 2) NOT NULL,
  PRIMARY KEY (item_no));
CREATE TABLE order (
  order_no VARCHAR(32) NOT NULL,
  order_time DATE NOT NULL,
  delivery_time DATE NOT NULL,
  status INT(11) NOT NULL CHECK(status IN (0, 1,2)),
  totalAmount DECIMAL(10, 0) NOT NULL,
  PRIMARY KEY (order_no));
CREATE TABLE part (
  part_no VARCHAR(32) NOT NULL,
  part_name VARCHAR(32) NOT NULL,
  weight FLOAT(8, 2) NOT NULL,
  color VARCHAR(32),
  part_price DECIMAL(10, 2) NOT NULL,
  PRIMARY KEY (part_no));
CREATE TABLE order_item (
  order_no VARCHAR(32) NOT NULL,
  item_no VARCHAR(32) NOT NULL,
  itemAmount DECIMAL(10, 0) NOT NULL,
  FOREIGN KEY(order_no) REFERENCES order(order_no),
  FOREIGN KEY(item_no) REFERENCES item(item_no),
  PRIMARY KEY (order_no, item_no));
CREATE TABLE item_part (
  item_no VARCHAR(32) NOT NULL,
  part_no VARCHAR(32) NOT NULL,
  partAmount DECIMAL(10, 0) NOT NULL,
  FOREIGN KEY(item_no) REFERENCES item(item_no),
  FOREIGN KEY(part_no) REFERENCES part(part_no),
  PRIMARY KEY (item_no, part_no));
```

10. 图书馆学生管理及借还书规则如下。

每个借书人需要办理一张具有唯一编号的借书证。办理借书证时需要记录借阅人单位、姓名、联系电话等信息。借书证可以分为初级学生、中级学生、资深学生 3 类，借书证类别可依据已知规则进行修改，也可添加新的分类或修改对类别的约束，以方便对学生进行管理。对不同级别借书证的主要约束是同时借阅图书数量不同。目前，初级学生、中级学生、资深学生分别可同时借阅图书 10 本、20 本、30 本。

对每一类图书，需要存储的数据包括 ISBN、书名、分类、数量及存放位置。存放位置由书库名、书架编号、书架层号 3 个部分组成，一般同一类书放在一起。图书分类按中图分类号编制，由字母、数字组成，每类书只有一个分类号，不同的书可能共享一个分类号。

系统记录每本书的借出信息、归还信息。其中，借出信息包括借书证号、姓名、书号、书名、借书日期、借书时间和应还书日期等；归还信息包括借书证号、姓名、书号、还书日期、还书时间等。

若还书时有图书损坏、超期等情况，系统会记录还书异常。

（1）请为图书馆建立学生管理及借还书系统的概念模型。

答：

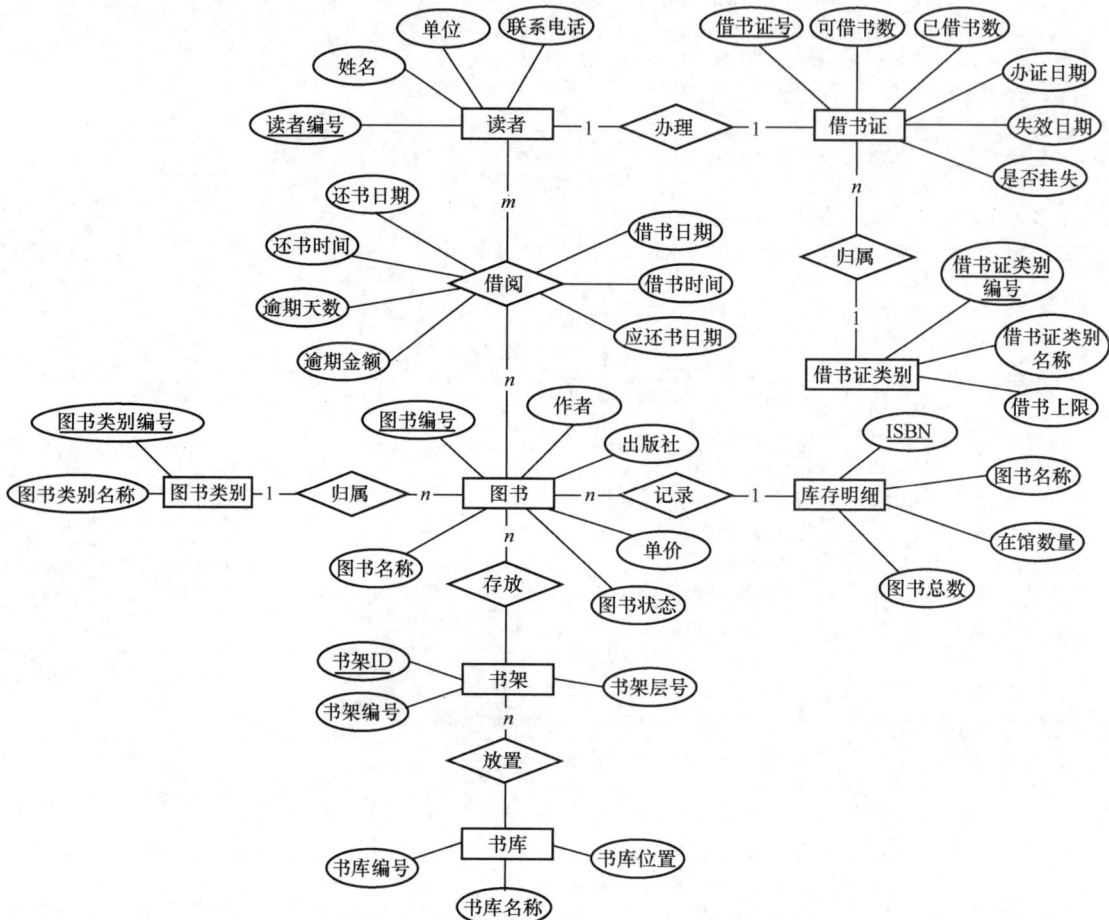

（2）将建立的概念模型转换为关系数据库的逻辑模型，并给出创建数据库的 SQL 语句。

答：

① 关系模型。

学生(学生编号, 姓名, 单位, 联系电话, 借书证号)

借书证(借书证号, 可借书数, 已借书数, 办证日期, 失效日期, 是否挂失, 借书证类别编号)

借书证类别(借书证类别编号, 借书证类别名称, 借书上限)

图书(图书编号, 图书名称, 作者, 出版社, 单价, 图书状态, ISBN, 图书类别编号, 书架 ID)

图书类别(图书类别编号, 图书类别名称)

库存明细(ISBN, 在馆数量, 图书总数)

书架(书架 ID, 书架编号, 书架层号, 书库编号)

书库(书库编号, 书库名称, 书库位置)

借阅(图书编号, 学生编号, 借书日期, 借书时间, 应还书日期, 还书日期, 还书时间, 逾期天数, 逾期金额)

② 创建数据库的 SQL 语句。

```
CREATE TABLE card_category (
  card_category_no VARCHAR(32) NOT NULL,
  card_category_name VARCHAR(32) NOT NULL,
  maxBLNum INT(11) NOT NULL,
  PRIMARY KEY (card_category_no));
CREATE TABLE card (
  card_id VARCHAR(32) NOT NULL,
  availableBLNum INT(11) NOT NULL,
  alreadyBLNum INT(11) NOT NULL,
  create_time DATETIME NOT NULL,
  failure_time DATETIME NOT NULL,
  isLoss TINYINT(1) NOT NULL,
  card_category_no VARCHAR(32) NOT NULL,
  FOREIGN KEY(card_category_no) REFERENCES card_category(card_category_no),
  PRIMARY KEY (card_id));
CREATE TABLE reader (
  reader_no VARCHAR(32) NOT NULL,
  reader_name VARCHAR(32) NOT NULL,
  address VARCHAR(32) NOT NULL,
  telephone VARCHAR(20) NOT NULL,
  card_id VARCHAR(32) NOT NULL,
  FOREIGN KEY(card_id) REFERENCES card(card_id),
  PRIMARY KEY (reader_no));
CREATE TABLE book_category (
  book_category_no VARCHAR(32) NOT NULL,
  book_category_name VARCHAR(32) NOT NULL,
  PRIMARY KEY (book_category_no));
CREATE TABLE store (
  ISBN VARCHAR(32) NOT NULL,
  book_num INT(11) NOT NULL,
  all_book_num INT(11) NOT NULL,
  PRIMARY KEY (ISBN));
CREATE TABLE stack (
  stack_no VARCHAR(32) NOT NULL,
  stack_name VARCHAR(32) NOT NULL,
  stack_place VARCHAR(32) NOT NULL,
  PRIMARY KEY (stack_no));
CREATE TABLE shelf (
  shelf_id INT(11) NOT NULL AUTO_INCREMENT,
  shelf_no VARCHAR(32) NOT NULL,
  shelf_level VARCHAR(32) NOT NULL,
  stack_no VARCHAR(32) NOT NULL,
  FOREIGN KEY(stack_no) REFERENCES stack(stack_no),
  PRIMARY KEY (shelf_id));
CREATE TABLE book (
  book_no VARCHAR(32) NOT NULL,
  book_name VARCHAR(32) NOT NULL,
  author VARCHAR(32),
  publisher VARCHAR(32),
  price DECIMAL(10, 2) NOT NULL,
  status INT(11) NOT NULL CHECK(status IN (0, 1,2)),
```

```
    ISBN VARCHAR(32) NOT NULL,
    book_category_no VARCHAR(32) NOT NULL,
    shelf_id INT(11) NOT NULL,
    FOREIGN KEY(ISBN) REFERENCES store(ISBN),
    FOREIGN KEY(book_category_no) REFERENCES book_category(book_category_no),
    FOREIGN KEY(shelf_id) REFERENCES shelf(shelf_id),
    PRIMARY KEY (book_no));
CREATE TABLE borrow (
    book_no VARCHAR(32) NOT NULL,
    reader_no VARCHAR(32) NOT NULL,
    borrow_date DATE NOT NULL,
    borrow_time TIME NOT NULL,
    need_return_date DATE NOT NULL,
    return_date DATE,
    return_time TIME,
    overdue INT(11) NOT NULL DEFAULT 0,
    overdue_price DECIMAL(10, 2) NOT NULL DEFAULT 0,
    FOREIGN KEY(book_no) REFERENCES book(book_no),
    FOREIGN KEY(reader_no) REFERENCES reader(reader_no),
    PRIMARY KEY (book_no, reader_no));
```

【解析】答案仅供参考。

6.3 拓展习题

1. 选择题

（1）数据库设计过程中，关系模式规范化理论是应用在_____阶段。

A. 需求分析 　　　　 B. 概念结构设计 　　 C. 逻辑结构设计 　　 D. 数据库实施

（2）概念模型是应用于信息的_____建模。

A. 现实世界 　　　　 B. 信息世界 　　　　 C. 数据世界 　　　　 D. 机器世界

（3）有了模式/内模式映像，可以保证数据与存储介质之间的_____。

A. 逻辑独立性 　　　 B. 物理独立性 　　　 C. 数据一致性 　　　 D. 数据安全性

（4）数据字典的5类元素是数据项、数据结构、_____、数据存储和处理过程。

A. 数据流 　　　　　 B. DFD 　　　　　　 C. 数据域 　　　　　 D. 数据处理

（5）_____是指为了提高某个属性（或属性组）查询速度，把这个属性（组）上具有相同值的元组集中存放在连续的物理块上，而这个属性（组）称为聚簇码。

A. 聚簇 　　　　　　 B. 外键 　　　　　　 C. 聚簇码 　　　　　 D. 候选码

（6）需求分析阶段，用_____来描述用户单位的业务流程。

A. 需求字典 　　　　 B. 数据流图 　　　　 C. 数据结构 　　　　 D. 数据流

（7）对数据库的操作要以_____的内容为依据。

A. 数据模型 　　　　 B. 数据字典 　　　　 C. 数据库管理系统 　 D. 运行日志

（8）把E-R图转换成关系模式的过程属于数据库设计的_____。

A. 概念结构设计 　　 B. 逻辑结构设计 　　 C. 需求分析 　　　　 D. 物理结构设计

（9）设有"学生"和"班级"两个实体，每个学生只能属于一个班级，一个班级可以有多个学生，"学生"实体与"班级"实体间的联系是_____。

    A. 多对多   B. 一对多   C. 多对一   D. 一对一

（10）在 E-R 图中，用来表示实体间联系的图形是_____。

    A. 矩形   B. 椭圆形   C. 菱形   D. 平行四边形

（11）概念模型能表示_____。

    A. 实体间 1:1 联系   B. 实体间 1:n 联系

    C. 实体间 m:n 联系   D. 实体间以上的 3 种联系

（12）在数据库技术中，实体－联系模型是一种_____。

    A. 概念模型   B. 结构数据模型   C. 物理模型   D. 逻辑数据模型

（13）如果把学生的自然情况看成实体，某学生的姓名叫作"刘明"，则"刘明"是实体的_____。

    A. 属性型   B. 属性值   C. 记录型   D. 记录值

（14）对于现实世界中某一事物的某一特征，实体－联系模型中使用_____描述。

    A. 模型   B. 关键字   C. 关系   D. 属性

（15）"商品"与"顾客"两个实体集之间的联系一般是_____。

    A. 一对一   B. 一对多   C. 多对一   D. 多对多

2．填空题

（1）数据库概念结构设计的核心内容是_____。

（2）数据流图中，用_____来表示数据的源点或终点；用_____来表示变换数据的处理过程；用_____表示数据存储。

（3）数据库物理结构设计中，数据常见的存取方法包括_____、_____和_____等。

（4）数据库管理系统在三层结构之间提供的两层映像是_____和_____。

（5）关系数据库系统是以_____为基础的数据库系统。

（6）实体与实体的联系有 3 种，分别是_____、_____、_____。

（7）E-R 图之间冲突主要有 3 类，分别是_____、_____、_____。

（8）_____是将用户需求抽象为信息世界概念模型的过程。

（9）设计概念结构通常包括_____、_____、_____、_____ 4 种方法。

（10）E-R 模型的基本元素成分是_____、_____、_____。

3．简答题

（1）数据库实施阶段有哪些具体的工作？

（2）概念结构主要特点包括哪些内容？

（3）E-R 图中的属性可以分为哪些属性？

6.4 拓展习题答案

1．选择题答案

1	2	3	4	5	6	7	8	9	10	11	12	13	14	15
C	B	B	A	A	B	D	B	C	C	D	A	B	D	D

2．填空题答案

（1）实体-联系模型（E-R 模型）

（2）正方形（或立方体）、圆角矩形（或圆形）、开口矩形（或两条平行横线）

（3）索引、聚簇、散列方法

（4）外模式/模式映像、模式/内模式映像

（5）关系模型

（6）一对一、一对多、多对多

（7）属性冲突、命名冲突、结构冲突

（8）概念结构设计

（9）自顶向下、自底向上、逐步扩张、混合策略

（10）实体、属性、联系

3．简答题答案

（1）数据库实施阶段包括建立数据库结构、数据加载、事务和应用程序的编码及测试、系统集成、测试与试运行、系统部署。

（2）

① 概念模型不仅要满足用户对数据的具体处理要求，还要保证能够真实、全面、充分地反映现实世界中事物与事物之间的联系。概念模型是反映现实世界的模型。

② 概念模型是易于用户理解的，确保每一个用户都能够参与数据库的设计。

③ 概念模型要求易于修改扩充。

④ 概念模型要易于转换逻辑结构中的数据模型。概念模型最终要向关系、网状、层次等各种数据模型转换。在设计概念模型时，需要注意能够方便、快捷地进行特定的数据模型转换。

（3）E-R 图中的属性可以分为简单属性、复合属性、单值属性、多值属性、派生属性等。简单属性是指实体与联系的基本属性，是不能再进行分割的最小单位；复合属性由多个简单属性组成，是能够再分割为更小部分的属性；单值属性，即对一个特定实体，一个属性只有单独的一个值；多值属性，即对一个特定实体，一个属性可能对应一组值，用双线椭圆形表示；派生属性，即由其他属性计算得出的属性，用虚线椭圆形表示。

第7章 关系数据库规范化理论

7.1 知识点总结

本章首先给出函数依赖的概念，函数依赖实质上是谓词在关系数据库上的应用，将关系模式依据函数依赖划分为多级范式，以表达关系的规范化程度。在此基础上，又引入Armstrong 公理体系、逻辑蕴涵、函数依赖集闭包、极小覆盖等概念及原理，进而给出各级不同范式的判定与分解算法。在函数依赖的基础上进行进一步分析，给出多值依赖的概念，并据此给出 4NF 的概念、判定与分解算法。

对本章知识点进行梳理如下。

1．知识点

本章的知识点如图 2-7-1 所示，其中无底色部分需要了解，带灰底色部分需要理解并掌握。

2．基础知识

本章的基础知识（或基本技能）如图 2-7-2 所示，其中无底色部分需要了解，带灰底色部分需要理解并掌握。

3．本章难点

求解函数依赖集的极小覆盖。

7.2 习题解析

1．名词解释：函数依赖、完全函数依赖、传递函数依赖、超码、候选码、主属性、1NF、2NF、3NF、BCNF、4NF。

答：

（1）函数依赖——假设 R 是一个关系模式，且 $\alpha \subseteq R$，$\beta \subseteq R$，$r(R)$是 R 的任意一个合法实例。函数依赖 $\alpha \rightarrow \beta$ 在关系模式 R 上成立。当且仅当：对 $r(R)$中任意两个元组 t_1，t_2，若 $t_1(\alpha) = t_2(\alpha)$，则 $t_1(\beta) = t_2(\beta)$。此时称 β 函数依赖于 α 或 α 函数决定 β。

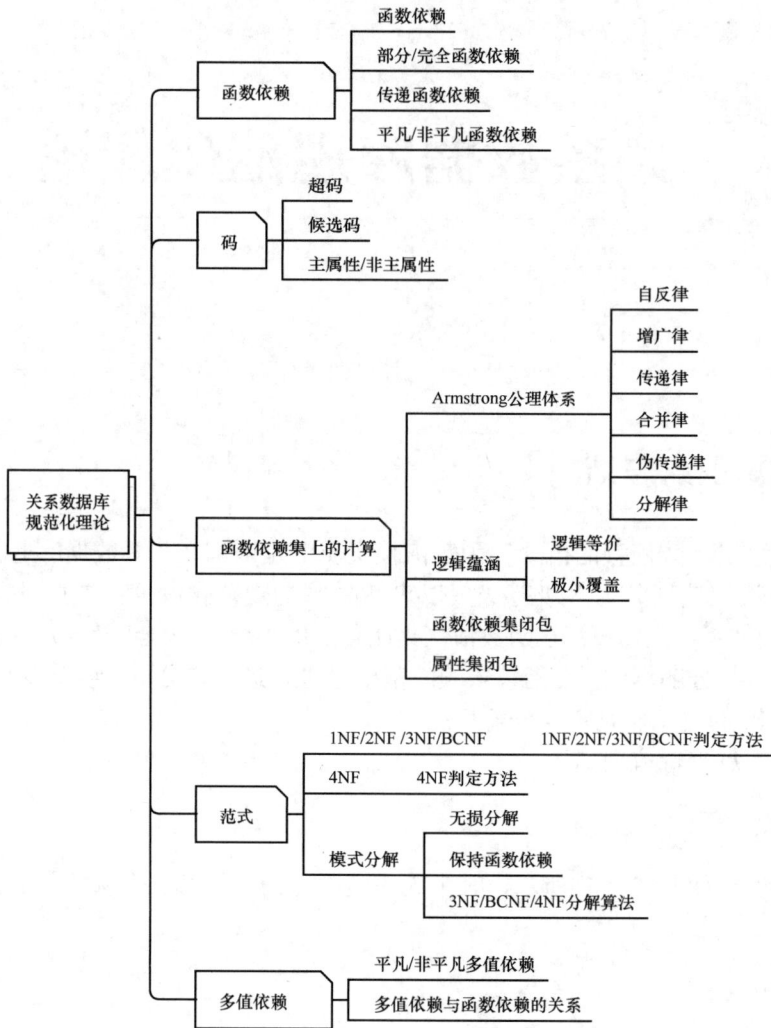

图 2-7-1 本章关系数据库规范化理论的知识点

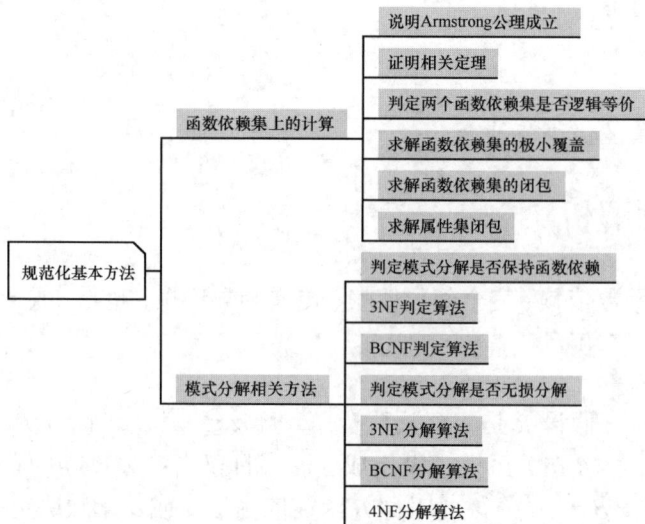

图 2-7-2 关系数据库规范化理论的基础知识

（2）完全函数依赖——假设 R 是一个关系模式，$\alpha \subseteq R$，且 $\alpha \to \beta$，若对 $\forall \alpha' \subset \alpha$，函数依赖关系 $\alpha' \to \beta$ 都不成立，则称 β 完全函数依赖 α，记作 $\alpha \xrightarrow{F} \beta$。

（3）传递函数依赖——假设 R 是一个关系模式，$\alpha, \beta, \gamma \subseteq R$，$\alpha \to \beta$，$\beta \to \gamma$ 都是非平凡的函数依赖，且 $\beta \to \alpha$ 不成立，$\alpha \to \gamma$ 是传递函数依赖，记作 $\alpha \xrightarrow{T} \gamma$，且称 γ 传递函数依赖于 α，或称 α 传递函数决定 γ。

（4）超码——假设 R 是一个关系模式，$\alpha \subseteq R$，若 $\alpha \to R$，则 α 是关系模式 R 的超码。

（5）候选码——若 $\alpha \xrightarrow{F} R$，则 α 是关系模式 R 的候选码。

（6）主属性——包含在 R 中的任意一个修改候选码中的属性，称为主属性。

（7）1NF（第一范式）——如果关系模式 $R(A_1, A_2, \cdots, A_n)$ 中每个属性的域都是原子的，那么 $R \in 1NF$。

（8）2NF（第二范式）——如果关系 R 属于 1NF，且每一个非主属性都完全函数依赖于某一个候选码，则 R 属于 2NF。

（9）3NF（第三范式）——假设关系模式 $R \in 1NF$，若 R 中不存在这样的码 α、属性组 β，以及非主属性 A（$A \notin \beta$），使得 $\alpha \to \beta$、$\beta \to A$，且 $\alpha \xrightarrow{T} A$ 不成立，则 $R \in 3NF$。

（10）BCNF（BC 范式）。

① 在第一范式的基础上，若关系 R 中每一条函数依赖要么是平凡的，要么其决定因素是超码，则关系 R 属于 BCNF。

② 假设关系模式 $R \in 1NF$，若对任意在关系模式 R 上成立的函数依赖 $\alpha \to \beta$，要么 $\beta \subseteq \alpha$，要么 $\alpha \to R$，则 $R \in BCNF$。

（11）4NF（第四范式）。

① 关系模式 R 属于 1NF，对于 R 中的每一个非平凡多值依赖 $X \to\to Y$，X 都含有码，则 R 属于 4NF。

② 设关系模式 R，函数依赖和多值依赖的集合 D 在 R 上成立，若对 D^+ 的每个多值依赖 $\alpha \to\to \beta$（其中 $\alpha, \beta \subseteq R$）都满足以下条件之一：$\alpha \to\to \beta$ 是一个平凡的多值依赖；α 是 R 的超码，则称 R 属于 4NF。

【解析】概念参看主教材第 146～150 页。

2. 函数依赖的概念来自现实世界中实体以及实体之间的联系。实体集 R_1（$ABCD$）与 R_2（EFG）的码分别是 A、E，它们之间若存在 1:1、1:m、m:n 的联系，将其转换为关系模型后，分别可以得到哪些函数依赖关系？

答：

（1）假设实体集 $R_1(\underline{A}BCD)$ 与 $R_2(\underline{E}FG)$ 之间存在 1:1 的联系，依据第 6 章 E-R 模型向关系模型转换的规则，可得到两张关系表 $R_1(\underline{A}BCDE)$ 与 $R_2(\underline{E}FG)$，其中包含的函数依赖有以下几个。

> $A \to ABCD,\ E \to EFG$ //因为 A、E 分别是关系 R_1、R_2 的码
> $A \to E, E \to A$ //因为实体集 R_1、R_2 之间具有 1:1 的联系

（2）假设实体集 $R_1(\underline{A}BCD)$ 与 $R_2(\underline{E}FG)$ 之间存在 1:m 的联系，依据第 6 章 E-R 模型向关系模型转换的规则，可得到两张关系表 $R_1(\underline{A}BCD)$ 与 $R_2(\underline{E}FGA)$，其中包含的函数依赖有以

下几个。

> $A \rightarrow ABCD$, $E \rightarrow EFG$ //因为 A、E 分别是关系 R_1、R_2 的码
>
> $E \rightarrow A$ //因为实体集 R_1、R_2 之间具有 1:m 的联系，多方 R_2 中一个实体对应一方 R_1 中最多一个实体

（3）假设实体集 $R_1(\underline{A}BCD)$ 与 $R_2(\underline{E}FG)$ 之间存在 m:n 的联系，依据第 6 章 E-R 模型向关系模型转换的规则，可得到 3 张关系表 $R_1(\underline{A}BCD)$、$R_2(\underline{E}FG)$ 和 $S(\underline{AE})$，其中包含的函数依赖有以下几个。

> $A \rightarrow ABCD$, $E \rightarrow EFG$ //因为 A、E 分别是关系 R_1、R_2 的码
>
> $AE \rightarrow AE$ //没有引入新的函数依赖关系

【解析】此处也没有必要把所有可能的函数依赖都写出来。例如（1）中的 $A \rightarrow ABCD$，$E \rightarrow A$。由传递律可知，$E \rightarrow B$，$E \rightarrow C$，$E \rightarrow D$ 等都是成立的。

3．证明以下定律的正确性。

F5（分解律）：若 $\alpha \rightarrow \beta\gamma$ 被 F 逻辑蕴涵，则 $\alpha \rightarrow \beta$, $\alpha \rightarrow \gamma$ 被 F 逻辑蕴涵。

证：由 $\alpha \rightarrow \beta\gamma$，知，对任意 R 的合法实例 r 的任意两个元组 u、v，若 $u[\alpha]=v[\alpha]$ 则 $u[\beta\gamma]=v[\beta\gamma]$。

若 $u[\beta\gamma]=v[\beta\gamma]$ 可知 $u[\beta]=v[\beta]$，$u[\gamma]=v[\gamma]$ 成立。

由此可知，对任意任意 R 的合法实例 r 的任意两个元组 u,v，若 $u[\alpha]=v[\alpha]$ 则 $u[\beta]=v[\beta]$，且 $u[\gamma]=v[\gamma]$。由函数依赖的定义可知 $\alpha \rightarrow \beta$、$\alpha \rightarrow \gamma$ 在 R 上成立。即 $\alpha \rightarrow \beta$, $\alpha \rightarrow \gamma$ 被 F 逻辑蕴涵。

F6（伪传递律）：若 $\alpha \rightarrow \beta$, $\beta\gamma \rightarrow \delta$ 被 F 逻辑蕴涵，则 $\alpha\gamma \rightarrow \delta$ 被 F 逻辑蕴涵。

证：设 u, v 为关系模式 $R=\{\alpha, \beta, \gamma\}$ 任意一个合法实例 r 中的任意两个元组，且 $u[\alpha]=v[\alpha]$，$u[\gamma]=v[\gamma]$：

由 $\alpha \rightarrow \beta$、$u[\alpha]=v[\alpha]$，依据函数依赖定义可得 $u[\beta]=v[\beta]$ 成立。

因为假设 $u[\gamma]=v[\gamma]$，可得 $u[\beta\gamma]=v[\beta\gamma]$。再由函数依赖 $\beta\gamma \rightarrow \delta$ 及函数依赖定义可得 $u[\delta]=v[\delta]$。

由此可知，对 R 的任意一个合法实例 r 中的任意两个元组 u, v，若 $u[\alpha]=v[\alpha]$，$u[\gamma]=v[\gamma]$，则 $u[\delta]=v[\delta]$ 成立。

因此，函数依赖 $\alpha\gamma \rightarrow \delta$ 在 R 上成立，即 $\alpha\gamma \rightarrow \delta$ 被 F 逻辑蕴涵。

【解析】此处两个定律都是从函数依赖的定义出发证明的。也可以从公理或定理出发通过其他定义来证明。

4．证明以下命题成立。

（1）若 R 属于 3NF，它一定属于 2NF。

证明：设 R 不属于 2NF，由 2NF 的定义，存在一个非主属性 A 不完全函数依赖于码 α，即存在 α 的子集 $\exists \beta \subseteq \alpha: \beta \rightarrow A$。再由 α 是关系模式 R 的码，可知 $\alpha \rightarrow \beta$，由 $\alpha \rightarrow \beta$，$\beta \rightarrow A$，可知 $\alpha \xrightarrow{T} A$ 成立，即存在非主属性 A 对码 α 的传递依赖，这与 3NF 的定义矛盾，它不属于 3NF。因此，假设不成立，原命题正确。

（2）若 R 属于 BCNF，它一定属于 3NF。

证明：假设 R 不属于 3NF，但属于 BCNF。则 R 上存在非主属性对候选码的传递依赖，即存在候选码 α、属性组 β、非主属性 A 满足：$A \notin \beta$，且 $\alpha \rightarrow \beta$, $\beta \rightarrow A$ 成立。即 $\alpha \xrightarrow{T} A$。

若 $R \in BCNF$，对函数依赖 $\beta \to A$，由 BCNF 的定义知，要么 $A \in \beta$，要么 $\beta \to R$。再由 $A \notin \beta$ 可知 $\beta \to R$ 成立，即 β 是关系模式 R 的码。由此可得，非主属性 A 对 β 的函数依赖是直接依赖，不是传递依赖。这与 3NF 的定义矛盾。因此，假设不成立，原命题正确。

（3）若 R 属于 4NF，它一定属于 BCNF。

证明：若 R 不属于 BCNF，则 R 上至少有一个函数依赖 $\alpha \to \beta$ 使得 $\beta \subseteq \alpha$，$\alpha \to R$ 都不成立。

若 $\beta \not\subseteq \alpha$，则 $\alpha \to \beta$ 不是平凡函数依赖。

① 若 $\alpha \to \beta$，则 $\alpha \to\to \beta$。

② 由平凡函数依赖的定义可知，$\alpha \to\to \beta$ 不是平凡的多值依赖。

③ 若 $\alpha \to R$ 不成立，则 α 不是 R 的超码。

由以上 3 点可知，存在一个多值依赖 $\alpha \to\to \beta$，它不是一个平凡的多值依赖且 α 也不是 R 的超码，由此，它不属于 4NF。

因此，假设不成立，原命题正确。

【解析】参看主教材上 2NF、3NF、BCNF 和 4NF 的定义。

5. 什么是无损分解？为什么模式分解一定要取无损分解？

答：设 $\rho = <R_1, R_2, \cdots, R_m>$ 是关系模式 R 的一个分解，r 是 R 的任意一个合法实例，且 $r_i = \Pi_{R_i}(r)$，$i \in [1, \cdots, m]$，若 $r = r_1 \bowtie r_2 \bowtie \cdots \bowtie r_m$，则称 ρ 是 R 的一个无损分解。

对数据库设计来讲，假设原数据存储在一张关系表中，若采用一个非无损分解的关系模式来存储数据，则原表数据无法恢复。显然，这种分解不可用，即无损分解是一个模式分解，可用于存储数据的必要条件。

【解析】参看主教材定义 7-16 及相关内容。

6. 对关系 R，什么是保持函数依赖的分解？为什么保持函数依赖不是模式分解的必要条件？

答：设 $\rho = <R_1, R_2, \cdots, R_m>$ 是关系模式 R 的一个分解，F_i 是 F 在 R_i 上的投影（$i \in [1, \cdots, m]$），若 $F^+ = (\bigcup_{i=1}^{m} F_i)^+$，则称 ρ 是一个保持函数依赖的分解，或者说 ρ 保持函数依赖。

若一个模式分解能够保持函数依赖，在原表上对函数依赖的检查可以相应地转换为对每个子模式 R_i 上 F_i 中函数依赖的检查，这样可以很好地保持数据之间的约束关系，也就是数据一致性。若模式分解不能保持函数依赖，例如某个函数依赖没有被投影到一个具体的子关系上，则数据库系统无法在单个关系上检查这个函数依赖所表达的数据关系。但这个函数依赖还可以在多个关系上进行检查（由于多个关系上进行数据一致性检查对数据库来讲代价较大，一般不做，但不是不能做），因此，仍可利用这一模式分解来存储与管理数据。

一个模式分解不保持函数依赖，它仍可能是无损分解，即可通过对 $R_1, R_2, \cdots, R_m$ 进行自然连接恢复关系 R 的数据，利用分解后的数据可恢复原来的数据，表明这是一个正确的分解。因此保持函数依赖不是必要条件。

【解析】参看主教材定义 7-18 及相关内容。

7. 设有关系模式 $R(ABCDE)$，$F = \{AB \to C, C \to D, BE \to A, E \to DB\}$ 是 R 上的函数依赖集，在此关系模式下回答下列问题。

（1）分解 $(ABC, ABDE)$ 是不是一个无损分解？为什么？

答：这个分解是一个无损分解。因为 AB 是子关系 ABC、$ABDE$ 的交集，$AB \to C$ 成立，由定律 7-3 可知，它是一个无损分解。

【解析】参看主教材定律 7-3。

（2）求 R 的所有候选码，并列出 R 的所有主属性。

答：关系 R 的候选码只有 1 个，其所有主属性也只有 1 个：E。

【解析】求解一个关系的所有候选码，最基础的方法是从单个属性开始逐一求解 R 的所有子集的闭包，从中选择其闭包等于 R 且没有真子集的属性闭包等于 R 的属性组，即为候选码。但这个方法的效率不高。

观察属性集的闭包可以发现，属性 D 只在函数依赖集 F 中函数依赖的右侧，所以它不会出现在任意候选码中。另外，属性 E 仅出现在某个函数依赖的左侧，所以它一定出现在候选码中。据此只需求解以下属性集的闭包。

$A^+=A$，$B^+=B$，$C^+=C$，$E^+=EDBAC=R$。由此可以得出，E 是 R 的候选码，且其他任何 R 的候选码中不包含 E。因此，E 一定出现在候选码中，关系 R 只有 E 这一个候选码。

（3）求 BE^+，列出它所代表的属于 F^+ 的所有函数依赖。

答：$BE^+=BEACD$。它所代表的函数依赖的集合是 F^+ 中所有以 BE 为左部的函数依赖的集合，即 $\{BE{\to}B,\ BE{\to}E,\ BE{\to}A,\ BE{\to}C,\ BE{\to}D,\ BE{\to}AB,\ BE{\to}AC,\ BE{\to}AD,\ BE{\to}AE,\ BE{\to}BC,\ BE{\to}BD,\ BE{\to}BE,\ BE{\to}CD,\ BE{\to}CE,\ BE{\to}DE,\ BE{\to}ABC,\ BE{\to}ABD,\ BE{\to}ABE,\ BE{\to}BCD,\ BE{\to}BCE,\ BE{\to}CDE,\ BE{\to}ABCD,\ BE{\to}ABDE,\ BE{\to}ABCE,\ BE{\to}BCDE,\ BE{\to}ABCDE,\ BE{\to}ACD,\ BE{\to}ACE,\ BE{\to}ADE,\ BE{\to}BDE,\ BE{\to}ACDE\}$。

【解析】参看属性集闭包的定义及相关内容。

（4）求 F 的一个极小覆盖。

答：$F=\{AB{\to}C,C{\to}D,BE{\to}A,E{\to}DB\}$。

① 将每个函数依赖的右部分解得 F 等价于函数依赖集 $F'=\{AB{\to}C,C{\to}D,BE{\to}A,E{\to}D,E{\to}B\}$。

② 对 $BE{\to}A$ 计算 $E_F^+=EDBA$，A 属于 E_F^+，所以 B 是多余属性，去掉 B 且合并左部相同的函数依赖后得到与 F 等价的函数依赖集：$F''=\{AB{\to}C,\ C{\to}D,\ E{\to}ABD\}$。

继续检查，发现没有其他多余属性，所以 F'' 是 F 的一个最小覆盖。

【解析】参看算法 7-2。

8. 已知关系模式 $R\{A,B,C,D,E,G\}$，函数依赖集 $F=\{AB{\to}C,C{\to}A,BC{\to}D,ACD{\to}B,D{\to}EG,BE{\to}C,CG{\to}BD,CE{\to}AG\}$ 在 R 上成立，请在此关系模式中完成以下题目。

（1）判断函数依赖 $ABE{\to}G$ 是否成立。

答：$ABE^+{\to}ABECDG$，所以 $ABE{\to}G$ 成立。

（2）求 R 的所有候选码，并列出 R 的所有主属性。

答：R 的所有候选码为 AB、BC、BE、CD、BD、CE、CG，R 的所有主属性为 A、B、C、D、E、G。

（3）说明 R 是否属于 3NF，若不属于 3NF，则利用算法求解一个既保持函数依赖，又满足 3NF 的无损分解。

答：R 属于 3NF。因为其所有属性都是主属性，它满足 3NF 的定义。

（4）说明 R 是否属于 BCNF，若不属于 BCNF，则利用算法求解一个无损分解的满足 BCNF 的分解。

答：它不属于 BCNF，因为对 F 中的函数依赖 $C{\to}A$，$A\nsubseteq C$，且 $A{\to}R$ 不成立，违反

了 BCNF 的定义。

BCNF 分解如下。

① 利用 $C{\rightarrow}A$ 将 R 分解成两个关系模式 $\{R_1=AC, R_2=BCDEG\}$，计算得 F 在 R_1、R_2 上的投影分别是 $F_1=\{C{\rightarrow}A\}$，$F_2=\{BC{\rightarrow}D, CD{\rightarrow}B, D{\rightarrow}EG, BE{\rightarrow}C, CG{\rightarrow}BD, CE{\rightarrow}G\}$。

此时，(R_1,F_1) 的候选码是 C，因此它属于 BCNF。对 (R_2,F_2)，其候选码包括 BC、BE、CD、CE、CG，可知 $D{\rightarrow}EG$ 违反 BCNF 的定义，它不属于 BCNF。

② 使用 $D{\rightarrow}EG$ 对 R_2 继续分解，得 $\{R_1=AC, R_{21}=DEG, R_{22}=BCD\}$。

计算 F_2 在 R_{21}、R_{22} 的投影分别是 $F_{21}=\{D{\rightarrow}EG\}$，$F_{22}=\{BC{\rightarrow}D, CD{\rightarrow}B, BD{\rightarrow}C\}$。

可知 R_{21} 的候选码是 D，它属于 BCNF；R_{22} 的候选码是 BC、CD 和 BD，它也属于 BCNF。

分解结果：$\rho=\{AC, DEG, BCD\}$，它是满足题目要求的分解。

7.3 拓展习题

1．选择题

（1）依据规范化理论，关系数据库中的关系必须满足其每一属性都是_____。

A．互不相关的　　　　B．互相关联的　　　　C．不可分割的　　　　D．长度可变的

（2）对关系模式 R，假设 X、Y 是其子集，如果 $X{\rightarrow}Y$，且存在 X 的真子集 X_1，使 $X_1{\rightarrow}Y$，则称函数依赖 $X{\rightarrow}Y$ 为_____。

A．平凡函数依赖　　　　　　　　　　B．部分函数依赖

C．完全函数依赖　　　　　　　　　　D．传递函数依赖

（3）若关系模式 R 的每个属性所取值的域都是不可分割的，那么 R 属于_____。

A．1NF　　　　　　B．2NF　　　　　　C．3NF　　　　　　D．BCNF

（4）关系模式部门(部门号,部门名称,部门成员,部门总经理)不属于 1NF，最可能是因为它包含了属性_____。

A．部门号　　　　　B．部门名称　　　　C．部门成员　　　　D．部门总经理

（5）若关系模式 R 属于 3NF，那么其所有非主属性_____。

A．函数依赖于每一个候选码　　　　　　B．多值依赖于每个候选码

C．传递依赖于某一个候选码　　　　　　D．完全函数依赖于某一个候选码

（6）已知关系模式 $R(ABC)$，$F=\{AB{\rightarrow}C, BC{\rightarrow}A\}$ 是 R 上的函数依赖集，则 R 最高属于_____。

A．1NF　　　　　　B．2NF　　　　　　C．3NF　　　　　　D．BCNF

（7）在关系模式 $R(XYZ)$ 中，如果 $X{\rightarrow}Y$ 和 $X{\rightarrow}Z$ 成立，那么 $X{\rightarrow}YZ$ 也成立。这条推理规则称为_____。

A．自反律　　　　　B．合并律　　　　　C．增广律　　　　　D．分解律

（8）在关系模式 $R(U,F)$ 中，如果 $X{\rightarrow}Y$，$\exists X_1 \subseteq X : X_1 \rightarrow Y$，称 Y_____X。

A．平凡函数依赖　　　　　　　　　　B．部分函数依赖

C．完全函数依赖　　　　　　　　　　D．传递函数依赖

（9）如果一个关系模式的所有属性都是主属性，它所属于的最低范式是_____。

A．1NF　　　　　　B．2NF　　　　　　C．3NF　　　　　　D．BCNF

（10）设在关系模式 $R(U,F)$ 中，$\alpha \subseteq R$ 且 $ABC \in \alpha^+$，以下函数可能依赖不成立的是_____。

A. $\alpha \rightarrow A$ B. $\alpha \rightarrow AB$ C. $\alpha \rightarrow AC$ D. $\alpha \rightarrow R$

（11）关系模式 $R(U,F)$ 属于 3NF，$\alpha \rightarrow \beta \in F^+(\alpha, \beta \subseteq R)$，以下描述中_____是错误的。

A. $\alpha \rightarrow \beta$ 可能是平凡的函数依赖   B. α 可能是超码

C. β 中的属性可能都是主属性   D. 以上 3 条都不成立

（12）关系模式 $R(U,F)$ 属于 BCNF，其候选码包括 AC、BC、AE，以下描述中正确的是_____。

A. $A \rightarrow BC \in F^+$ 不可能成立   B. $A \rightarrow BC \in F^+$ 可能成立

C. R 的所有属性都是主属性   D. $ABC \rightarrow E$ 可能不被 F 逻辑蕴涵

（13）关系模式 $R(U,F)$ 属于 3NF，以下描述中正确的是_____。

A. F 可能没有极小覆盖

B. F 的极小覆盖可能不唯一

C. R 中可能存在非主属性对码的部分依赖

D. R 中可能存在非主属性对码的传递依赖

（14）关系模式 $R(U,F)$ 属于 2NF，$\alpha \rightarrow \beta \in F^+(\alpha, \beta \subseteq R)$，以下描述中不正确的是_____。

A. $\alpha \rightarrow\rightarrow \beta$ 在 R 上成立

B. $\alpha \rightarrow\rightarrow (R-\alpha-\beta)$ 在 R 上成立

C. $\alpha \rightarrow\rightarrow \beta$ 不可能是平凡的多值依赖

D. $\alpha \rightarrow\rightarrow (R-\alpha-\beta)$ 可能是平凡的多值依赖

（15）以下关于反规范化设计的方法，描述不正确的是_____。

A. 反规范化设计不会增加数据维护的困难性

B. 反规范化设计在一定程度或在某些场景下可提高查询效率

C. 使用逻辑主键替代多关键字主键或复杂类型主键是反规范化设计的重要手段

D. 分割表可能提高数据查询效率，但分割不合理时可能降低查询效率

2．填空题

（1）假设函数依赖集 F 在关系模式 R 上成立，F^+ 是_____。

（2）如果关系模式 $R(A_1, A_2, \cdots, A_n)$ 中每个属性的域都是_____，那么 R 属于 1NF。

（3）Armstrong 公理系统是有效的、完备的。有效的是指由 F 出发，使用 Armstrong 公理系统推导出来的每一个函数依赖都包含在_____中。完备的是指 F^+ 中每一个函数依赖都可由 F 出发，通过_____得到。

（4）若 $\alpha \rightarrow \beta$ 且_____被 F 逻辑蕴涵，则 $\alpha \rightarrow \beta\gamma$ 被 F 逻辑蕴涵。

（5）设函数依赖集 F 在关系模式 R 上成立，$\alpha \subseteq R$，则称在函数依赖集 F 下由 α _____的集合为 α 的属性集闭包。

（6）对关系模式 $R(U,F)$、属性集 $\alpha, \beta \subseteq R$，若 β 属于 α 的_____，则 $\alpha \rightarrow \beta$ 在 F 上成立。

（7）对关系模式 $R(U,F)$、属性集 $\alpha \subseteq R$，若 α 的属性集闭包等于_____，则 α 是 R 的一个超码。对关系模式 $R(U,F)$，即使 F 为空，R 至少也有一个超码是_____。

（8）给定关系模式 $R(U,F)$，若对 F^+ 中的所有函数依赖形如 $\alpha \rightarrow \beta(\alpha, \beta \subseteq R)$，至少下

列条件之一成立：①$\alpha \to \beta$是平凡函数依赖；②α是 R 的一个超码；③β中的每个属性都_____，则 R 属于 3NF。

（9）设$\rho = <R_1, R_2, \cdots, R_m>$是关系模式 R 的一个分解，r 是 R 的任意一个合法实例，且$r_i = \Pi_{R_i}(r), i \in [1, \cdots, m]$，若_____，则称 ρ 是 R 的一个无损分解。无损分解是模式分解的_____条件。

（10）设$\rho = <R_1, R_2, \cdots, R_m>$是关系模式 R 的一个分解，F_i 是 F 在 R_i 上的投影（$i \in [1, \cdots, m]$），若_____，则称 ρ 是一个保持函数依赖的分解。

3．问答题

（1）假设关系模式 $R(U,F)$，$U=ABCDEF$，$F=\{A \to BC, B \to E, CD \to EF\}$，试证 $AD \to F$。

（2）对关系模式 $R(ABC)$，R 上的函数依赖集 $F=\{A \to BC, B \to AC, C \to A\}$，求 F_m。

（3）对关系模式 $R(ABCD)$，$F=\{B \to D, AB \to C\}$，求 R 的候选键。

7.4 拓展习题答案

1．选择题答案

题号	1	2	3	4	5	6	7	8	9	10	11	12	13	14	15
答案	C	B	A	C	D	D	B	B	C	D	D	A	B	C	A

2．填空题答案

（1）所逻辑蕴涵的所有函数依赖的集合

（2）原子的

（3）F^+、反复使用 Armstrong 公理系统推导

（4）$\alpha \to \gamma$

（5）函数决定的属性

（6）属性集闭包

（7）U、U

（8）是主属性（或都属于某个候选码）

（9）$r = r_1 \bowtie r_2 \bowtie \cdots \bowtie r_m$、必要

（10）$F^+ = (\bigcup_{i=1}^{m} F_i)^+$

3．问答题答案

（1）证明：对函数依赖 $A \to BC$，由增广律得 $AD \to BCD$。

再由自反律得 $BCD \to CD$。已知 $CD \to EF$，故由传递律得 $BCD \to EF$。

对 $AD \to BCD$、$BCD \to EF$ 使用传递律得 $AD \to EF$。

再由分解律得 $AD \to F$，得证。

（2）

① 对 F 中每个右部包含多个属性的函数依赖进行拆分，得到与 F 等价的函数集：

$G=\{A{\rightarrow}B,A{\rightarrow}C,B{\rightarrow}A,B{\rightarrow}C,C{\rightarrow}A\}$

② 对 $A{\rightarrow}B$，取 $H=G-\{A{\rightarrow}B\}=\{A{\rightarrow}C,B{\rightarrow}A,B{\rightarrow}C,C{\rightarrow}A\}$，$A_H^+=AC$，所以 $A{\rightarrow}B$ 是不冗余的函数依赖。

③ 对 $A{\rightarrow}C$，取 $J=G-\{A{\rightarrow}C\}=\{A{\rightarrow}B,B{\rightarrow}A,B{\rightarrow}C,C{\rightarrow}A\}$，计算 $A_J^+=ABC$，其中包含 C，所以 $A{\rightarrow}C$ 冗余的函数依赖可以去除，得 F 等价于 $J=\{A{\rightarrow}B,B{\rightarrow}A,B{\rightarrow}C,C{\rightarrow}A\}$。

④ 对 $B{\rightarrow}A$，取 $K=J-\{B{\rightarrow}A\}=\{A{\rightarrow}B,B{\rightarrow}C,C{\rightarrow}A\}$，计算 $B_K^+=BCA$，其中包含 A，所以 $B{\rightarrow}A$ 冗余的函数依赖可以去除，得 F 等价于 $K=\{A{\rightarrow}B,B{\rightarrow}C,C{\rightarrow}A\}$。

⑤ 对 $B{\rightarrow}C$、$C{\rightarrow}A$ 进行同样判断，可知这两个函数依赖不冗余，即 F 等价于 $\{A{\rightarrow}B,B{\rightarrow}C,C{\rightarrow}A\}$。

继续判断，可知 $\{A{\rightarrow}B,C{\rightarrow}A\}$ 中没有多余函数依赖，即 $F_m=\{A{\rightarrow}B,B{\rightarrow}C,C{\rightarrow}A\}$ 是其一个最小覆盖。

（3）使用属性集闭包进行求解，得 R 的候选码只有一个，即 AB。

第8章 数据库编程

8.1 知识点总结

为了提高数据库的数据处理能力，DBMS 对标准 SQL 增加了程序设计语言要素，使用户可以在数据库端以程序的方式处理数据，实现比集合操作更复杂的数据处理功能。另外，DBMS 也为主流高级语言提供了数据库访问接口，允许用户在高级语言中对数据库中的数据进行各种处理。本章主要介绍 DBMS 端的编程语言要素、存储过程、存储函数和触发器等内容，并要求学生掌握，但对在高级语言中使用 API 访问数据库仅做简单介绍，不要求学生掌握。此部分内容在后续 Web 编程等软件设计类课程中会详细详述。

对本章知识点进行梳理如下。

1．知识点

本章的知识点如图 2-8-1 所示，其中无底色部分需要了解，带灰底色部分需要理解并掌握。

2．基础知识

（1）MySQL 编程语言的语法（掌握）。
（2）编写存储过程及存储函数、触发器的方法（掌握）。
（3）在程序中使用数据库的方法，包括嵌入式 SQL、ODBC/JDBC、持久层框架等（了解）。

3．本章难点

CURSOR 用法。

8.2 习题解析

1．在 teaching 数据库中，编写存储过程或存储函数实现以下功能。
（1）统计"数据库系统"课程的学生成绩分布，输出各分数段的人数。
答：

```
CREATE DEFINER='root'@'localhost' PROCEDURE statistic( OUT AA INTEGER, OUT BB
INTEGER, OUT CC INTEGER, OUT DD INTEGER, OUT EE INTEGER)
BEGIN
```

```
SELECT SUM(CASE WHEN grade BETWEEN 90 AND 100 THEN 1 ELSE 0 END),
SUM(CASE WHEN grade BETWEEN 80 AND 89 THEN 1 ELSE 0 END) ,
SUM(CASE WHEN grade BETWEEN 70 AND 79 THEN 1 ELSE 0 END),
SUM(CASE WHEN grade BETWEEN 60 AND 69 THEN 1 ELSE 0 END),
SUM(CASE WHEN grade <60 THEN 1 ELSE 0 END) INTO AA,BB,CC,DD,EE
FROM (course NATURAL JOIN takes) WHERE title='数据库系统';
END
```

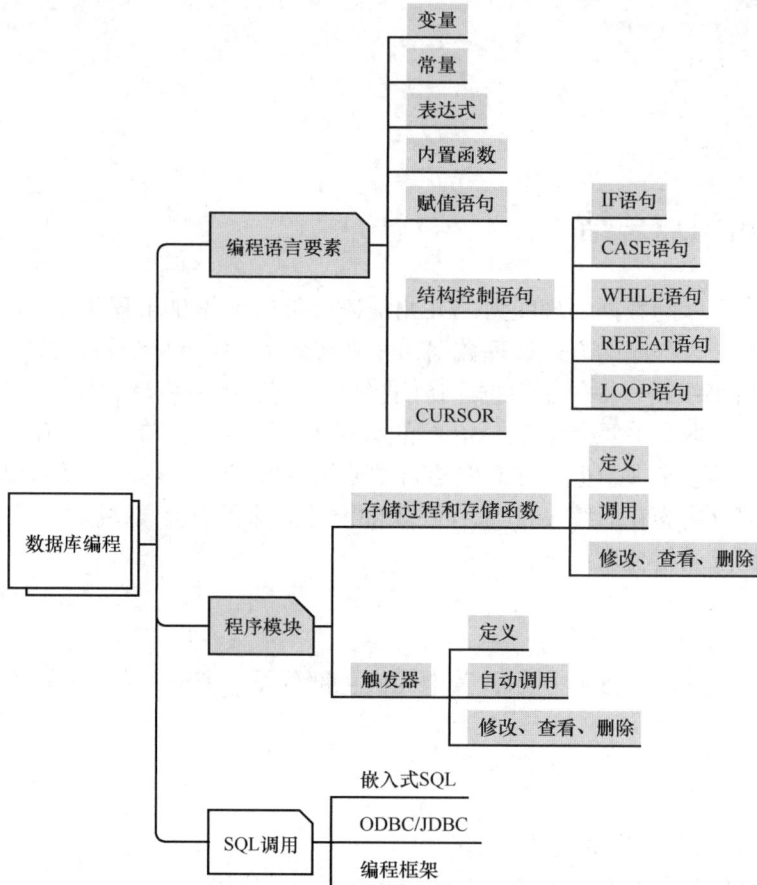

图 2-8-1　本章数据库编程的知识点

【解析】编程答案不唯一，此答案仅供参考。

（2）对指定学号的学生，返回选课列表，包括选修课程、成绩、获得学分，并返回一行统计信息，包括选修课程门数、平均成绩、获得学分总和。

答：

```
CREATE DEFINER='root'@'localhost' PROCEDURE get( IN SId CHAR(20), OUT course_
num INTEGER, OUT avg_grade INTEGER, OUT total_crs INTEGER)
BEGIN
SELECT id, course_id, title,grade,(CASE WHEN grade >60 THEN credits ELSE 0 END) cred
FROM (takes NATURAL JOIN course)
WHERE id=SId;
SELECT COUNT(*),AVG(grade),SUM(cred)into course_num, arg_grade, total_crs
FROM (SELECT id, course_id, title,grade,(CASE WHEN grade >60 THEN credits ELSE 0
END) cred
```

```
            FROM takes NATURAL JOIN course
        WHERE id=SId) t1;
    END
```

【解析】过程或函数中若出现 SELECT 语句，MySQL 可以直接返回结果，不需要显式地写 return 语句。

（3）对指定工号的教师，统计在指定年份完成的授课门数、授课学时信息并返回。

答：

```
CREATE DEFINER='root'@'localhost' PROCEDURE 'anualStaticForInstructor'( IN TId
INTEGER, IN inYear VARCHAR(10), OUT teachingCourseNum INTEGER, OUT teachingHours
INTEGER)
    BEGIN
        SELECT COUNT(*) , SUM(hours) INTO teachingCourseNum,teachingHours
        FROM teaches NATURAL JOIN course
        WHERE id = TId AND year=inYear;
    END
```

2. 在 teaching 数据库中添加一张表，用于统计学生选课门数、获得学分，自行设计表名与字段。在 takes 表上编写触发器，当学生成绩发生变化时，同步更新此表。注意学生成绩变化有多种情况，例如选修一门课程、获得成绩、修改成绩等都可能引起选修课程门数和获得的学分发生变化。

答：

```
Create table statistic (
    id INTEGER PRIMARY KEY,
    courseNum INTEGER(100),
    totaRredits DECIMAL(5,2)
);
CREATE TRIGGER update_statistic AFTER UPDATE ON takes
FOR EACH ROW
BEGIN
set @ncourseNum=0, @ntotaRredits=0.5,@idCount=0;
SELECT COUNT(*),SUM(CASE WHEN grade>=60 THEN credits ELSE 0 END) INTO @ncourseNum,
@ntotaRredits FROM (takes NATURAL JOIN course) WHERE id=OLD.id;
    SELECT COUNT(*) INTO @idCount FROM statistic WHERE id=OLD.id;
    IF (@idCounT = 0)
    THEN
    UPDATE statistic SET courseNum= @ncourseNum, totalCredits = @ntotaRredits WHERE
id=OLD.id;
    ELSE
    INSERT INTO statistic VALUES(OLD.id,@ncourseNum,@ntotaRredits);
    END IF;
    END
```

【解析】其实，在实际应用中选修学分的修改比本题所给出的答案复杂得多。若所给出的学生成绩小于 60 分，则不需要计算选修学分；若成绩从及格以上成绩修改为另一个及格以上成绩，此时也不需要修改。另外，为提高效率，不重新计算学生所有选修的学分，仅在必要时把新选修课程的学分加进来。学生可自行编写相应的触发器。

3. 选择 Java、C#或其他高级语言访问 teaching 数据库以实现以下功能。

（1）读取学生选课信息，并将之在控制台显示出来。

答：

```
    Class.forName("com.mysql.cj.jdbc.Driver");
    String url = "jdbc:mysql://localhost:3306/teaching?useUnicode=true&CHARacterEnco
ding=utf8&useSSL=true";
    Connection connection = DriverManager.getConnection(url);
    Statement statement = connection.createStatement();
    String sql = "SELECT id,name,course.course_id,title, credits,grade FROM (student
NATURAL JOIN takes) JOIN course ON course.course_id=takes.course_id;";
    ResultSet resultSet = statement.executeQuery(sql);
    WHILE(resultSet.next()){
        System.out.print("id="+resultSet.getString("id"));
        System.out.print("  name="+resultSet.getString("name"));
        System.out.print("  course_id="+resultSet.getString("course_id"));
        System.out.print("  grade="+resultSet.getFloat("grade"));
        System.out.println("\n");
    }
    resultSet.close();
    statement.close();
    connection.close();
```

【解析】此处只给出了核心代码，实际可运行的代码还需要通过 JDBC 或其他中间件连接数据库。

（2）调用本章习题 1 下（2）中存储过程或存储函数，输入学号，显示学生选课细节及统计信息。

```
    String sql = "{call get(?, ?, ?, ?)}";
    try {
        Class.forName("com.mysql.cj.jdbc.Driver");
        String url = "jdbc:mysql://localhost:3306/teaching?useUnicode=
true&characterEncoding=utf8&useSSL=true";
        Connection connection = DriverManager.getConnection(url);
        CallableStatement cst = conn.prepareCall(sql);
        cst.setInt(1, 1000);
        cst.registerOutParameter(2, Types.VARCHAR);
        cst.registerOutParameter(3, Types.INTEGER);
        cst.registerOutParameter(4, Types.INTEGER);
        cst.registerOutParameter(5, Types.INTEGER);
        cst.execute();
        System.out.println(cst.getString(2),cst.getInt(3),cst.getInt(4),cst.getInt(5));
    } catch (ClassNotFoundException e1) {
        e1.printStackTrace();
    } catch (IOException e2) {
        e2.printStackTrace();
    } catch (SQLException e3) {
        e3.printStackTrace();
    }
```

【解析】此处只给出了核心代码，实际可运行的代码还需要通过 JDBC 或其他中间件连接数据库。学生可自行参看相关资料。

（3）在 section 表中插入一门课程的开课信息，并在 takes 表中插入一门课程的选课数据（数据自己设计）。

答：假设选择"数据库系统"课程，其在 2023 年秋季学期开设，只有一个 section，上课教室在"教三"，教室号为 3203，time_slot_id 选择 7，信息学院所有学生均可选修此课程，那么需要在 section 表执行如下插入操作。

```
INSERT INTO section
SELECT course_id,1,'Fall',2023,'教三','3203',7 FROM course WHERE title='数据库系统';
```

在 takes 表中执行如下操作。

```
INSERT INTO takes(id,course_id,sec_id,semester,year) SELECT id,course_id,1,'Fall',
2023 FROM student, course WHERE student.college_name='信息学院' AND title='数据库系统';
```

核心代码如下。

```
Class.forName("com.mysql.cj.jdbc.Driver");
String url = "jdbc:mysql://localhost:3306/teaching?useUnicode=true&characterEncoding=
utf8&useSSL=true";
Connection connection = DriverManager.getConnection(url);
Statement statement = connection.createStatement();
String sql = "INSERT INTO section SELECT course_id,1,'Fall',2023,'教三','3203',7
FROM course WHERE title='数据库系统';";
String sql1 = "insert into takes(id,course_id,sec_id,semester,year) SELECT id,
course_id,1,'Fall',2023 FROM student, course WHERE student.college_name='信息学院' AND
title='数据库系统';";
statement.executeUpdate(sql);
statement.executeUpdate(sql1);
statement.close();
connection.close();
```

4. 表 *s*(a,b,c)、r(d,e,f,a)的主键分别是 a、d，表 r 的外键 a 引用表 s 的主键 a。请用触发器实现外键的 ON DELETE CASCADE 选项。

答：

```
CREATE TRIGGER sDeleteCascade AFTER DELETE ON s
FOR EACH ROW
BEGIN
    SET @aRefNum=0, @ntotaRredits=0.5,@idCount=0;
    SELECT COUNT(*) INTO @aRefNum FROM r WHERE a=OLD.a;
    IF (@aRefNum!=0) THEN
        DELETE FROM r WHERE a=OLD.a;
    END IF;
END
```

8.3 拓展习题

1．选择题

（1）与标准的 SQL 相比，数据库端编程语言增加了_____等要素，使用户可以把数据库操作组织在代码中，实现复杂的数据处理功能。

A．面向对象中封装的继承 　　　B．过程式程序设计语言

B．过程和函数 　　　D．触发器

（2）以下不属于使用存储过程（或存储函数）优势的是_____。

A．要在数据库端编程，增加了程序员的工作量

B．降低应用程序访问数据库的次数，降低网络流量

C. 在数据库服务器端处理数据，提高了数据处理性能

D. 封装对数据库的操作，提高了数据安全性

（3）以下不是 MySQL 中的循环语句的是_____。

A. WHILE 语句　　　B. REPEAT 语句　　　C. LOOP 语句　　　　D. FOR 语句

（4）查看存储过程的定义的语句是_____。

A. SHOW PROCEDURE 存储过程名;

B. SHOW CREATE PROCEDURE 存储过程名;

C. SHOW PROCEDURE STATUS 存储过程名;

D. DESC 存储过程名;

（5）SQL 中可用于修改某个数据库要素的命令是_____。

A. ALTER　　　　　　　　　　　　B. DROP

C. CREATE　　　　　　　　　　　D. ALTER PROCEDURE

（6）以下有关存储过程的叙述中，错误的是_____。

A. 在存储过程创建时可通过参数引用一个不存在的对象

B. 存储过程可以带多个输入参数，也可以带多个输出参数

C. 使用存储过程可以减少网络流量

D. 在一个存储过程中不可以调用其他存储过程

（7）以下关于触发器的说法中，错误的是_____。

A. 触发器是一种可以自动触发的特殊存储过程

B. 触发器是依附在某数据表上的一段数据库代码

C. 触发器在其所依附的表中数据发生修改时被激活并自动执行

D. 触发器可以自动触发，也可以使用 CALL 或 EXECUTE 命令调用

（8）可触发触发器自动执行的基本数据操作不包括_____。

A. INSERT　　　　B. DELETE　　　　C. ALTER TABLE　　　D. UPDATE

（9）试图向表中插入数据时，将执行_____。

A. INSERT BEFORE 触发器　　　　　　　B. UPDATE 触发器

C. DELETE 触发器　　　　　　　　　　D. INSERT AFTER 触发器

（10）下列关于触发器的描述中，错误的是_____。

A. 触发器是一种实现复杂完整性约束的特殊存储过程

B. 触发器必须创建在一个特定的表上

C. 触发器通过 EXECUTE 语句调用

D. 触发器中可以使用两张专用的临时表 OLD 和 NEW

2．填空题

（1）MySQL 中变量分为_____和_____。其中_____可以使用 DECLARE 语句定义。

（2）MySQL 中用户变量可以使用_____语句和_____语句赋值。

（3）MySQL 存储过程或存储函数可以使用多种类型的参数，其中_____和_____类型的参数可返回操作结果。

（4）MySQL 中用户变量的名称一般以@开头，由_____的数字、字符、汉字及"."

"_"和"$"等组成，长度不大于255字节。

（5）SQL分为嵌入式和交互式两种使用方式，其中_____是在高级语言中直接写SQL语句的使用方式。

（6）ODBC/JDBC提供一组_____的标准应用程序编程接口（application program interface，API）。程序员可以以API形式访问数据库，建立连接、传送SQL语句到数据库服务器、接收数据库系统返回的信息及结果集等。

（7）CURSOR可用来定位结果集中_____，让用户可以像操作高级语言中的数组一样去操作它。

（8）在数据库的安全性控制中，为了保证用户只能存取它有权存取的数据，在授权的定义中，数据对象的_____，授权子系统就越灵活。

3．问答题

（1）存储过程与存储函数有什么相同之处，又有什么区别？

（2）创建一个存储过程，对给定工号，返回教师姓名，若查找不到指定工号的教师，返回前10名教师的姓名组合，每名教师姓名用逗号隔开。

（3）创建触发器记录对instructor表的修改，把删除的数据写进log表，表中保存删除的instructor记录及修改时间、修改操作的用户。注意：log表需要自行创建，修改时间取当前时间、修改用户取当前用户名。

（4）利用ODBC/JDBC框架连接数据库并进行数据增、删、查、改操作。

8.4 拓展习题答案

1．选择题答案

题号	1	2	3	4	5	6	7	8	9	10
答案	B	A	D	B	A	D	D	C	A	C

2．填空题答案

（1）用户变量、系统变量、用户变量

（2）SET、SELECT

（3）OUT、INOUT

（4）当前字符集

（5）嵌入式SQL（或嵌入式）

（6）数据库访问

（7）每条记录

（8）范围越小

3．问答题答案

（1）存储过程和存储函数都是一段保存在数据库服务器端的代码，一般实现对数据库中数据较复杂的统计、分析、迁移等功能。

二者的区别在于存储过程使用 call 语句调用，它没有返回值，只能通过输出参数来传递需要返回的值。存储函数与其他函数一样，可以在语句中被调用并有返回值。

（2）

```
CREATE DEFINER='root'@'localhost' PROCEDURE instName(in param VARCHAR(8),out
result VARCHAR(100))
BEGIN
  DECLARE xname VARCHAR(100);
  DECLARE done INT;
  DECLARE cur_test CURSOR FOR SELECT name FROM instructor LIMIT 10;
  DECLARE continue handler FOR SQLSTATE '02000' SET done = 1;
  IF param THEN
    SELECT name INTO result FROM instructor WHERE ID = param;
  ELSE
    OPEN cur_test;
      REPEAT
        FETCH cur_test INTO xname;
        SELECT concat_ws(',',result,xname) INTO result;
      UNTIL done
      END REPEAT;
    CLOSE cur_test;
  END IF;
END
```

【解析】答案不唯一，此答案仅供参考。

（3）

```
CREATE TABLE instDeleteLog   --创建表
( deleteid INT AUTO_INCREMENT PRIMARY KEY,
  deleteUser VARCHAR(100),
  deleteDate DATE,
  id VARCHAR(8),
  name VARCHAR(100),
  college_name VARCHAR(20),
  gender VARCHAR(2),
  birthday DATE,
  title VARCHAR(50)
)
CREATE TRIGGER DeleteIntoLog   --创建触发器
AFTER DELETE ON instructor FOR EACH ROW
BEGIN
INSERT INTO instDeleteLog(deleteUser,deleteDate,id,name,college_name,gender,
birthday,title) VALUES(user(),SYSDATE(),OLD.ID, OLD.name, OLD.college_name, OLD.gender,
OLD.birthday,OLD.title);
END
```

【解析】答案不唯一，此答案仅供参考。

（4）略。

第 **9** 章 数据库存储与索引

9.1 知识点总结

数据库存储与索引是 DBMS 重要组成部分，担负着在磁盘及内存中高效地组织和存储数据，并高效完成数据增、删、查、改操作的重要任务，为利用 SQL 操纵数据库提供支持。本章介绍了存储引擎的工作原理及几种常用索引的原理。对本科生而言，了解本章介绍的知识即可；若今后从事基础软件开发、数据管理相关工作的人员，可从 DBMS 的设计理念、原理中汲取知识，以便更好地完成任务。

对本章知识点进行梳理如下。

1．知识点

本章的知识点如图 2-9-1 所示，其中无底色部分需要了解，带灰底色部分需要理解并掌握。

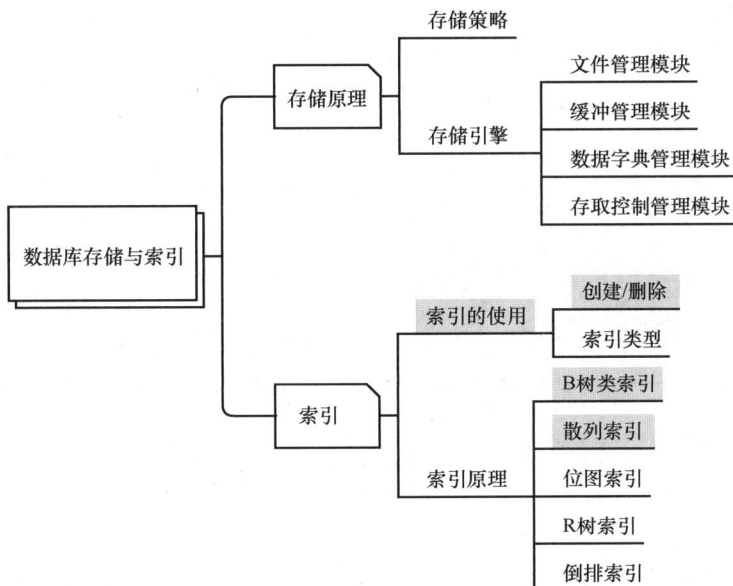

图 2-9-1　本章数据库存储与索引的知识点

2．基础知识

（1）数据库存储引擎的工作原理（了解）。

（2）索引基础知识及 B 树索引、散列索引等常用索引的用法（了解）。

3．本章难点

数据库存储引擎的工作原理。

9.2 习题解析

1. 数据库与表空间是什么关系？使用 MySQL 创建 teaching 数据库并导入数据，说明该数据库的表空间有哪些？每张逻辑上的关系表分别存储在哪个表空间的哪些位置？

答：在数据库中，表空间是一组逻辑上相关的数据库对象的集合，包括表、索引、序列等。每个数据库可以包含一个或多个表空间，而每个表空间只属于一个数据库。表空间的作用是将数据库的物理存储与逻辑存储分离，我们可以对表空间进行单独的备份、恢复、移动和管理。

MySQL 创建 teaching 数据库后，在其数据目录下创建与数据库同名的目录（teaching），它对每张表可创建一个到多个扩展名为 IBD 的文件，此文件与表空间对应，用于存储数据、索引、回滚段等内容（组织为数据段、索引段、回滚段等）。打开 teaching 目录可看到此数据库包含 college、course、instructor、student、section、classroom、timeslot、takes、teaches、prereq 共 10 个 IBD 文件，即 10 个同名的表空间。

每张逻辑上的关系表存储在同名的表空间中，其数据存储在其中的数据段，索引存储在其中的索引段，恢复信息存储在其中的回滚段。

【解析】图 2-9-2 很好地说明了表空间中数据的存储位置。

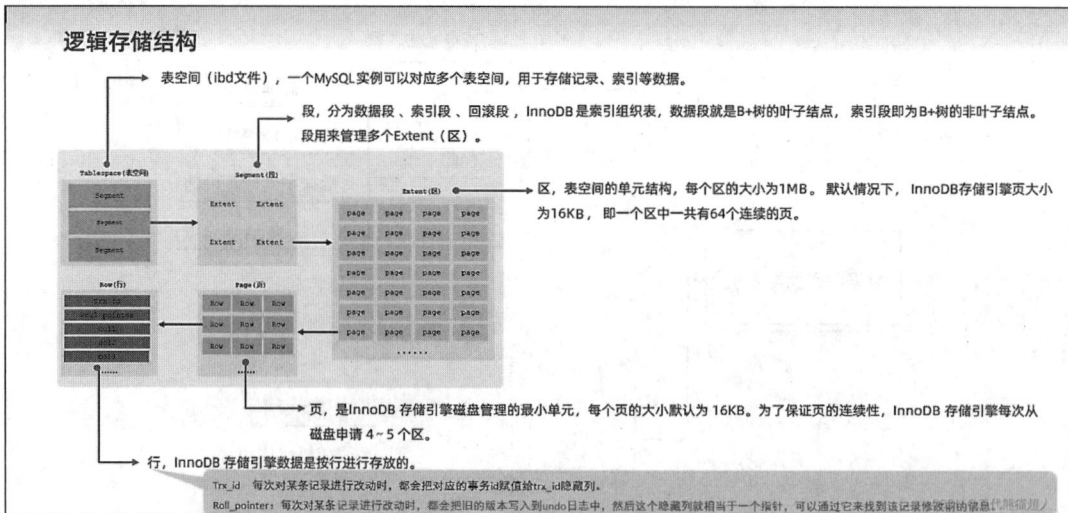

图 2-9-2　表空间中数据的存储位置

2. 使用 MySQL 创建 teaching 数据库并导入数据，teaching 数据库的逻辑结构与存储数据库的文件之间如何对应？

答：teaching 数据库与 MySQL 中 teaching 目录相对应，在数据不太多的情况下，每张表对应一个同名的 IBD 文件。对表结构的修改、增/删/改数据、修改触发器索引等结构也同样写入同名的 IBD 文件中。

【解析】若数据多，则超出操作系统中单个文件大小时，一张关系表会对应多个文件。

3. 使用 MySQL 创建一个数据库，系统会在哪些元数据表中增加哪些记录？

答：使用 MySQL 创建一个数据库，发生变化的表包括以下几个。

（1）information_schema.schemata 表：该表记录了 MySQL 中所有数据库的信息和结构。此表添加一行记录新数据库的信息。

（2）information_schema.schemata_extensions：该表记录了 MySQL 中所有数据库的扩展信息。此表添加一行记录新数据库的信息。

【解析】仅创建数据库，系统并不需要记录太多信息。但后续创建表、分配权限等操作都会引起元数据表的变化。

4. 使用 MySQL 创建 teaching 数据库，列出关于 instructor 表的所有元数据记录。

答：

（1）information_schema.table 表中有一条记录 instructor 表的信息，包括表所属数据库、表类型、数据库引擎、版本、列格式、表中记录数等。

（2）information_schema.table_extensions 表中有一条记录 instructor 表的信息，记录表的扩展信息。

（3）information_schema.columns 表记录每个字段的信息，instructor 表的每个字段在此表中有一条记录描述其所属数据库、所属表、字段名、是否可取空值、数据类型、长度、字符集等信息。

（4）information_schema.columns_extensions 表记录每个字段的扩展信息，instructor 表的每个字段在此表中有一条记录描述。

（5）information_schema.files 表记录每个表所对应的文件信息，instructor 表在此表中有一条记录描述，记录它对应的 instructor.ibd 文件。

（6）information_schema.innodb_foreign 外键表，因为此表有一个外键 college_name，在此表中有一条记录。

（7）information_schema.innodb_foreign_cols 外键字段表，因为此表有一个外键 college_name，在此表中有一条记录。

【解析】参看 MySQL 的 information_schema 数据库。导入数据时数据发生变化，与此表相关的统计信息也会发生变化。

5. 什么是聚簇索引？如何创建聚簇索引？

答：聚簇索引是指按照某个字段对表中的数据进行排序，并将数据存储在磁盘上的一种特殊索引。在聚簇索引中，数据行的物理顺序与索引的逻辑顺序一致，因此，聚簇索引也被称为主索引。使用聚簇索引进行查询时，可以直接访问磁盘上的数据行，从而提高查询性能。

创建表时需要使用 PRIMARY KEY 约束定义主键，主键默认就是聚簇索引。如果已经创建了表，但没有定义主键，则可以使用 ALTER TABLE 语句添加主键。

【解析】参看主教材 9.2.1 小节索引类型。

6. 列出 3 种以上创建索引的方法。

答：

（1）在创建表时使用 PRIMARY KEY 指定索引。

（2）使用 ALTER TABLE 语句添加索引。

（3）使用 CREATE INDEX 语句创建索引。

【解析】参看主教材 9.2.2 小节索引的管理。这些方法在各 DBMS 上都有实现，但具体命令有细微区别，以不同系统的用户手册为准。

7. 使用 MySQL 创建 teaching 数据库并导入数据，编写两个 SQL 语句，其中一个 SQL语句的查询执行计划中不使用索引，另一个 SQL 语句的查询执行计划中使用索引。

答：略。

【解析】需要注意的是，相同的查询语句，若数据量差距较大，则也可能采用不同的查询执行计划。学生可以在某张表上先创建索引，再输入较少数据，写一个查询语句，并查看查询执行计划，导入大量数据，然后执行同一个查询语句，再查看其查询执行计划。

9.3 拓展习题

1. 选择题

（1）建立唯一索引后，对重复出现的关键字值只存储_____。

A. 第一个
B. 最后一个
C. 全部
D. 字段值不唯一，不能存储

（2）以下关于索引的说法中，错误的是_____。

A. 每张表只有一个聚簇索引

B. 一个索引只能提高某些查询的执行速度

C. 索引可能减慢更新速度

D. 建立索引可加快数据更新的速度

（3）索引是对数据库表中_____字段的值进行排序。

A. 一个
B. 多个
C. 一个或多个
D. 表中全部

（4）关于表空间，以下说法错误的是_____。

A. 一个表空间只能属于一个数据库

B. 一个表空间可以对应多个数据文件

B. 数据库对象都存放在指定的表空间中

D. 一个表空间一般包含一个段

（5）逻辑上的关系与存储数据的物理文件的关系是_____。

A. 一张关系表存储在一个物理文件中

B. 一个物理文件可包含多张关系表的数据

C. 一张空的关系表也存储在一个物理文件中

D. 一个物理文件只能存储一张关系表的数据

（6）下列关于数据字典的说法中，不正确的是_____。

A. 数据字典存储数据库的元数据

B. 普通用户仅可查询数据字典中的数据

C. 创建一个数据对象时，用户需要修改相应的元数据

D. 数据库系统使用元数据进行查询以优化查询

（7）下列关于索引类型的说法中，正确的是_____。

A. 聚簇索引决定数据在磁盘上的物理存储位置

B. 唯一性索引要求索引关键字的值唯一，不能出现空值

C. 有重复值的索引允许索引关键字有重复值出现，但仅保存第一个出现的值

D. 数据库系统自动为表创建主键索引，它是聚簇索引

（8）用户使用_____命令不会创建索引。

A. CREATE INDEX   B. ALTER INDEX

C. CREATE TABLE   D. ALTER TABLE

（9）B 树类索引适用，但散列索引不适用的查询操作是_____。

A. 等值查询   B. 多条件复合查询   C. 范围查询   D. 带子查询的查询

（10）能够提高模糊查询效率的索引是_____。

A. B 树类索引   B. 散列索引   C. 位图索引   D. 全文索引

2．填空题

（1）表是记录的集合，一张表的数据在文件中常用的组织方式包括_____、_____、_____。

（2）B 树的根节点为空或包含_____个关键字，其他非叶子节点包含_____个关键字。

（3）构造散列函数的原则是尽可能将关键字集合空间均匀地映射到_____，同时尽可能降低冲突发生的概率。

（4）散列索引的冲突消解方法中，_____在基本存储区域内存储冲突的数据，而_____则在基本存储区域外增加一个空间专门存储发生冲突的数据。

（5）一般索引用于存储关键字和指向数据位置的指针，查询是通过关键字查找数据。而_____用于存储数据值和指向数据位置的指针。

3．简答题

（1）简述数据库的存储引擎的组成及各部分的功能。

（2）位图索引可提高等值查询的速度，若在学生表中已建立图 9-10（见主教材 9.2.5 小节）中给出的两个位图索引，则查询外国语学院男生、查询除人文学院以外其他学院女生应该如何实现？

（3）与搜索引擎相比，数据库查询可高效实现等值查询、范围查询、模糊查询等多类型查询。数据库实现这些查询的关键技术就是索引，试从索引原理出发，分析这些查询分别适合建立哪些索引来处理？

9.4 拓展习题答案

1．选择题答案

题号	1	2	3	4	5	6	7	8	9	10
答案	A	D	C	D	B	A	A	B	C	A

2．填空题答案

（1）堆存储、顺序存储、索引存储

（2）$\lceil 1, M-1 \rceil$、$\lceil \lfloor M/2 \rfloor, M-1 \rceil$

（3）地址集合空间

（4）内消解法、外消解法

（5）倒排索引

3．简答题答案

（1）数据库的存储引擎由 4 个部分组成，包括存取控制模块、缓冲模块、文件管理模块和数据字典管理模块。每部分的功能参考主教材第 198～200 页。

（2）查询外国语学院男生时，从所在学院的位图索引中抽取外国语学院行 111111000000000000000，再从性别的位图索引中抽取男生行 011111001011011011110，对两行数据进行与操作，得到满足两个条件的数据分布 011111000000000000000，依据计算结果选择数据表中第 2～6 行数据即可。

查询除人文学院以外其他学院女生时，除人文学院以外，学生的条件可从所在学院的位图索引中抽取人文学院一行并取反，得到 11111100001111111111，再从性别的位图索引中抽取女生行 10000011010010010001，对这两行数据进行与操作，得到满足条件的数据分布 10000000000100100001，即从数据表中选择第 1 行、第 13 行、第 16 行、第 20 行数据。

（3）在数据库中，B 树和 R 树索引适用于等值查询、范围查询、模糊查询等多类型查询，散列索引和位图索引主要适用于等值查询。倒排索引适用于文档的全文检索，数据库使用全文索引进行类似搜索引擎的关键字查询。

【解析】搜索引擎与关系数据库处理的数据不同，它所查询的数据可能是网页、表格或文档。这些数据多数是半结构、无结构数据，在这样的数据上建立类似于倒排索引较容易，但无法高效地建立和维护数据库中常用的索引，因此无法高效地实现数据库中常见的查询。

第 **10** 章 查询处理与优化

10.1 知识点总结

查询处理与优化技术是 DBMS 支持 SQL 的关键技术。本章介绍查询处理过程、查询实现、代数优化和物理优化等方面的内容。本章学习目的是了解查询处理过程及各步骤所使用的技术,理解代数优化技术与物理优化技术。

对本章知识点进行梳理如下。

1．知识点

本章的知识点如图 2-10-1 所示,本章知识点了解即可。

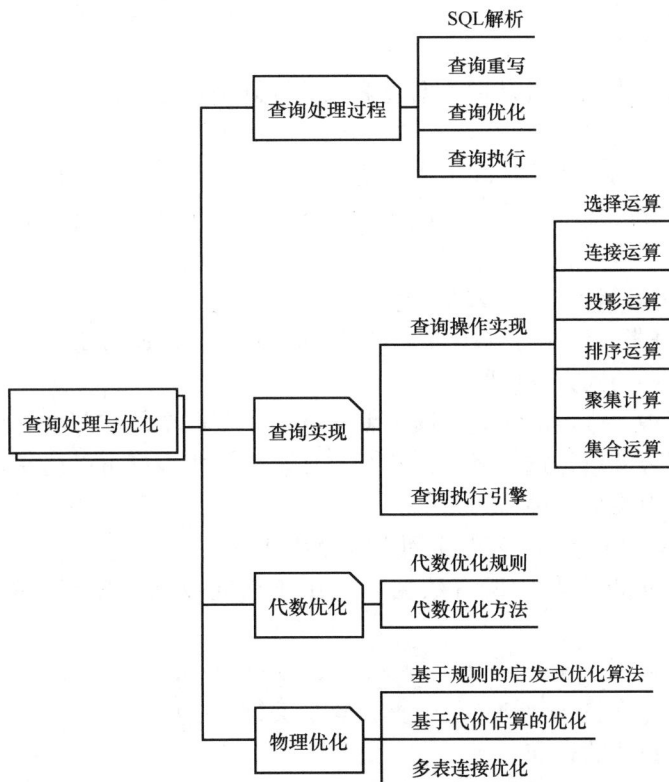

图 2-10-1　本章查询处理与优化的知识点

2．基础知识

（1）查询处理过程及各步骤所使用的技术（了解）。
（2）代数优化与物理优化技术（理解）。

3．本章难点

代数优化与物理优化技术。

10.2 习题解析

1. 查询处理过程包含哪些步骤？每一步分别需要完成哪些工作？

答：关系数据库管理系统的查询处理过程可以分为解析、重写、优化和执行 4 个步骤。

（1）SQL 解析。对用户输入的 SQL 语句，依据词法文件和语法规则文件进行语言解析。对有错误的输入，返回其语法或语义错误；对正确的输入，将其转换成语法树。

（2）查询重写。对查询的语法树进行视图展开、依据查询重写规则对子查询进行整理、聚集计算拆分等操作，最后得到一个与 SQL 语句的语法树等价的、高效的关系代数表达式序列。

（3）查询优化。查询优化过程对查询代数表达式进行优化，选择效率最高或次高的执行方法。查询优化包括代数优化、物理优化两个步骤。代数优化是使用代数规则对关系代数表达式进行等价变换，改变操作的顺序和组合，提高查询执行效率的过程。物理优化是指对关系数据库存取路径和底层操作算法的选择，选择最优或次优的执行路径生成查询执行计划的过程。

（4）查询执行。查询执行是指依据查询执行计划来执行查询，生成查询结果并返回给调用者的过程。查询执行由查询执行引擎完成，它查询执行计划，选择算法组件，组装成查询执行流水线，然后启动流水线生成查询执行结果。算法组件是指查询执行引擎可调用的全表扫描（fulltable scan）、索引扫描（index scan）、基于索引的选择算法和连接算法等多个算法模块。

【解析】参看主教材第 212～216 页。

2. 数据库中每张表可能有哪些访问方式？请列出本书 teaching 数据库中 takes 表的访问方式，并解释各种访问方式的特点。

答：对数据库中一张表的访问实质上就是从表中获取全部或部分满足条件的元组，所以对一张表的访问方法就是选择运算的执行方法。对每张表都可以使用全表扫描的方法访问；每增加一个索引增加一种访问方式。

对 teaching 数据库中 takes 表的访问方式介绍如下。

（1）全表扫描或获取表中所有数据，适用于访问数据占比较多的情况，缺点是速度慢。

（2）通过主键索引（course_id、sec_id、semester、year）访问，可进行等值查询或范围查询。其优点是速度较快，缺点是数据按索引关键词的顺序排列，可能不适用于某些需要按其他顺序访问数据的查询。

【解析】参考主教材表 10-5 全表查询或选择运算。

3. 请从第 3 章样例中取一个查询语句，查看数据库管理系统给出的查询执行计划，并解释其中参数的含义。

答：例 3-29 的 SQL 语句如下。

```
SELECT name                            /*外层父查询*/
FROM student
WHERE id IN
    (SELECT ID                          /*子查询2*/
    FROM takes
    WHERE course_id IN
        (SELECT course_id               /*子查询1*/
        FROM course
        WHERE title='数据库系统'
        )
);
```

使用 EXPLAIN 命令查看查询执行计划，结果如图 2-10-2 所示。

id	select_type	table	partitions	type	possible_keys	key	key_len	ref	rows	filtered	Extra
1	SIMPLE	<subquery2>	(Null)	ALL	(Null)	(Null)	(Null)	(Null)	(Null)	100.00	(Null)
1	SIMPLE	student	(Null)	eq_ref	PRIMARY	PRIMARY	50	<subquery2>.ID	1	100.00	(Null)
2	MATERIALIZED	course	(Null)	ALL	PRIMARY	(Null)	(Null)	(Null)	8	12.50	Using where
2	MATERIALIZED	takes	(Null)	ref	PRIMARY,course_id,course_index	course_index	34	teaching.course.c	9	100.00	Using index

图 2-10-2　查看查询执行计划 1

此查询计划中先执行 id=2（id 值最大的先执行，同 id 的可看成同一组查询）的一组查询，对子查询 1，course 表进行全表扫描（type=ALL），并使用 WHERE 语句过滤数据，数据选择率为 12.50%（rows=8，filtered=12.50），对查询的结果进行物化（type=MATERIALIZED）。对子查询 2，使用 course_index 索引访问 takes 表【此索引是在本机上建立的，关键字是 course_id（type=ref，是非唯一性索引扫描）。若学生未建立此索引，则可能使用 possible_keys 中某个索引访问此表】，对查询的结果进行物化。

然后执行 id=1 的一组查询，对上一步物化的 subquery2 表，遍历全表访问数据（type=ALL）。对表 student，使用主键索引扫描（type=eq_ref，唯一性索引扫描），取学生表中 id 与表 subquery2.id 相等的数据。

【解析】参看 MySQL 手册对查询执行计划的描述。不同 DBMS 的查询执行计划略有不同，需要查看相关技术资料。对任何一个查询，DBMS 都提供查询执行计划。学生可选第 3 章任一查询来完成此习题。

4. SQL 语言的解析与一般编程语言的解析有什么区别和联系？

答：联系：SQL 可看作一类特殊的编程语言，SQL 语言和一般编程语言都需要解析后才能执行。语言解析是将 SQL 语句或高级语言代码的字符串翻译为语法树的过程，主要进行词法检查、语法检查、语义分析 3 项工作。

区别：纯 SQL 没有程序结构控制结构（IF THEN、CASE、WHILE 等），其解析比一般高级语言简单。高级语言有解释型和编译型两大类，解释型语言边解释边执行，而编译型语言先编译再执行。SQL 可看作解释型语言，边解释边执行。

【解析】参考编译原理课程对高级语言解析的理解。

5. 数据库的数据字典中保存每张表的统计信息，例如所包含字段数、每个字段最大长度、每个字段取不同值个数、所包含记录数等信息。请使用 MySQL 创建 teaching 数据库，并导入实验数据，然后列出 student、teaches 等表在数据字典中保存的统计信息。

答：略。参考习题 9 中第 4 题或查询 MySQL 用户手册对 information_schema 数据库的描述。

【解析】参考编译原理课程对高级语言解析的理解。

6. 设关系 S、P、SP 分别用于存储供应商、零件、供应关系数据，关系模式如下：

```
S(SNUM,SNAME,CITY)
P(PNUM,PNAME,WEIGHT,SIZE)
SP(SNUM,PNUM,DEPT,QUAN)
```

需要查询来自南京的供应数量大于 10000 的 bolt 零件的供应商名称，请完成以下操作。

（1）给出查询的 SQL 语句。

答：

```
SELECT S.SNAME
FROM S, SP, P
WHERE S.SNUM = SP.SNUM AND P.PNUM = SP.PNUM
AND S.CITY = '南京' AND P.PNAME = '螺栓' AND SP.QUAN > 10000;
```

（2）给出查询语法树。

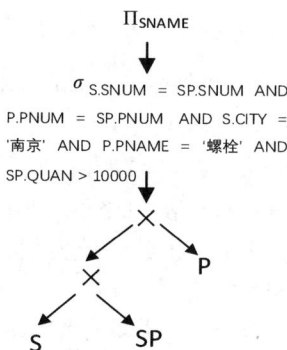

（3）给出代数优化的过程，每个步骤请标明所使用的代数优化规则，直到得到最优代数表达式。

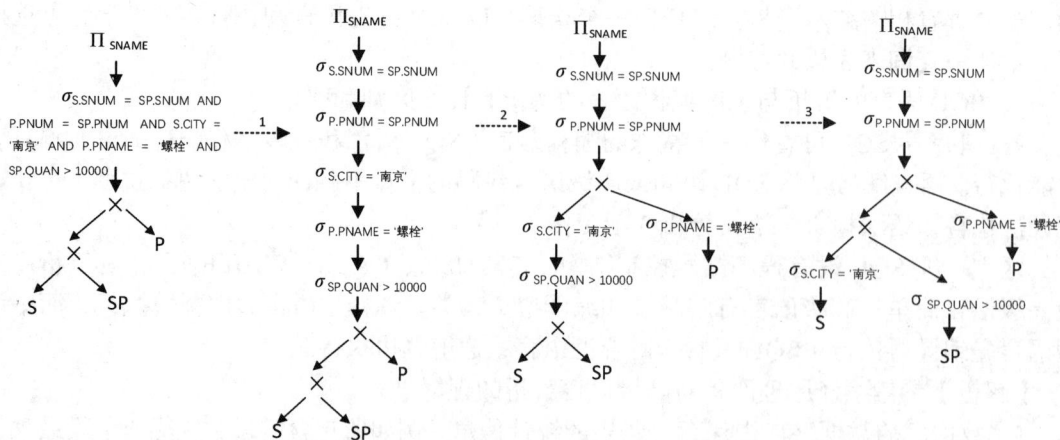

$$\Pi_{SNAME}$$
$$\sigma_{P.PNUM = SP.PNUM}$$
$$\xrightarrow{\quad 4 \quad} \sigma_{S.SNUM = SP.SNUM}$$
$$\sigma_{S.CITY = '南京'} \qquad \sigma_{SP.QUAN > 10000} \qquad \sigma_{P.PNAME = '螺栓'}$$
S SP P

$$\Pi_{SNAME}$$
$$\sigma_{P.PNUM = SP.PNUM}$$
$$\xrightarrow{\quad 5 \quad}$$
$$\sigma_{S.SNUM = SP.SNUM} \qquad \sigma_{P.PNAME = '螺栓'}$$
$$\sigma_{S.CITY = '南京'} \qquad \sigma_{SP.QUAN > 10000}$$
S SP P

$$\Pi_{SNAME}$$
$$\xrightarrow{\quad 6 \quad} \bowtie$$
$$\bowtie \qquad \sigma_{P.PNAME = '螺栓'}$$
$$\sigma_{S.CITY = '南京'} \qquad \sigma_{SP.QUAN > 10000}$$
S SP P

$$\Pi_{SNAME}$$
$$\xrightarrow{\quad 7 \quad} \bowtie$$
$$\bowtie \qquad \Pi_{PNUM}$$
$$\Pi_{SNAME,SNUM} \qquad \Pi_{SNUM,PNUM,QUAN} \qquad \sigma_{P.PNAME = '螺栓'}$$
$$\sigma_{S.CITY = '南京'} \qquad \sigma_{SP.QUAN > 10000} \qquad P$$
S SP

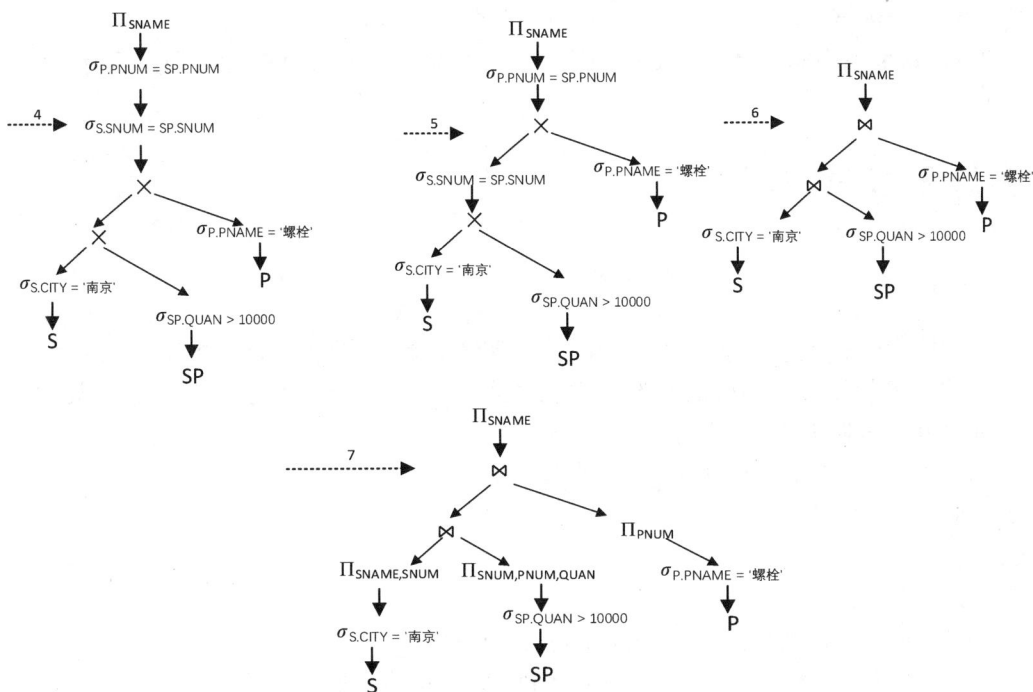

各步骤中使用的表达式如下。

第 1 步：由规则 1 可知 $\sigma_{\theta 1 \wedge \theta 2}(E) = \sigma_{\theta 1}(\sigma_{\theta 2}(E))$

第 2 步、第 3 步、第 5 步：由规则 7 可知 $\sigma_{\theta 1}(E_1 \times E_2) = \sigma_{\theta 1}(E_1) \times E_2$

第 4 步：由规则 2 可知 $\sigma_{\theta 1}(\sigma_{\theta 2}(E)) = \sigma_{\theta 2}(\sigma_{\theta 1}(E))$

第 6 步：由规则 5 可知 $\sigma_{\theta}(E_1 \times E_2) = E_1 \bowtie_{\theta} E_2$

第 7 步：由规则 4 可知 $\Pi_{L2}(\Pi_{L1}(E)) = \Pi_{L2}(E)$，由规则 8 可知 $\Pi_{L1 \cup L2}(E_1 \bowtie_{\theta} E_2) = \Pi_{L1}(E_1) \bowtie_{\theta} \Pi_{L2}(E_2)$

（4）在 MySQL 或其他数据库管理系统中建立数据库，自行给定一部分样例数据并输入查询语句，查看并解释查询执行计划。

答：略。查询执行计划在不同条件下是不同的，受表中数据量、参与运算数据占比、是否有索引等的影响。学生可通过变换不同条件查看不同的查询执行计划。

7. 在 MySQL 中创建 teaching 数据库，并输入部分数据。对以下查询语句：

```
SELECT name, title, grade FROM student, takes, course WHERE student.id=takes.id AND
takes.course_id= course. course_id AND student.college_name='信息学院' AND grade>60
```

（1）查看查询执行计划，如图 2-10-3 所示。

信息	结果 1	剖析	状态								
id	select_type	table	partitions	type	possible_keys	key	key_len	ref	rows	filtered	Extra
1	SIMPLE	student	(Null)	ref	PRIMARY,college_name	college_name	83	const	8	100.00	(Null)
1	SIMPLE	takes	(Null)	ref	PRIMARY,course_id,course_index	PRIMARY	50	teaching.student.ID	1	33.33	Using wl
▶ 1	SIMPLE	course	(Null)	eq_ref	PRIMARY	PRIMARY	34	teaching.takes.course_id	1	100.00	(Null)

图 2-10-3　查看查询执行计划 2

【解析】略。

（2）在 student 表中以学院名称为关键字创建索引，查看查询执行计划是否有变化。

答：略。若数据量较少，查询执行计划不会发生变化。

（3）向 takes 表中添加至少 10000 条选修记录数据，查看查询执行计划是否有变化。

答：略。

10.3 拓展习题

1．选择题

（1）数据库中有关系：学生(学号,姓名)、课程(课程号,课程名)和成绩(学号,课程号,成绩)，且每张表已使用带下画线的关键字建立主键。_____建立索引可加速查询某位学生姓名和所学习课程名这类的查询。

A．在学生表上按学号+姓名

B．在成绩表上按课程号

C．在课程表上按课程号

D．在课程表上按课程名

（2）保存在数据字典中用于查询优化的信息包括_____。

A．每张表的字段数、元组数、平均元组长度、占用物理块数等

B．每个字段的数据类型、长度、默认值等

C．每张表是否有索引、索引类型、索引关键字、是否存在重复值等

D．每个数据库包含表的个数、表中字段个数、记录数等

（3）若 L_1、L_2 是两个属性列表，且 $L_1 \subseteq L_2$，与 $\Pi_{L1}(\sigma_{\theta1 \wedge \theta2}(E))$ 等价的关系代数表达式是_____。

A．$\Pi_{L2}(\sigma_{\theta1}(\sigma_{\theta2}(E)))$

B．$\Pi_{L1}(\Pi_{L2}\sigma_{\theta2}(\sigma_{\theta1}(E)))$

C．$\Pi_{L2}(\Pi_{L1}\sigma_{\theta2}(\sigma_{\theta1}(E)))$

D．$\Pi_{L2}(\sigma_{\theta1}(\sigma_{\theta1 \wedge \theta2}(E)))$

（4）$\sigma_{\theta1 \wedge \theta2}(E_1 \times E_2) = \sigma_{\theta1}(E_1) \times \sigma_{\theta2}(E_2)$ 在_____情况下成立。

A．$\theta1$ 和 $\theta2$ 没有共同属性

B．$\theta2$ 涉及的属性需要先进行选择

C．$\theta1$ 只涉及 E_1 中的属性且 $\theta2$ 只涉及 E_2 中的属性

D．$\theta1$ 和 $\theta2$ 涉及的属性都需要先进行选择

（5）以下不属于代数优化原则的是_____。

A．选择运算尽量先做

B．投影运算与选择运算同时做

C．尽量将选择运算与笛卡儿积结合为自然连接

D．尽量将选择运算与笛卡儿积结合成连接运算

（6）下列关于多表连接运算的说法中，正确的是_____。

A．嵌套循环连接无须排序，但效率低

B．若连接条件形如 R.A > S.B，使用散列连接比使用归并连接的效率高

C．数据量越大，嵌套循环连接的效率比归并连接的效率越高

D．可使用动态规划算法查找两表连接的最优方案

2. 填空题

（1）SQL 解析器依据词法文件和语法规则文件进行语言解析，将用户输入的 SQL 语句字符串转换成_____。

（2）查询重写器对查询的语法树进行重写，得到查询的_____。

（3）代数优化使用_____对关系代数表达式进行等价变换，改变操作的顺序和组合，提高查询的执行效率。物理优化是指对关系数据存取路径和底层操作算法的选择，选择最优或次优的执行路径生成_____。

（4）常用的连接算法包括_____、_____和_____。

（5）嵌套循环连接算法需要对两张表进行_____，比较关键字的值，若满足连接条件，则将两个元组组合起来放入结果集。

3. 简答题

（1）代数优化的原则有哪些？

（2）查询物理优化的策略主要哪些？简述其原理。

（3）假设关系 R(A,B,C)、S(C,D,E)，关系 R 和 S 各有 10000、1000 个元组，每个数据块可以存储 50 个 R 的元组或 30 个 S 的元组。表 R 和 S 的主键分别是 A、C，且都已创建主键索引。估算以下查询的 IO 代价。

```
SELECT A, B, C, D FROM RNA TURAL JOINS
```

（4）假设公司雇员的数据库设计如下：

```
company(cname, city, asset)
employee(ename, city, address, phonenum)
works(ename, cname, salary) FOREIGN KEY(ename) REFERENCES Employee; FOREIGN KEY
(cname) REFERENCES Company
```

请给出下列查询的查询语句，请使用语法树、代数表达式说明代数优化的过程。

① 查询地址在广州的员工，显示其姓名、地址、电话。

② 查询工作城市与居住城市相同的员工，输出其姓名、公司名、居住城市、工资。

10.4 拓展习题答案

1. 选择题答案

题号	1	2	3	4	5	6
答案	D	A	B	C	C	A

2. 填空题答案

（1）语法树

（2）关系代数表达式

（3）代数规则、查询执行计划

（4）嵌套循环连接、散列连接、归并连接

（5）全表扫描

3．简答题答案

（1）代数优化的目标是获得一个执行效率更高的代数表达式。因此，给出如下代数优化的原则。

① 选择运算尽量先做。这条规则是最基本的一条，因为选择运算越早做，中间结果越少，可以使查询代价整体上下降几个数量级。

② 投影运算可与选择运算同时做。如果查询中存在多个对同一个关系的投影运算和选择运算，同时操作可以多次避免重复扫描这个关系，降低查询代价。

③ 尽量将投影运算与其相邻的双目运算结合，以避免仅因为去掉某些属性而扫描一遍关系。

④ 尽量将选择运算与笛卡儿积运算结合成连接运算。因为笛卡儿积运算的代价大，而连接运算可以通过高效算法降低查询代价。

⑤ 尽量查找并提取公共子表达式。某查询中存在公共子表达式，一般情况下计算一次并存中间结果比多次计算查询代价要低。

【解析】参考主教材 10.3.1 小节。

（2）

① 基于规则的优化（rule-based optimization，RBO）。给定一系列优化规则，数据库系统对每个查询依据这些规则选择最优查询执行计划。

② 基于代价的优化（cost-based optimization，CBO）。对代数优化得到的语法树，利用等价规则生成多个查询执行计划，并根据统计信息（statistics）和代价模型（cost model）计算各种可能的"查询执行计划"的"代价"，从中选用代价最低的执行方案，生成查询执行计划。

【解析】参考主教材 10.4 节。

（3）

① 按嵌套循环连接计算 $R \bowtie S$ 的 IO 代价。

R 和 S 在磁盘中占用的块数分别为 10000/50=200、1000/30=34，因此需要读写的总磁盘块数是 200×34=6800 块。此连接操作的 IO 代价是 6800 个块读取的代价。

② 按归并连接计算 $R \bowtie S$ 的代价，必要时可添加用于排序或建立临时索引的代价。

表 S 上已存在主键 C 的索引，数据按 C 排序，因此若对表 R 建立关键字 C 上的索引，则可使用归并连接，以提高查询处理速度。

对表 R，建立关键字 C 上的索引需要读入表 R 的所有（200 个）块，建立索引可能需要写磁盘 I_R 个块。然后读入 S 表的主键索引，按关键字 C 的顺序读入 R 和 S 的每一个块进行连接。连接过程需要读入的块包括 R 的 200 个块和 S 的 34 个块，共 234 个。

因此，此连接需要读入的块包括创建索引 200、S 表的主键索引块数、R 表的 C 码索引块数、234 个连接块。由此，此连接共约 430 个块的读取代价。

【解析】参考主教材 10.4.2 小节。

（4）

① 查询地址在广州的员工，显示其姓名、地址、电话。

```
SELECT ename, address, phonenum FROM employee WHERE city='广州'
```

语法树：

$$\Pi_{ename,address,\ phonenum}$$
$$\downarrow$$
$$\sigma_{city='广州'}$$
$$\downarrow$$
$$employee$$

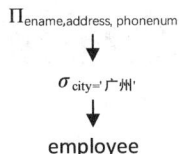

此查询不需要代数优化，只需要一个读入表 employee，选择 city='广州'的数据且保留 ename、city、address、phonenum 这 3 个字段的操作。

② 查询工作城市与居住城市相同的员工，输出其姓名、公司名、居住城市、工资。

```
SELECT ename, employee.city, cname, salary FROM employee, works, company WHERE
employee.ename=works.ename AND works.cname=company.cname AND employee.city=company.city
```

语法树及优化过程如下：

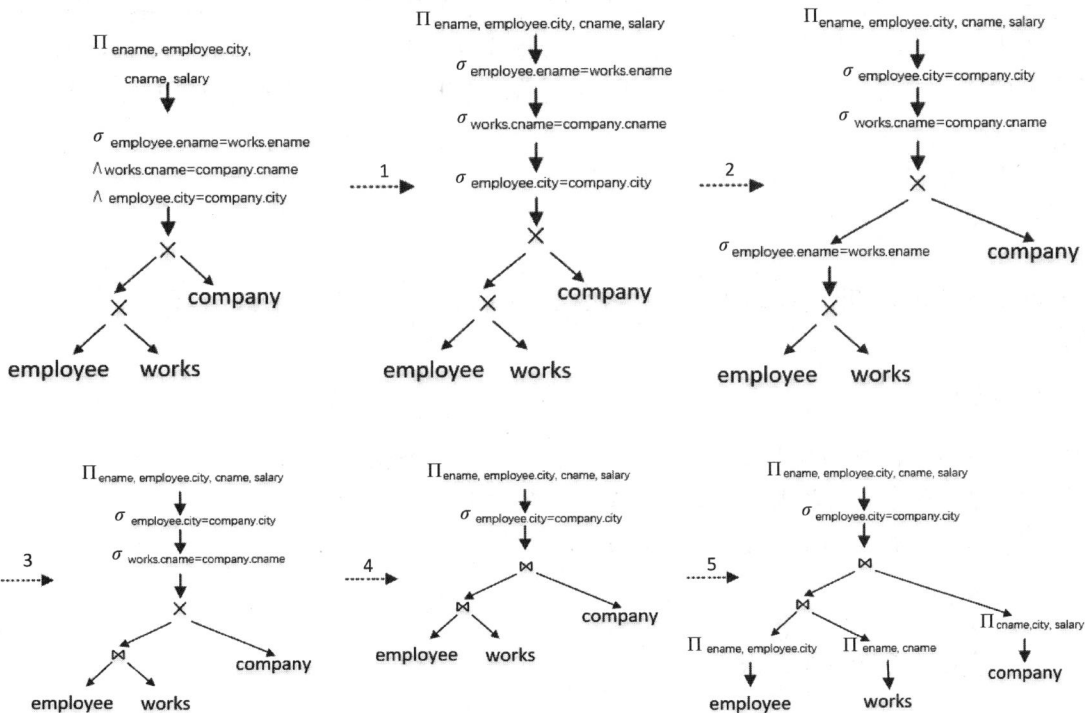

第11章 事务处理技术

11.1 知识点总结

事务处理技术是保障数据库可靠性的重要、核心技术，是关系数据库系统从问世到现在一直被广泛使用的主要原因。事务是数据库的调度单位，是具有 ACID 特性的工作单元。本章首先给出事务的概念、特征，再给出调度的定义及调度的冲突可串行化理论，然后介绍事务的并发控制，包括基于锁、时间戳的并发控制技术等，最后介绍恢复技术，包括基于日志恢复技术等。

对本章知识点进行梳理如下。

1．知识点

本章的知识点如图 2-11-1 所示，其中无底色部分需要了解，带灰底色部分需要理解并掌握。

2．基础知识

（1）事务、调度的基本概念与冲突可串行化理论（理解）。
（2）基于锁的并发控制，了解时间戳等并发控制技术（理解）。
（3）基于检查点的恢复技术（理解）。

3．本章难点

多粒度锁，基于日志的恢复技术。

11.2 习题解析

1．什么是事务？它具有什么特性？数据库系统为什么要保持事务的特性？

答：事务是一个数据库操作的序列，是一个不可分割的工作单元。事务具有 4 个特征：原子性（atomicity）、一致性（consistency）、隔离性（isolation）和持久性（durability）。这 4 个特性简称为 ACID 特性。

（1）原子性。事务是一组不可分割的工作单元，要么全做、要么全不做的特征被称为事务的原子性。

事务处理技术
- 事务
  - 事务的定义
  - 事务的特征
- 事务调度
  - 调度的概念
    - 调度
    - 串行/并行调度
    - 可串行化调度
    - 冲突操作
    - 冲突等价
    - 冲突可串行化调度
  - 调度方法
    - 冲突可串行化调度的判定方法
- 并发控制技术
  - 基于锁的并发控制方法
    - 锁的概念
      - 共享锁
      - 排他锁
      - 意向锁
      - 锁表
      - 查容性矩阵
      - 死锁/活锁
    - 两阶段锁协议
    - 多粒度锁
  - 基于时间戳的并发控制方法
    - 时间戳
    - 基于时间戳的事务并发控制规则
  - 其他并发控制方法
    - 多版本并发控制
    - 基于验证的并发控制
- 恢复技术
  - 基于日志的恢复技术
    - 日志
    - 检查点
  - 其他恢复技术
    - 利用语义的恢复和隔离算法
    - 影像页技术

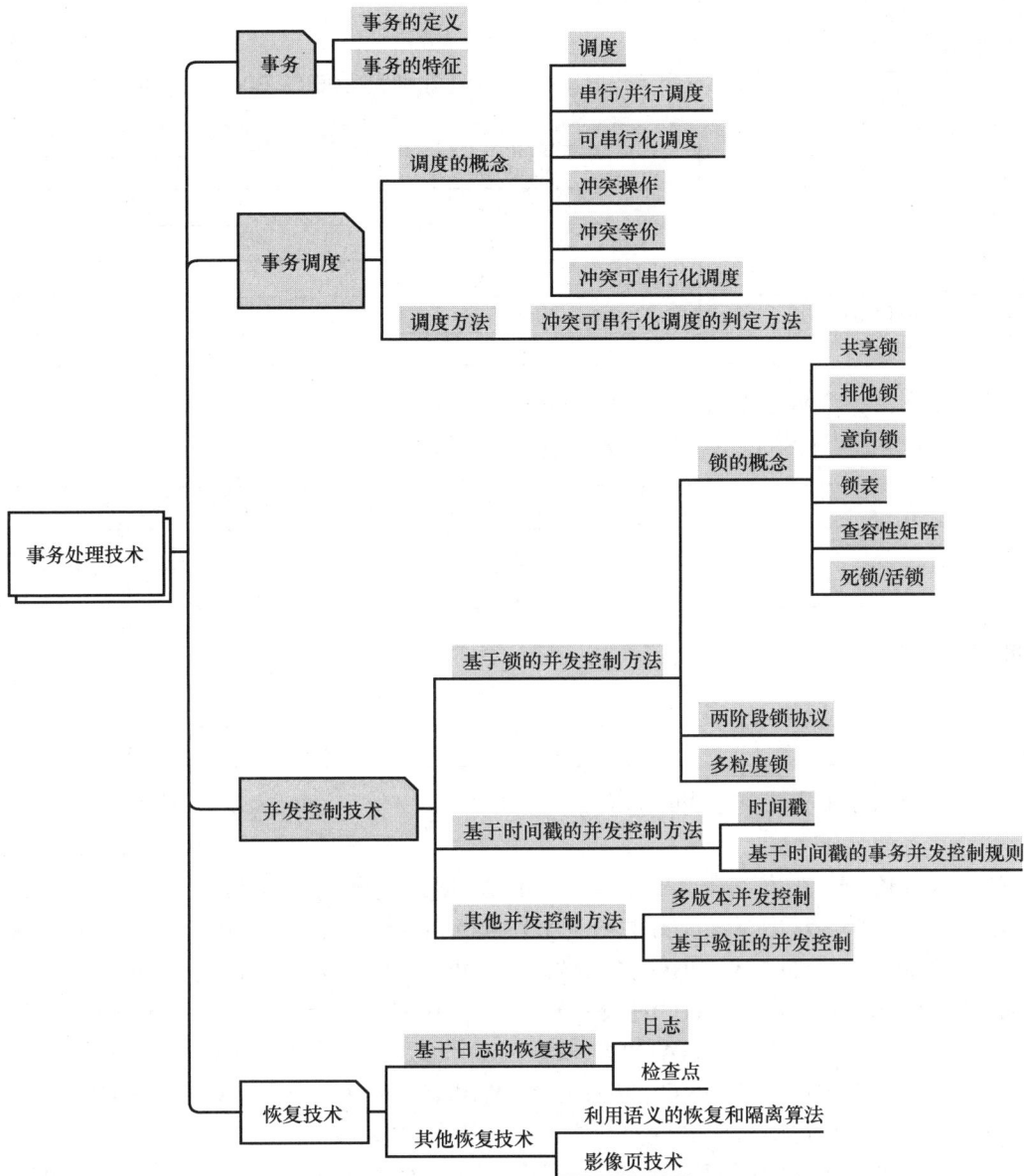

图 2-11-1　本章事务处理技术的知识点

（2）一致性。若要保障数据库的一致性，就需要保障每个事务是正确的、一致的，即事务把数据库从一个一致性状态转换到下一个一致性状态。

（3）持久性。事务一旦提交，它对数据库的影响就应该是持久的，或者说是永久的，后续的其他操作或系统各种故障都不应该对其执行结果有任何影响。

（4）隔离性。事务之间是隔离的，每个事务对数据库的操作不受其他并发执行的事务干扰，对每个事务来讲，都好像只有它自己在对数据库进行操作。

事务的 ACID 特性是数据库管理系统设想的理想状态下，事务需要具备的特性。若在并发、面临各类故障威胁的现实运行环境中，每个事务都对数据库施加完整的影响或者完全没有影响，那么数据库就一直处于一致性状态，是可靠的。接下来的问题就是系统应该采取什么措施去保障事务的 ACID 特性。

【解析】参看主教材 11.1 节。

2. 考虑下表中 4 个事务，令 A、B、C 的初值分别是 1000、2000、3000。

T_1	T_2	T_3
Read(A)	Read(B)	Read(C)
Read(B)	Read(C)	C:=C*0.5
A:=A-50	B:=B+C*0.1	Write(C)
B:=B+50	C:=C*0.9	Read(A)
Write(A)	Write(B)	A:=A*0.9
Write(B)	Write(C)	Write(A)

（1）请列出 3 个事务串行执行的顺序和执行结果。

答：3 个事务串行执行的顺序和执行结果如下表所示。

执行顺序	执行结果
T_1、T_2、T_3	A=855、B=2350、C=1350
T_1、T_3、T_2	A=855、B=2200、C=1350
T_2、T_1、T_3	A=855、B=2350、C=1350
T_2、T_3、T_1	A=850、B=2350、C=1350
T_3、T_1、T_2	A=850、B=2200、C=1350
T_3、T_2、T_1	A=850、B=2220、C=1350

（2）请列出 3 个事务间的冲突操作。

答：

T_1 中 Read(A)与 T_3 中 Write(A)冲突；T_1 中 Write(A)与 T_3 中 Read(A)、Write(A)冲突；
T_1 中 Read(B)与 T_2 中 Write(B)冲突；T_1 中 Write(B)与 T_2 中 Read(B)、Write(B)冲突；
T_2 中 Read(B)与 T_1 中 Write(B)冲突；T_2 中 Write(B)与 T_1 中 Read(B)、Write(B)冲突；
T_2 中 Read(C)与 T_1 中 Write(C)冲突；T_3 中 Write(C)与 T_3 中 Read(C)、Write(C)冲突；
T_3 中 Read(A)与 T_1 中 Write(A)冲突；T_3 中 Write(A)与 T_1 中 Read(A)、Write(A)冲突；
T_3 中 Read(C)与 T_2 中 Write(C)冲突；T_3 中 Write(C)与 T_2 中 Read(B)、Write(B)冲突。

（3）请给出一个可串行化调度及与之等价的串行调度。

答：一个可串行化的调度如下表左半部分，下表右半部分是与之等价的串行调度。

T_1	T_2	T_3	T_1	T_2	T_3
Read(A)	Read(B)			Read(B)	
	Read(C)			Read(C)	
	B:=B+C*0.1			B:=B+C*0.1	
	C:=C*0.9			C:=C*0.9	
	Write(B)			Write(B)	
Read(B)				Write(C)	
	Write(C)		Read(A)		
A:=A-50			Read(B)		
		Read(C)	A:=A-50		
B:=B+50			B:=B+50		

T_1	T_2	T_3	T_1	T_2	T_3
		C:=C*0.5	Write(A)		Read(C)
		Write(C)			C:=C*0.5
Write(A)					Write(C)
		Read(A)			Read(A)
		A:=A*0.9			A:=A*0.9
		Write(A)			Write(A)

（4）请为事务 T_1 加锁，使其符合两阶段锁协议，列出加锁后的操作序列。

答：此题的答案不唯一，只需要满足两阶段锁协议即可。一种满足两阶段锁协议的加锁后的操作序列如下。

```
XLock(A) XLock(B) Read(A) Read(B) A:=A-50 B:=B+50 Write(A) Unlock(A) Write(B)
UnLock(B)
```

（5）若 3 个事务都符合两阶段锁协议，请给出一个无死锁的冲突可串行化调度，并给出与之等价的串行调度。

答：以下是一个符合两阶段锁协议的无死锁的冲突可串行化调度，它等价于串行调度 $T_2T_1T_3$。

T_1	T_2	T_3	T_1	T_2	T_3
XLock(A)					
Read(A)			Unlock(A)		
	XLock(B)			Unlock(C)	
	Read(B)				Lock(C)
	XLock(C)		Write(B)		
	Read(C)		Unlock(B)		
	B:=B+C*0.1				Read(C)
	C:=C*0.9				C:=C*0.5
	Write(B)				Write(C)
	Unlock(B)				XLock(A)
XLock(B)					Unlock(C)
Read(B)					Read(A)
A:=A-50					A:=A*0.9
	Write(C)				Write(A)
B:=B+50					Unlock(A)
Write(A)					

（6）若 3 个事务都符合两阶段锁协议，请给出一个有死锁的调度。

答：以下是一个符合两阶段锁协议的、有死锁的调度。T_1 获得 A 上的排他锁、等待 B 上的排他锁，T_2 获得 B 上的排他锁等待 C 上的排他锁，T_3 获得 C 上的排他锁等待 B 上的排他锁，3 个事务互相等待，形成死锁。

T_1	T_2	T_3
XLock(A)		
Read(A)		

T_1	T_2	T_3
	XLock(B)	
	Read(B)	
		Lock(C)
	XLock(C)	Read(C)
		C:=C*0.5
		Write(C)
		XLock(A)
XLock(B)		

【解析】以上第（3）～（6）小题答案都不唯一，学生可参考主教材 11.2 节、11.3 节。

3. 在数据库系统中为什么要进行并发控制？它能够保证事务的哪些特性？

答：数据库是共享资源，通常有许多个事务需要同时访问，因此要进行并发控制。并发控制技术主要保证在并发环境下事务的隔离性、原子性和一致性。

【解析】参考主教材 11.1.2 小节。

4. 数据库系统中为什么要有恢复技术？它能够保证事务的哪些特性？

答：由于数据库系统在运行过程中可能会遭遇软硬件故障、用户操作失误或恶意破坏、断电和自然灾害等问题而造成事务非正常终止、数据库处于不一致状态，因此需要建立恢复子系统，用于将数据库从各种故障中恢复到一个数据一致性的状态且确保数据损失尽可能少。

恢复技术能保证事务的原子性、一致性和持久性。

【解析】参考主教材 11.1.2 小节。

5. 答：略。

6. 增加意向锁后 IS 锁、IX 锁分别是什么锁？为什么是相容的？请说说你对图 2-11-2 添加意向锁后的相容性矩阵的理解。

T_1	T_2				
	S 锁	X 锁	IS 锁	IX 锁	SIX 锁
S 锁	Y	N	Y	N	N
X 锁	N	N	N	N	N
IS 锁	Y	N	Y	Y	Y
IX 锁	N	N	Y	Y	N
SIX 锁	N	N	Y	N	N
—	Y	Y	Y	Y	Y

图 2-11-2　添加意向锁后的相容性矩阵

答：增加意向锁后，IS 锁、IX 锁分别是以下锁。

IS 锁（intent share lock）：意向共享锁，也称意向读锁，表示事务要读取此数据库对象所包含的一个数据库子对象。

IX 锁（intent exclusive lock）：意向排他锁，也称意向写锁，表示事务要写入此数据库对象所包含的一个数据库子对象。

解释图 11-10，第 1 行，若事务 T_1 已对数据 O 增加共享锁，表示它正在读 O 的数据，此时，若事务 T_2 要对 O 加读锁，两个读操作没有冲突，所以矩阵第 1 行第 1 列为 Y。同样地，若事务 T_2 要对 O 加意向读锁，表示它要读取 O 所包含的数据对象，两个读操作也没有冲突，所以矩阵第 1 行第 3 列为 Y。其他情况，分别表示事务 T_2 要对 O 进行写操作、对其所包含数据进行写操作、先读 O 后写 O 所包含的数据对象，这些操作都与 T_1 的读操作冲突，因此对应的列为 N。对其他行可进行类似解释。

【解析】意向锁的产生是因为考虑了数据对象的粒度，即数据对象可能包含子数据对象的情况。意向锁提高了锁的处理效率，应用广泛，学生可仔细研读主教材 11.3.2 小节及查阅相关资料以加深理解。

7. 恢复算法需要构造一个 redo 序列和 undo 序列，这两个序列执行时按什么顺序？为什么？

答：恢复算法扫描日志（一般从距离故障点最近的一个检查点开始扫描），对已提交的事务、未提交的事务分别记录生成 redo 序列和 undo 序列。redo 序列是已提交事务的序列，也就是需要重做的事务的序列；undo 序列是未提交事务的序列，是需要回滚的事务的序列。两个序列的事务都按时间顺序由先到后排列。

redo 序列按时间顺序由先到后进行 redo 操作，按它们对数据库施加影响的先后顺序执行，这正是数据库系统在正常执行时的情形，因此其执行结果正好是恢复了这个事务序列对数据库的整体影响。

undo 序列按时间逆序进行 undo 操作，这些事务对数据库的影响是按其执行的时间顺序，因此撤销时按逆序，正好可以撤销整个序列对数据库的影响。参看主教材 11.5.2 小节。

8. 基于日志的恢复技术为什么强调先写日志后写数据库？

答：日志是用来记录对数据库进行更新操作的文件，主要包括各个事务的开始标记、各个事务的结束标记和各个事务的所有更新操作。

登记日志文件必须先写日志文件后写数据库。事务对数据库的更新操作如果为先写日志后写数据库，当系统发生故障时，若日志中没有记录，则可以认为此事务未发生，忽略掉它对数据库的影响；若日志中有事务对数据库的操作，则可依据策略选择 redo（或 undo）重做（或撤销）它对数据库的影响，由此完成恢复数据库的操作。

若先写数据库后写日志，系统发生故障时，无法依据日志恢复数据库，也无法确定数据库是否已受到某个事务的影响，无法顺利地完成恢复数据库的操作。参看主教材 11.5.2 小节。

9. 什么是检查点？它包括哪些内容？

答：检查点可被看作一个叫作<checkpoint>的日志记录，也可被看作一个时刻。在检查点时刻，系统需要完成下列操作。

（1）将当前主存中的所有日志记录写入磁盘上的日志文件中。

（2）将所有缓冲区中的数据写入磁盘上的数据库文件中。

（3）在日志中写入一个新的日志记录<checkpoint>中。

【解析】参看主教材 11.5.2 小节。

10. 数据库转储也可以用于在系统出现故障时恢复数据库，那么为什么还需要基于日志的恢复技术？

答：数据库转储虽然可以用于在系统出现故障时恢复数据库，但是转储通常只是在特定的时间点进行，因此在转储时间到故障时间之间的事务操作无法恢复，数据可能会丢失。另外，对于大型数据库，转储和恢复可能需要耗费很长时间，无法满足高性能的要求。

基于日志的恢复技术可以持续记录事务开始、对数据库的修改、提交等操作，发生故障时可以将数据库恢复到距离故障点最近的一个一致性状态，降低故障对数据库的影响。因此，转储和基于日志的恢复技术可结合使用，这样一方面可尽量降低故障对数据库的影响，另一方面可提高数据库的恢复效率。

【解析】参看主教材 11.5.2 小节。

11.3 拓展习题

1．选择题

（1）如果一个事务执行成功，则全部更新提交；如果一个事务执行失败，则已做过的更新被恢复原状，好像整个事务从未有过这些更新。这样就能够保持数据库处于_____状态。

A．安全性　　　　　B．一致性　　　　　C．完整性　　　　　D．可靠性

（2）事务（transaction）是_____。

A．一段对数据库操作的程序　　　　　B．操作系统中的一个进程
C．对数据库的一个操作序列　　　　　D．一条数据库的完整性规则

（3）事务对数据库的修改一旦写入数据库，对数据库的影响就是永远的、不会消失的。这个性质称为事务的_____。

A．原子性　　　　　B．一致性　　　　　C．隔离性　　　　　D．持久性

（4）并发控制技术不保证事务的_____。

A．原子性　　　　　B．一致性　　　　　C．隔离性　　　　　D．持久性

（5）数据库系统并发控制的目的是_____。

A．保证并发环境下数据库的一致性　　　B．保证事务串行访问数据库
C．避免事务并行访问数据库　　　　　　D．保障出现故障时数据库仍处于一致性状态

（6）关于"死锁"，下列说法中正确的是_____。

A．死锁是进程的问题，事务之间不存在死锁
B．防止死锁的方法是禁止多用户并发访问数据库
C．当两个事务同时读写同一数据时可能会发生死锁
D．数据库需要随时进行死锁检测，以解除死锁

（7）一张表被多个事务同时操作，以下_____是不可能发生的。

A．都是对表的读操作　　　　　　　　　B．不同事务在读写表
C．不同事务在读写不同元组　　　　　　D．不同事务在同时写不同的元组

（8）若事务 T 对数据 R 已加了 IX 锁，则其他事务对数据 R_____。

A．可以加 S 锁，不能加 X 锁　　　　　B．不能加 S 锁，也不能加 IX 锁
C．不能加 S 锁，可以加 IX 锁　　　　　D．不能加 S 锁，也不能加 IS 锁

（9）转储是用来_____的。

A．在出现故障后恢复数据库　　　　　　B．进行一致性控制
C．保障数据库的安全性　　　　　　　　D．保障事务 ACID 特性

（10）用于数据库恢复的重要文件是_____。

A．数据库文件和索引文件　　　　　　　B．索引文件和 BLOB 文件

C. 日志文件和转储文件　　　　　　　　　　D. 日志文件和回滚文件

（11）若系统停止导致事务执行中断且内存中的信息丢失，但外存上的数据未受影响，这种情况称为_____。

A. 事务故障　　　　　B. 系统故障　　　　C. 介质故障　　　　D. 运行故障

（12）关于事务隔离级别，下列叙述中正确的是_____。

A. REPEATABLE READ 可避免出现幻读问题

B. READ COMMITTED 可避免出现不可重复读的问题

C. READ UNCOMMITTED 可避免脏读的问题

D. SERIALIZABLE 可避免脏读的问题

（13）由于某种硬件故障导致存储在外存上的数据部分损失或全部损失，称为_____。

A. 事务故障　　　　B. 系统故障　　　　C. 介质故障　　　　D. 人为错误

（14）并发控制主要用于避免出现_____。

A. 不安全　　　　　B. 死锁　　　　　C. 死机　　　　　D. 数据不一致

（15）关于锁机制，下列叙述中错误的是_____。

A. 若调度满足两阶段锁协议，则其执行结果是正确的

B. 封锁的粒度越小，系统的开销越大，并发度可能有所增加

C. 封锁的粒度越大，系统的开销越小，并发度越小

D. 两阶段锁协议可避免死锁

2．填空题

（1）事务是一组不可分割的工作单元，要么全做、要么全不做的特征被称为事务的_____。

（2）假设 $T = \{T_1, T_2, \cdots, T_n\}$ 是事务集合，每个事务 T_i 由多个有序的操作组成 $T_i = \{O_{i1}, O_{i2}, \cdots, O_{im}\}$，则调度 S 是一个由这些_____组成的有序序列。

（3）若一个并行调度的执行结果与某一个_____的执行结果相同，则它是一个可串行化调度。

（4）假设 O_i、O_j 是调度 S 中两个相邻操作，它们分别属于两个不同的事务，且它们不是冲突操作。那么交换 O_i、O_j 的执行顺序，所得到的调度 S'与调度 S_____。若调度 S_____于一个串行调度，则它是一个冲突可串行化调度。

（5）两阶段锁协议规定事务在_____阶段只能不断地获得锁、不能释放锁，在_____阶段只能释放锁、不能再获取新的锁。

（6）考虑到锁粒度，在对一个数据对象加写锁时，必须对其所有上层数据对象加_____锁。在对一个数据对象加读锁时，必须对其所有上层数据对象加_____锁。

（7）数据对象 A 的读时间戳 RT(A)是读 A 的_____事务的时间戳，其写时间戳 WT(A)是写 A 的_____事务的时间戳。

（8）并发控制的主要方法包括_____、_____、_____、_____的并发控制方法。

3．简答题

（1）事务 T_0、T_1、T_2、T_3 所包含操作如下表所示。

T_0	T_1	T_2	T_3
Read(A)	Read(B)	Read(C)	Read(D)
Read(B)	Read(C)	C:=C-100	D:=D+100
A:=A-50	B:=B-500	Write(C)	Write(D)
B:=B+50	C:=C+500		
Write(A)	Write(B)		
Write(B)	Write(C)		

假设各变量初值为 A=1000，B=2000，C=700，D=300，请给出一个可串行化调度，并列出它所等价的串行调度。

（2）以下是一段日志：

```
<T0, start>
<T0, A, 1000, 950>
<T0, B, 2000, 2050>
<T1, start>
<T0, commit>
<T1, B, 2050, 1550>
<T2, start>
<T2, C, 700, 600>
<checkpoint {T1, T2}>
<T3, start>
<T2, commit>
<T3, D, 300, 400>
<T1, B, 2050>
<T1, abort>
```

系统崩溃后依据此段日志恢复数据库，具体要求如下。

① 给出 redo、undo 序列。

② 列出系统恢复后 B、C、D 的值。

11.4 拓展习题答案

1．选择题答案

题号	1	2	3	4	5	6	7	8	9	10	11	12	13	14	15
答案	B	C	D	D	A	C	B	C	A	C	B	D	C	D	D

2．填空题答案

（1）原子性

（2）事务的操作

（3）串行调度

（4）冲突等价、冲突等价

（5）增长、收缩

（6）意向写、意向读

（7）最年轻、最年轻

（8）基于锁、基于时间戳、多版本、基于验证

3．简答题答案

（1）一个可能的可串行化调度如下表所示。

T_0	T_1	T_2	T_3
Read(A)			
Read(B)			
A:=A-50			
			Read(D)
B:=B+50			
		Read(C)	
		C:=C-100	
		Write(C)	
Write(A)			
Write(B)			
	Read(B)		
	Read(C)		
	B:=B-500		
	C:=C+500		
	Write(B)		
	Write(C)		
	Commit		
		Commit	
Commit			
			D:=D+100
			Write(D)
			Commit

与之等价的串行调度如下。

T_0,T_2,T_1,T_3

T_0,T_2,T_3,T_1

T_0,T_2,T_3,T_1

T_0,T_3,T_2,T_1

T_3,T_0,T_2,T_1

T_2,T_0,T_1,T_3

T_2,T_0,T_3,T_1

T_2,T_3,T_0,T_1

T_3,T_2,T_0,T_1

（2）

① 给出 redo、undo 序列。

答：redo 序列为 T_0,T_2；undo 序列为 T_3。

② 列出系统恢复后 B、C、D 的值。

答：B=2050, C=600, D=300。

第12章 大数据管理技术

12.1 知识点总结

大数据管理技术是近年发展最快的技术之一，是从海量低价值数据中抽取有用信息的一系列技术的组合。本章介绍大数据概述、大数据关键技术、面临的挑战与发展趋势等内容。

对本章知识点进行梳理如下。

1．知识点

本章大数据管理技术的知识点如图 2-12-1 所示，其中无底色部分需要了解，带灰底色部分需要理解并掌握。

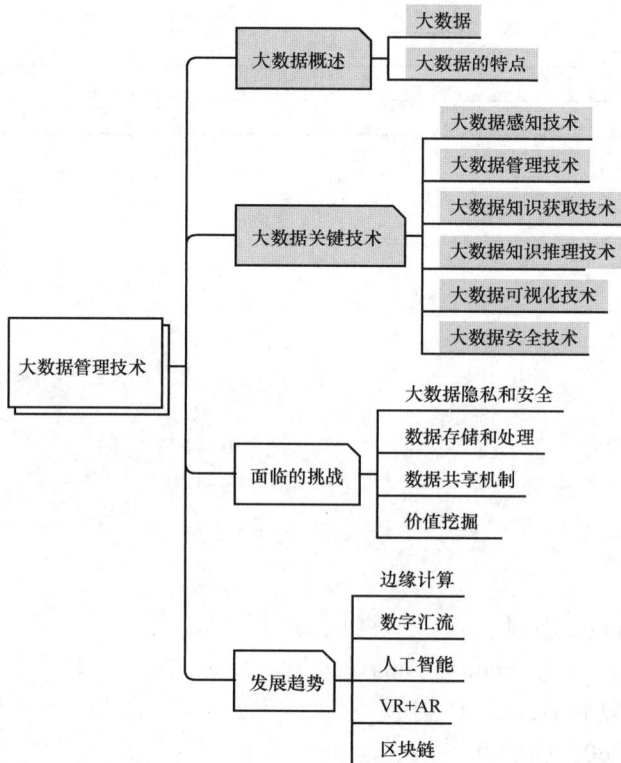

图 2-12-1　本章大数据管理技术的知识点

2．基础知识

（1）大数据概述（理解）。
（2）大数据关键技术（理解）。
（3）大数据面临的挑战与发展趋势（了解）。

3．本章难点

无。

12.2 习题解析

1．什么是大数据？它有什么特点？

答：大数据是指所涉及的数据规模巨大、结构复杂到无法通过人工或计算机在可容忍的时间内使用传统理论与技术完成存储、管理和处理任务，并解释成人们所能懂的信息的数据集。大数据的特点可总结为 Volume（巨量性）、Variety（多样性）、Velocity（高速性）和 Value（高价值，低价值密度）。

【解析】参看主教材 12.1 节。

2．大数据关键技术有哪些？

答：大数据关键技术包括大数据感知技术、大数据管理技术、大数据知识获取技术、大数据知识推理技术、大数据可视化技术和大数据安全技术等。

【解析】参看主教材 12.2.2 小节。

3．大数据采集系统主要分为哪些类型？

答：大数据采集系统主要分为基于传感器的采集系统、网络数据采集系统和系统日志采集系统三大类。

【解析】参看主教材 12.2.2 小节。

4．大数据存储的特点和要求有哪些？

答：大数据存储的特点和要求主要有以下几点。

① 容量：大数据的数量级通常可以达到 PB 级的规模，因此大数据存储系统需要达到相应等级的扩展能力。

② 延迟：大多数大数据的应用系统都要求较高的读写次数，因此大数据存储的实时性、延迟问题也需要具备较高的能力。

③ 安全：由于一些行业的特殊性，如金融信息、医疗数据、政治情报等具有它们的保密性和安全标准，因此存储大数据时需要考虑这些数据的安全性问题。

④ 成本：对于大数据环境下的企业来说，控制成本是关键性的问题。采用减少昂贵部件、数据缩减等方式将存储效率不断提升，可以达到更高的效率。

⑤ 数据累积：很多企业需要数据能够长期保存，如网络硬盘、视频点播平台，或者是一些行业（如医疗、金融、财政等）也有该需求。为了实现数据长期保存，这些企业或行业就需要保证大数据存储系统的长期可用性。

⑥ 灵活：设计大数据存储系统时，需要考虑其灵活性和扩展性，使它可以适应各种场景和应用类型。

【解析】参看主教材 12.2.2 小节。

5. 大数据面临着哪些挑战?

答:大数据面临的挑战主要包括数据隐私和安全、数据存储和处理、数据共享机制和价值挖掘问题。另外,在多源异构数据、可扩展性、容错性、数据质量方面也面临着挑战。

【解析】参看主教材 12.3.1 小节。

6. 大数据的发展趋势有哪些?

答:大数据的发展趋势包括与边缘计算、数据汇流、机器学习、人工智能、增强现实(AR)、虚拟现实(VR)和区块链等技术相结合。

【解析】参看主教材 12.3.2 小节。

第 **13** 章 数据库前沿技术

13.1 知识点总结

近年来，在人工智能、大数据、区块链、物联网等技术推动下，数据库技术正在取得突破性进展。本章介绍云数据库、AI 与数据库和 NoSQL 数据库等前沿数据库技术。

对本章知识点进行梳理如下。

1. 知识点

本章数据库前沿技术的知识点如图 2-13-1 所示，其中无底色部分需要了解，带灰底色部分需要理解并掌握。

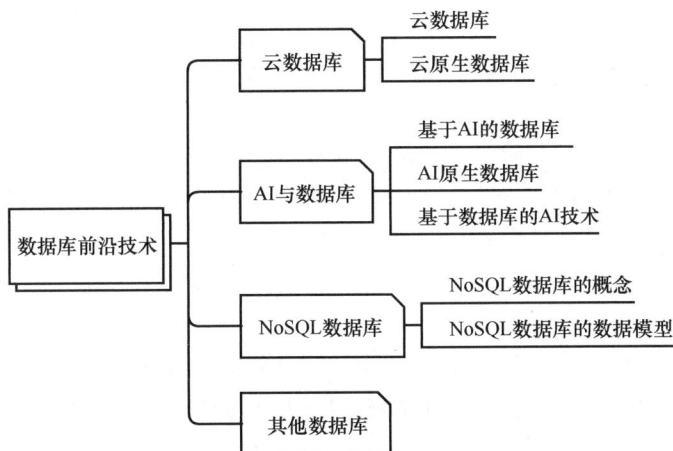

图 2-13-1　本章数据库前沿技术的知识点

2. 基础知识

云数据库、AI 与数据库和 NoSQL 数据库等前沿数据库技术（了解）。

3. 本章难点

无。

13.2 习题解析

1. 什么是云数据库？它主要包括哪些类型？

答：云数据库是传统数据库的"云化"，即将数据库部署在云端，以利用云平台的分布式存储能力，以及计算资源池的弹性扩展能力来提高数据库性能。云数据库工作在云计算平台的软件即服务（SaaS）层，为应用提供关系数据库服务，也被称作数据库即服务（database-as-a-service，DBaaS）。

云数据库可以分为关系数据库、NoSQL 数据库两大类。

【解析】参看主教材 13.1 节。另外，云数据库的概念没有统一定义，学生需要查阅相关资料了解。

2. AI 技术可以从哪些方面辅助提升数据库技术？

答：AI 技术从数据存取、查询处理和优化、交互性、安全性、运行与维护等多方面可以辅助提升数据库技术。

【解析】参看主教材 13.2 节。

3. 数据库技术可能从哪些方面为 AI 的发展助力？

答：通过有效结合数据库在存储、管理和操作数据上的优势，可以提高 AI 训练和学习效率。另外，大数据是现代 AI 的基础，建立基于大数据的深度表征，学习和识别新理论与新方法，有助于突破现有 AI 可解释性瓶颈，形成高精度、高稳定性、可信赖的智能模型与方法体系。

【解析】参看主教材 13.2 节。

4. NoSQL 数据库模型主要包括键值对数据模型、列数据模型、文档数据模型和图数据模型 4 类。试述每类模型的特点及相应数据库适合的应用场景。

答：

（1）键值对数据模型，也称 Key/Value、K/V 或 KV 数据模型，数据采用键值对形式存储。近年键值对数据库适用于缓存、内存数据库等需要大量通过键存取数据的场合，因为它满足当前应用可存储多类型数据、高性能的需求。

（2）列数据模型，也称 Key-Column 模型，是键值对模型的扩展。列数据库在大数据存储分析方面有较多应用。

（3）文档数据模型可看作表示文档结构的树状模型。文档数据库可以通过已知树状结构进行解析来获取指定数据，也可以通过索引等技术加快数据处理速度，主要用于大数据存储与分析。

（4）图数据模型由节点和边组成，每个节点代表一个实体，每条边表示实体之间的一种关联关系。图数据库可用于构造大量复杂的信息，用于支持知识图谱、社交网络分析等新型应用。

【解析】参看主教材 13.3 节。

5. 云原生数据库是什么？它与云数据库的关系如何？

答：云原生数据库是云数据库的一种，是早期云数据库的进阶版，可看作一种云原生数据基础设施，是一种完全利用公有云优势的数据库服务，具备极致的弹性伸缩能力、无服务器（serverless）特性、全球架构高可用与低成本特性，并可以与云上其他服务集成联动。

【解析】参看主教材 13.1 节。

6. AI 原生数据库是什么?

答:AI 原生数据库通过将 AI 结合到数据库的处理、运维和组装中,使数据库实现自监控、自配置、自优化、自诊断、自愈、自安全和自组装,并为人工智能和数据库服务提供统一的调用接口。

简单地讲,它是 AI 技术与数据库技术的深度融合,如从支持 ARM、AI 芯片等新硬件开始到支持关系模型以外更复杂的张量模型、使用各种 AI 算法实现数据管理,再到支持自然语言的用户接口,借助 AI 实现更高效的数据管理。

【解析】参看主教材 13.2 节。

附录 A   MySQL 数据库系统

A.1   MySQL 下载与安装

A.1.1   MySQL 简介

MySQL 是一款小型关系型数据库管理系统，它是于 1995 年由瑞典的 MySQL AB 公司开发的，并于 2000 年开源，后被 Sun Microsystems Crop.收购，再后来与 Sun Microsystems Corp.一起被甲骨文公司收购。在甲骨文公司的管理下，MySQL 的商业化开发和社区服务都不断强化，已推出企业版、标准版、社区版、经典版、嵌入版和集群版等多个版本及系列工具，为 OLAP、OLTP、ML 和 Lakehouse 等提供数据服务。近年 MySQL 继续拓展，进入云数据库、大数据等领域，逐渐形成了完整的数据服务生态。目前，MySQL 是 Web 应用程序和企业应用的主流数据库产品之一，它在全球拥有数百万的用户和开发者，支持各种语言和平台。

MySQL 最大的优势在于开源，允许用户和开发者自由地下载、使用、修改和共享 MySQL 的代码，这使得 MySQL 不断得到完善和改进。另外，它体积小、速度快、可移植性强，这也是其成为流行数据库产品的原因。

A.1.2   下载与安装

MySQL 数据库可从其官网下载，下载界面如图 A-1 所示。

（1）运行安装包后会出现检测当前环境的提示。检测完成后，进入图 A-2 所示的界面，勾选【 I accept the license terms 】复选框，然后单击【 Next 】按钮（若本机之前安装过 MySQL 的其他版本，此处界面略有不同，但同样可单击【 Next 】按钮继续）。

（2）进入图 A-3 所示的界面，此界面下有 5 种安装模式：开发者模式（Developer Default）、仅服务器（Server only）、仅客户端（Client only）、完整（Full）安装和自定义（Custom）安装，用户可依据自己的需求选择安装。在此，选择【 Custom 】单选按钮，其目的是安装服务器和 Workbench 等软件。然后单击【 Next 】按钮，系统显示图 A-4 所示的界面。

图 A-1   下载界面

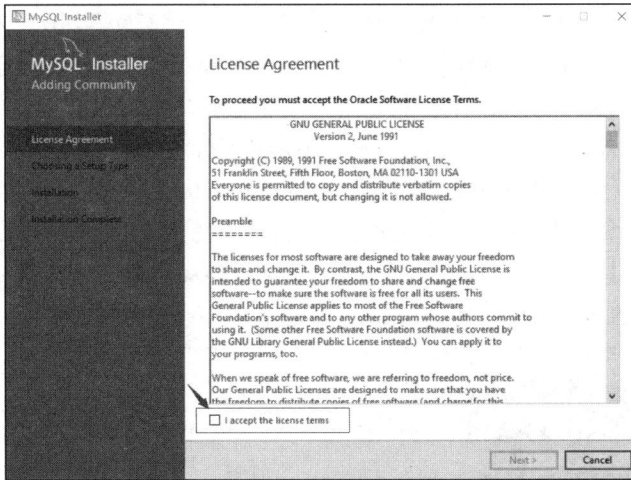

图 A-2　接受许可协议

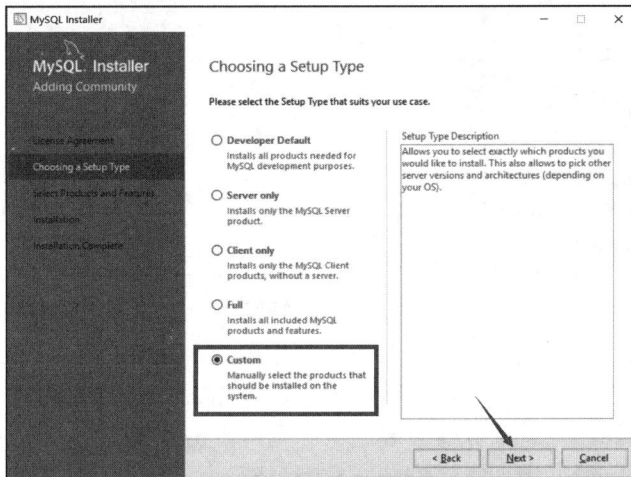

图 A-3　选择安装模式

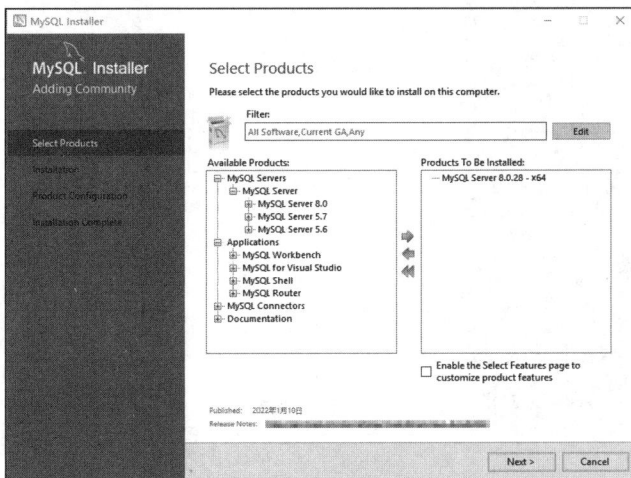

图 A-4　选择服务器和应用

（3）在图 A-4 中选择服务器和应用。MySQL 服务器有 x86 和 x64 两个选项，若计算机为

64bit 的，则选择 x64（这里为"MySQL Server 8.0.28-x64"），若计算机为 32bit 的，则选择 x86。选定选项后继续选择需要安装的应用，应用包括 MySQL Workbench、MySQL for Visual Studio、MySQL Shell、MySQL Router 等，在本书实验中只需要选择 MySQL Workbench 和 MySQL Shell 即可，其他选项可以不选。MySQL 连接程序（MySQL Connectors）也可以不选，等需要使用数据库编写软件时，再依据编程环境选择。文档（Documentation）包括 MySQL 操作手册和样例数据库，一般选择与 MySQL 服务器版本匹配的文档。样例可用于自学，建议学生安装。

（4）单击【Next】按钮，进入图 A-5 所示界面。图 A-5 右侧列表给出完成本书实验的最低选择，用户可依据需要添加其他选项，完成选择后单击【Next】按钮，开始安装。

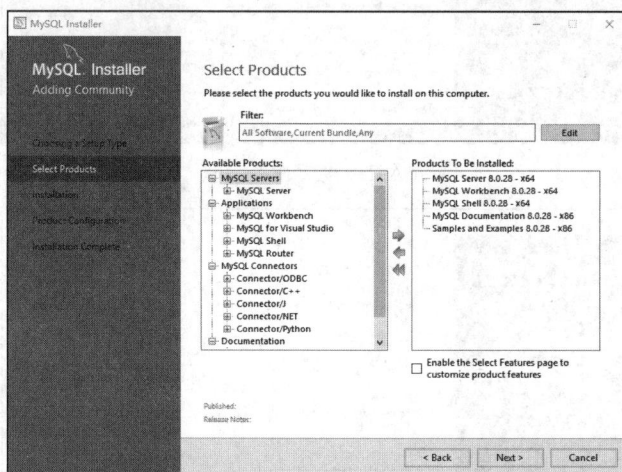

图 A-5　确认选择

（5）在图 A-6 所示的界面中，单击【Execute】按钮，开始安装所选择的软件。安装完成后，系统对所有成功安装的软件显示一个绿色标识，对未成功安装的软件显示一个红色标识，并显示安装未成功的原因。若服务器安装成功，则可单击【Next】按钮继续安装。若服务器安装不成功，则需要查看原因，重新安装，或者重新下载低版本 MySQL 软件并安装。

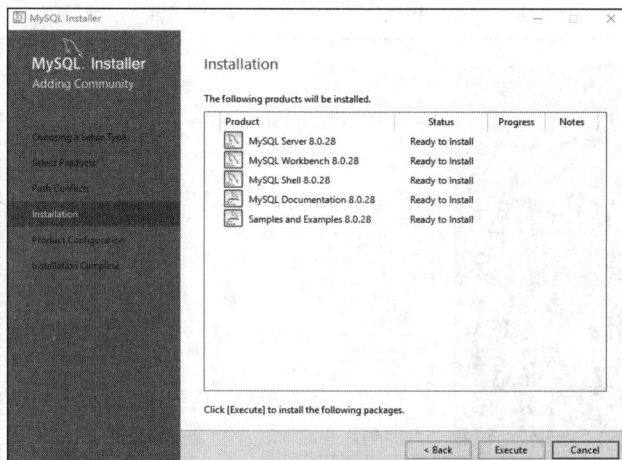

图 A-6　MySQL 软件安装界面

（6）在图 A-6 中安装成功后，单击【Next】按钮，进入 MySQL 配置界面，如图 A-7 所示。MySQL 配置包括类型和网络配置（Type and Networking）、认证方法（Authentication

Method）、账户和角色（Accounts and Roles）、服务器配置（Windows Service）等选项卡。具体类型和网络配置如图 A-7 右侧所示，在其中可选择服务器配置类型及 TCP/IP 端口、命名管道等。一般选择默认值即可。

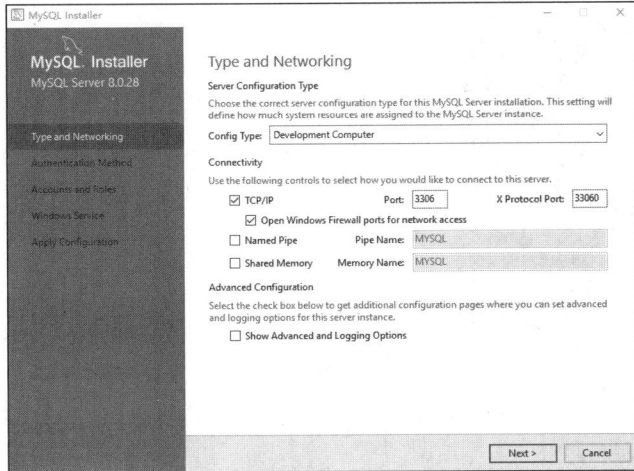

图 A-7　MySQL 配置界面

（7）如图 A-8 所示，认证方法配置有两个选项：使用强密码加密认证（Use Strong Password Encryption for Authentication(RECOMMENDED)）和使用原始认证方法（兼容 MySQL 5.x）（Use Legacy Authentication Method(Retain MySQL 5.x Compatibility)）。本书安装的是 MySQL 8.0.28 版本，使用默认选项。若需要兼容 MySQL 5.x 版本，则可选择使用原始认证方法（兼容 MySQL 5.x）选项。

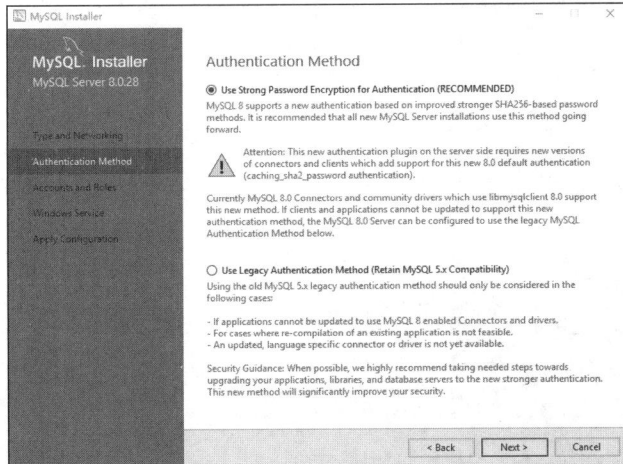

图 A-8　选择认证方法

（8）账号和角色配置主要是设置 root 用户的密码，如图 A-9 所示。root 用户是 MySQL 服务器的超级用户，它拥有所有权限，如创建用户、配置各用户对数据的使用权限及查看所有数据库的数据权限等。用户一定要记住 root 用户的密码，否则后续使用 MySQL 服务会非常麻烦。此界面下还可以继续创建用户和角色，并配置其权限，用户可预先设置需要的用户及其权限，也可忽略此步。安装完成后，在服务器正常运行的情况下，依据需求进行配置。配置完成后，单击【Next】按钮，进入 Windows 服务配置界面，如图 A-10 所示。

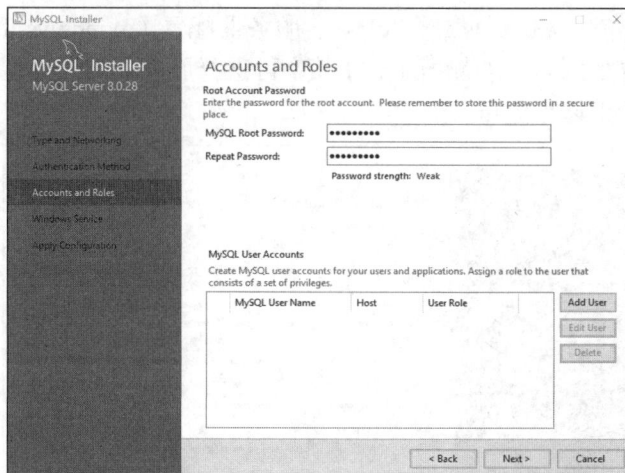

图 A-9　配置账号和角色

（9）在图 A-10 中可选择是否配置 MySQL 为一个 Windows 服务、开机自动运行，以及启动服务器的账号，一般保持默认选择，单击【Next】按钮，进入连接服务器界面，如图 A-11 所示。

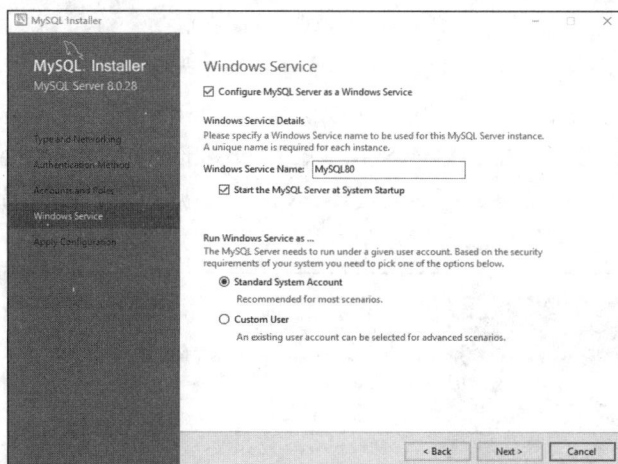

图 A-10　配置 Windows 服务

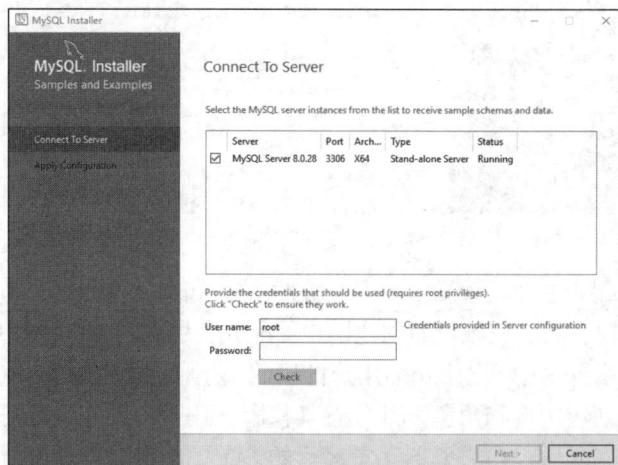

图 A-11　连接服务器

（10）此时需要输入 root 账户的密码，用于启动 MySQL 服务器并完成配置。配置完成后，显示安装完成界面，如图 A-12 所示，此时可选择是否启动 MySQL Workbench 软件和 MySQL Shell 软件。选择后，单击【Finish】按钮。MySQL 启动后，用户可以开始使用 MySQL。

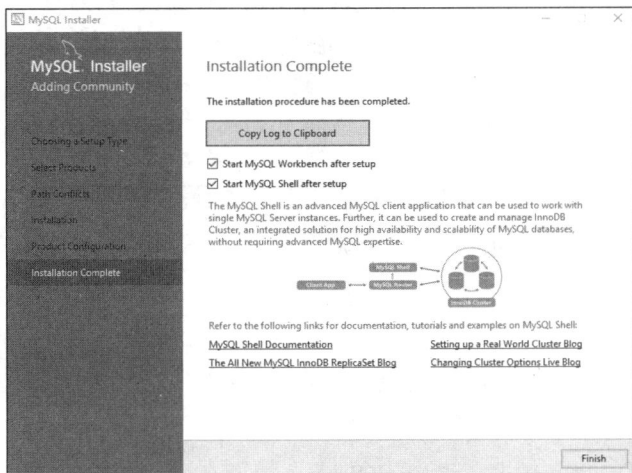

图 A-12　安装完成界面

环境变量 PATH 是 Windows 操作系统用来配置应用程序运行位置的参数。用户可通过将 MySQL 运行目录加入 PATH 变量的方法简化 MySQL 的使用。其具体操作方法如下。

右击桌面上的【计算机】图标，在弹出的快捷菜单中选择【属性】命令，打开【系统属性】对话框，切换到【高级】选项卡【见图 A-13（a）】，然后单击【环境变量】按钮，弹出【环境变量】对话框【见图 A-13（b）】。在【系统变量】列表框中选择 Path 变量，然后单击【编辑】按钮，可看到系统变量 Path 的所有值。在此对话框中单击【新建】按钮，输入 MySQL 安装目录下 bin 的路径，然后单击【保存】按钮，完成系统变量 Path 的设置，如图 A-13（c）所示。MySQL 安装目录下 bin 的路径可以通过在 Windows 资源管理器中查找该目录得到。

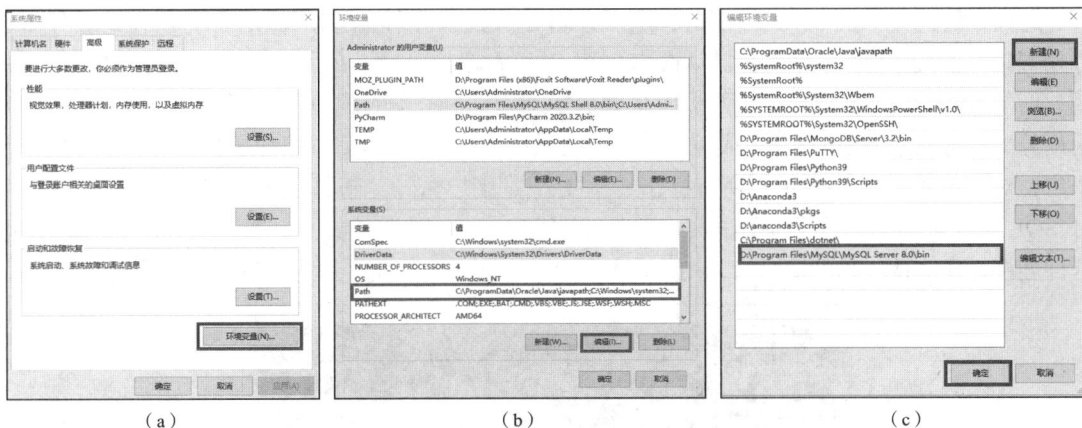

（a）　　　　　　　　　　　　　（b）　　　　　　　　　　　　　（c）

图 A-13　配置环境变量

配置好 Path 变量后，可在 Windows 10 的 PowerShell 窗口（或 Windows cmd 窗口）输入 MySQL 命令，启动 MySQL 命令行客户端来连接 MySQL 服务。

A.1.3 MySQL 服务管理

安装完成后，MySQL 即注册为 Windows 服务。图 A-14 给出 Windows 服务窗口，其中 MySQL80 就是 MySQL 服务。若 MySQL 服务不处于"正在运行"状态，则可双击此项服务，在弹出的窗口中选择启动该服务。此外，也可在弹出窗口中修改服务启动方式，一般服务的启动方式分手动、自动两种。自动启动是指每次开机时服务自动运行。若不常使用 MySQL 服务，则可将启动方式修改为手动方式，在每次需要使用 MySQL 数据库时，才手动启动 MySQL80 服务。

图 A-14   Windows 服务窗口

另外，还可以使用命令方式启动 MySQL 服务，即在 Windows 10 的 PowerShell 或 cmd 窗口下输入 net start mysql80 命令来启动 MySQL 服务；当然，在 MySQL 服务运行情况下，也可使用 net stop mysql80 命令来停止 MySQL 服务。停止、启动 MySQL 服务如图 A-15 所示。

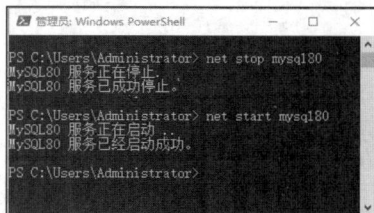

图 A-15   停止、启动 MySQL 服务

A.1.4   客户端连接 MySQL 服务器

MySQL 命令行客户端连接服务器有以下两种方式。

一种方式是在 Windows 10 的 PowerShell 窗口下输入 MySQL 命令。其语法格式如下：

```
mysql -h <服务器主机名> -u <用户名> -p
```

此命令若连接本机 MySQL 服务，则可省略-h 参数，否则给出 MySQL 服务所在的服务器名称和端口（若端口号是 MySQL 默认端口 3365 时可省略）。参数-u 后要给出连接用户名。存储有用数据的 MySQL 服务器要使用数据库管理员特别为用户分配的用户名。一般数据库管理员会为用户分配一定权限，用户只可完成权限范围内的数据库操作。学生实验可使用具有最高权限的 root 账户，对 MySQL 服务器进行所有操作。参数-p 是用户密码，密码在此命令输入后，系统调用 MySQL 命令行客户端时才需要输入；若输入不成功，则无法连接到服务器。在图 A-16 给出使用这种连接方式连接成功的信息后，用户在此界面下可使用 MySQL 命令来完成对数据库的操作。

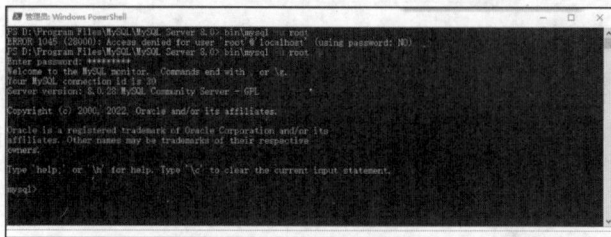

图 A-16   使用 MySQL 命令行客户端访问数据库

另一种方式是使用 MySQL 命令行客户端连接 MySQL 服务器。具体方法是在【开始】菜单中选择【MySQL】→【MySQL 8.0 Command Line Client】命令，则系统显示控制台窗口，直接输入 root 用户的密码后按 Enter 键，即可连接到 MySQL 服务器。

A.2 MySQL 的体系结构

MySQL 的体系结构的主要组件如图 A-17 所示。

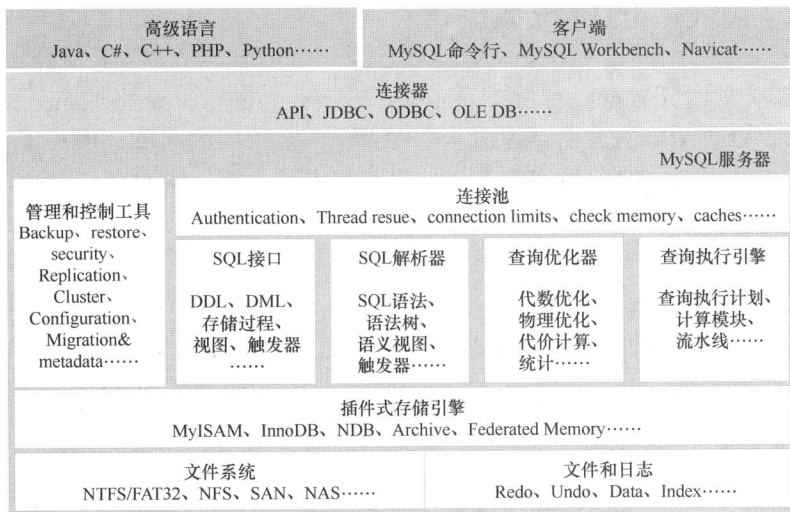

图 A-17　MySQL 的体系结构的主要组件

主要组件简单介绍如下。

连接池组件：管理缓冲用户连接、用户名、密码、权限校验、线程处理等需要缓存的需求。

管理和控制工具组件：包括数据库备份和恢复、MySQL 复制、集群等工具，用于数据库维护。

SQL 接口组件：允许用户使用 SQL 进行数据管理操作，支持 DDL、DML、存储过程和函数、视图、触发器等机制。

SQL 解析器组件：将 SQL 语句及 SQL 扩展解析为语法树，进行 SQL 语法和语义检查，保证 SQL 语法及语义正确。

查询优化器组件：对解析产生的语法树进行代数优化和物理优化，就最优（或次优）查询方案生成查询执行计划。

查询执行引擎组件：包括查询执行的多个计算组件，如排序、全表扫描、索引扫描、嵌套连接、散列连接等。对查询执行计划组装流水线进行执行，获取查询结果。

插件式存储引擎组件：存储引擎是数据库系统管理数据存储的组件，它调用操作系统的文件接口向上层提供关系表的基本操作接口，在关系表层面上实现记录的增、删、改、查等操作。MySQL 常用的存储引擎包括 MyISAM、InnoDB、NDB、Archive 等。MySQL 允许用户自行开发接口相同的存储引擎，替换现有存储引擎，因此称为插入式存储引擎。

文件系统、文件和日志组件：严格地讲，这部分是一个操作系统接口配置组件，调用操作系统的文件系统接口实现数据库系统所需要的文件管理。此部分的主要功能是实现跨平台调用，而不是实现操作系统已提供的文件管理功能。

除这些组件以外，还有事务组件、DDL 处理组件、缓冲组件等多个组成部分，具体可参考主教材中关系数据库管理技术部分。

另外，MySQL 还提供原生 API 供应用调用，以及 ODBC/JDBC/OLE DB 等连接器，并允许客户端和应用程序在此基础之上访问 MySQL 服务器。客户端是用户直接连接数据库服务器并完成数据操作的界面。应用程序是支持其用户完成某些功能的软件，程序员负责调用 API 来使用数据库，而最终用户不需要知道数据库的存在。

A.3 MySQL 的系统数据库

MySQL 服务器的元数据库有 information_schema、mysql、performance_schema 和 sys 这 4 个。SHOW DATABASES 命令可以用于查看这些数据库的名称，用户可自行查看这些数据库中每张表的内容。这些数据库一般是元数据库，具有一定权限的用户可以读，但用户不能对数据库进行数据修改、模式修改操作。

A.3.1 information_schema

information_schema 提供了访问数据库元数据的方式，保存着关于 MySQL 服务器所存储的所有数据库的信息。表 A-1 给出 information_schema 中常用表的介绍。值得注意的是，这些表都是用来存储元数据的，基本只能读取，不能修改。

表 A-1　information_schema 中常用表简介

表名	介绍
schemata	提供关于 MySQL 服务器中所有数据库的信息，包括数据库名、字符集、排序规则等信息。SHOW DATABASES 命令的信息从此表读取
tables	提供了关于数据库中表的信息（包括视图），详细表述了某个表属于哪个 schema、表类型、表引擎、创建时间等信息，SHOW TABLES FROM SCHEMANAME 的结果从此表读取
columns	提供了表中的列信息，详细表述了某张表的所有列以及每个列的信息，SHOW COLUMNS FROM SCHEMANAME.TABLENAME 的结果取自此表
statistics	提供了关于表索引的信息，SHOW INDEX FROM SCHEMANAME.TABLENAME 的结果从此表读取
user_privileges	用户权限表，给出了关于全程权限的信息，该信息源自 MySQL.user 授权表（非标准表）
schema_privileges	SCHEMA 权限给出了关于 schema（数据库）权限的信息，该信息来自 MySQL.DB 授权表（非标准表）
table_privileges	表权限，给出了关于表权限的信息，该信息源自 MySQL.tables_priv 授权表（非标准表）
column_privileges	列权限，给出了关于列权限的信息，该信息源自 MySQL.columns_priv 授权表（非标准表）
character_sets	字符集，提供了 MySQL 实例可用字符集的信息，SHOW CHARACTER SET 结果集取自此表
collations	提供了关于各字符集的对照信息
collation_character_set_applicability	指明了可用于校对的字符集，这些列等效于 SHOW COLLATION 的前两个显示字段
table_constraints	描述了存在约束的表，以及表的约束类型
key_column_usage	描述了具有约束的键列
routines	提供了关于存储子程序（存储程序和函数）的信息。此时，routines 表不包含自定义函数（UDF），名为 "MySQL.proc name" 的列指明了对应于 information_schema.routines 表的 MySQL.proc 表列
views	给出了关于数据库中的视图的信息。用户需要有 SHOW VIEWS 权限，否则无法查看视图信息
triggers	提供了关于触发程序的信息。用户必须有 SUPER 权限，才能查看该表

A.3.2 MySQL

MySQL 的核心数据库类似于 SQL Server 中的 master 表，主要负责存储数据库的用户信息、权限设置、关键字等 MySQL 需要使用的控制和管理信息。表 A-2 给出 MySQL 数据库中常用表的简介。

表 A-2　MySQL 数据库中常用表的简介

表名	说明
columns_priv	记录用户在某数据库的某表上对某列的操作权限
func	记录服务器上所有函数的信息
proc	记录服务器上所有存储过程的信息
procs_priv	记录对存储过程的操作权限
servers	记录服务器信息
slow_log	记录数据库中执行时间较长的 SQL 语句
tables_priv	记录用户对表的操作权限
user	记录用户信息

A.3.3 performance_schema

performance_schema 主要用于收集数据库服务器的性能参数。库中表的存储引擎均为 performance_schema，用户是不能创建存储引擎为 performance_schema 的表的。MySQL 5.7 默认是开启的。

A.3.4 sys

sys 库所有的数据源来自 performance_schema。其目标是减少 DBA 查询数据的量，以便更快地了解服务器的运行情况。

A.3.5 test 等样例数据库

MySQL 的样例数据库是可选择安装的，如 employees、sakila 和 world 等，用户在安装 MySQL 时可选择安装然后学习这些样例数据库。

A.4　MySQL 常用命令

A.4.1　常用参数查询命令

SHOW 命令是 MySQL 常用的显示参数的命令。

```
SHOW DATABASES; -- 显示 MySQL 中所有数据库的名称
SHOW TABLES 或 SHOW TABLES FROM database_name; -- 显示当前数据库中所有表的名称
SHOW COLUMNS FROM table_name FROM database_name; 或 SHOW COLUMNS FROM database_
name.table_name; -- 显示表中的列名称
SHOW TABLE STATUS;
-- 显示当前使用的或指定的数据库中每个表的信息。信息包括表类型和表的最新更新时间
SHOW PROCEDURE STATUS; -- 查看所有存储过程信息
```

```
SHOW FUNCTION STATUS; -- 查看函数信息
SHOW INDEX FROM table_name; -- 显示表的索引
SHOW GRANTS FOR user_name; -- 显示用户的权限，显示结果类似于 GRANT 命令的显示结果
SHOW CREATE DATABASE database_name;
-- 显示 CREATE DATABASE 语句是否能够创建指定的数据库或查看创建库的 SQL 语句
SHOW CREATE TABLE table_name;
-- 显示 CREATE TABLE 语句是否能够创建指定的数据表或查看创建表的 SQL 语句
SHOW CREATE PROCEDURE; -- 存储过程名称
SHOW CREATE FUNCTION func_name; --查看函数的内容
SHOW PROCESSLIST; -- 显示系统中正在运行的所有进程，也就是当前正在执行的查询。大多数用户可以查
看自己的进程，但是如果他们拥有 process 权限，就可以查看所有人的进程，包括密码
SHOW STATUS; -- 显示一些系统特定资源的信息，例如，正在运行的线程数量
SHOW VARIABLES; -- 显示系统变量的名称和值
SHOW PRIVILEGES; -- 显示服务器所支持的不同权限
SHOW ENGINES; -- 显示安装以后可用的存储引擎和默认引擎
SHOW WARNINGS; -- 显示最后一个执行的语句所产生的错误、警告和通知
SHOW ERRORS; -- 只显示最后一个执行语句所产生的错误
```

使用 SHOW STATUS 命令可以看到 MySQL 服务器运行状态的 431 条信息（MySQL 8.0
版本），包括当前 MySQL 运行时间、当前 MySQL 的客户端会话连接数、当前 MySQL 服务器
执行的查询数、当前 MySQL 执行的 SELECT 语句个数及执行的 UPDATE/DELETE/INSERT
语句个数等统计信息，以便根据当前 MySQL 服务器的运行状态进行对应的调整或优化工作。

若查询部分信息，则可通过在 SHOW STATUS 命令中添加变量名来表达。举例如下：

（1）当前 MySQL 运行统计时间。

```
SHOW STATUS LIKE 'uptime';
```

（2）当前 MySQL 执行 SELECT 语句的次数。

```
SHOW STATUS LIKE 'com_select';
```

（3）当前 MySQL 上 INSERT 语句的执行数。

```
SHOW [GLOBAL] STATUS LIKE 'com_insert';
```

（4）当前 MySQL 上 UPDATE 语句的执行数。

```
SHOW [GLOBAL] STATUS LIKE 'com_update';
```

（5）当前 MySQL 上 DELETE 语句的执行数。

```
SHOW [GLOBAL] STATUS LIKE 'com_delete';
```

（6）查看试图连接到 MySQL（不管是否连接成功）的连接数。

```
SHOW STATUS LIKE 'connections';
```

（7）查看线程缓存内线程的数量。

```
SHOW STATUS LIKE 'threads_cached';
```

（8）查看当前打开的连接的数量。

```
SHOW STATUS LIKE 'threads_connected';
```

（9）查看立即获得表锁的次数。

```
SHOW STATUS LIKE 'table_locks_immediate';
```

（10）查看不能立即获得表锁的次数。如果该值较高，并且有性能问题，应首先优化查询，然后拆分表或使用复制。

```
SHOW STATUS LIKE 'table_locks_waited';
```

（11）查看创建时间超过 slow_launch_times 的线程数。

```
SHOW STATUS LIKE 'slow_launch_threads';
```

（12）查看查询时间超过 long_query_times 的查询个数。

```
SHOW STATUS LIKE 'slow_queries';
```

SHOW VARIABLES 用于显示 MySQL 服务器变量。mysqld 服务维护两种变量：全局变量影响服务器的全局操作；会话变量（MySQL 8.0 有会话变量 540 多个，受会话个数影响，数量不定）影响具体客户端连接的相关操作。

通过连接服务器并执行 SET GLOBAL var_name 语句可以更改动态全局变量。要想更改全局变量，必须具有 SUPER 权限，重启 MySQL 服务后失效。

通过 SET SESSION var_name 语句来更改动态会话变量。但客户可以只更改自己的会话变量，而不更改其他客户的会话变量，退出终端后更改失效。

常用的查看操作如下：

```
SHOW GLOBAL VARIABLES LIKE 'character%'; -- 查看系统字符集
SHOW GLOBAL VARIABLES LIKE '%log_err%'; -- 查看当前错误日志配置
SHOW VARIABLES LIKE '%connections%'; -- 查看当前 MySQL 连接数
SHOW VARIABLES LIKE '%max_connections%'; -- 查看当前 MySQL 最大连接数
SHOW FULL PROCESSLIST; -- 查看当前连接列表
```

A.4.2 MySQL 变量设置命令

my.ini 配置文件

my.ini 是 MySQL 数据库中使用的配置文件，MySQL 服务器启动时读取这个文件，依据文件来配置 MySQL 运行环境。因此，用户可更改此文件中全局变量的值来修改 MySQL 运行环境。my.ini 文件仅在启动时生效，若对该文件进行修改，修改后的值在 MySQL 下一次启动时才生效。my.ini 经常需要配置的全局变量如表 A-3 所示。

表 A-3　my.ini 经常需要配置的全局变量

参数名称	说明
port	表示 MySQL 服务器的端口号
basedir	表示 MySQL 的安装路径
datadir	表示 MySQL 数据文件的存储位置，也是数据表的存放位置
default-character-set	表示服务器端默认的字符集
default-storage-engine	创建数据表时，默认使用的存储引擎
sql-mode	表示 SQL 模式的参数。通过这个参数可以设置检验 SQL 语句的严格程度
max_connections	表示允许同时访问 MySQL 服务器的最大连接数。其中一个连接是保留的，留给管理员专用的

参数名称	说明
query_cache_size	表示查询时的缓存大小。缓存中可以存储以前通过 SELECT 语句查询过的信息，再次查询时就可以直接从缓存中取出信息，以改善查询效率
table_open_cache	表示所有进程打开表的总数
tmp_table_size	表示内存中每个临时表允许的最大大小
thread_cache_size	表示缓存的最大线程数
myisam_max_sort_file_size	表示 MySQL 重建索引时所允许的最大临时文件的大小
myisam_sort_buffer_size	表示重建索引时的缓存大小
key_buffer_size	表示关键词的缓存大小
read_buffer_size	表示 MyISAM 表全表扫描的缓存大小
read_rnd_buffer_size	表示将排序好的数据存入该缓存中
sort_buffer_size	表示用于排序的缓存大小

A.5 MySQL 图形界面客户端

A.5.1 MySQL Workbench

MySQL Workbench 是 MySQL AB 发布的一款可视化的数据库设计软件。MySQL 官网的介绍称它是一款专为 MySQL 设计的 E-R/数据库建模工具。它有助于创建新的物理数据模型，并通过反向/正向工程和变更管理功能修改现有的 MySQL 数据库。

MySQL Workbench 主要功能包括执行 SQL 语句、配置和管理 MySQL 服务器、数据库设计（设计 E-R 图并生成数据库）、由数据库生成数据库物理模型及逆向生成 E-R 模型等。其中配置和管理 MySQL 服务器包括可视化查询执行计划、监测服务器性能、数据备份与迁移等。其用户主要是 DBA、专业用户、数据库设计人员等。

MySQL Workbench 支持在 Windows、macOS、Linux 等主流操作系统上安装和使用，用户可从 MySQL 官网下载并安装它。

A.5.2 Navicat

Navicat 是香港卓软数码科技有限公司开发的一系列图形化数据库管理软件。使用它同时连接多个本地或远程数据库，除支持用户使用 SQL 管理数据库外，还提供了数据模型、数据传输、数据同步、结构同步、导入、导出、备份、还原、报表创建工具及计划等工具来帮助用户管理数据。

Navicat 软件包括 Navicat Premium 用于连接 MySQL、Oracle、SQLite、PostgreSQL、Microsoft SQL Server 以及 MariaDB、MongoDB 等多种类型的数据库，方便用户管理多种类型的数据库。另外，Navicat 软件还包括 Navicat for MySQL、Navicat for Oracle、Navicat for SQLite、Navicat for PostgreSQL 等多个专用数据库管理软件。另外，Navicat 软件还包括 Navicat Data Modeler、Navicat Monitor、Navicat Charts Creator、Navicat Cloud 等用于数据库设计、监控、图表生成等特殊用途的数据分析与管理工具。

Navicat 软件一般可在 Windows、macOS、Linux 等主流操作系统上安装和使用，而且一般提供经典版、标准版和企业版 3 个版本，用户可从 Navicat 官网下载并安装它们。

实验报告样例

实验报告样例如下所示。

××××××××大学××××学院

"数据库系统"课程实验报告

实验名称	实验 1 实验环境及创建数据库		实验日期	2021.11.10
学号		姓名	成绩	

实验目的：

（1）了解 MySQL 的使用环境。

（2）熟悉 MySQL 任意客户端图形界面的使用方法。

（3）掌握数据库的创建与使用方法。

实验要求：

完成实验内容、实验习题及思考题，对主要的实验步骤，给出操作命令及执行结果（可截图）并完成实验报告。

实验内容及完成情况：

（1）连接 MySQL 服务器。

（2）显示当前服务器上的信息。

（3）创建数据库。

（4）查看数据库信息。

（5）运行 SQL 文件。

（6）删除数据库。

实验习题及完成情况：

（1）打开数据库服务，打开 MySQL 两种操作环境（MySQL 命令行和 Navicat 两种环境），体验两种环境的特点，选择其中之一完成数据库操作。

（2）查看当前用户及其权限。

（3）建立空数据库 employee，并设置为当前操作数据库。

（4）打开本次实验提供的文件 employee.sql，阅读 SQL 语句以了解数据库结构，运行该文件建立此数据库中包含的所有表，并导入数据。

（5）显示数据库名称、数据库包含表的列表、每张表的结构，并截图说明已完成该操作。

（6）查看 information-schema 数据库中关于 teaching 数据库的记录（information-schema 中关于数据库、表、字段、约束等信息的表中的信息）。

（7）查看当前 MySQL 服务器信息，包括当前时间、服务器连接数、打开文件数、打开表个数、当前查询个数等信息。

（8）查看 employee 数据库的字符集、排序规则、当前数据库中包含的视图、触发器、存储过程等信息。

思考题及完成情况：

MySQL 中 database 与 schema 是同义词，这个词与教材中提到的数据库是否等价？

注：要求学生按时完成实验，填写完成实验内容、实验习题及思考题的命令，对关键实验步骤截图并给出实验结果。

综合性实验报告样例如下所示。

××××大学

综合性实验报告

实验项目名称：×××

所属课程名称：×××

开设时间：×××

学生班级：×××

学生姓名：×××

指导教师：×××

综合性、设计性实验成绩单

开设时间：

专业		班级		学号		姓名	
实验题目与要求	为一家汽车公司设计实现一个汽车管理系统，其中包括汽车的进货、生产、加工管理，汽车的销售额和销售量的统计以及汽车订单与客户的信息存储，目的是加深对数据库建模、数据库设计的理解，从而提高数据分析、实体与关系建模及数据库设计的能力。						
自我评价	在本次综合性实验中，第一次独立地实现从 E-R 图的设计，到根据关系设计原则对其进行优化，再到数据的生成与填充，最后进行整个汽车管理系统的测试与完善。在这个过程中，我深刻地掌握了数据库设计与完善，提升了我对设计一个从零开始的数据库系统的技术。						
教师评语	评价指标： ➢ 题目内容完成情况　　　　优 □　　良 □　　中 □　　差 □ ➢ 对算法原理的理解程度　　优 □　　良 □　　中 □　　差 □ ➢ 程序设计水平　　　　　　优 □　　良 □　　中 □　　差 □ ➢ 实验报告结构清晰、完整　优 □　　良 □　　中 □　　差 □ ➢ 测试用例合理、充分　　　优 □　　良 □　　中 □　　差 □ ➢ 实验总结和分析详尽　　　优 □　　良 □　　中 □　　差 □						
成绩							

教师签名：

1　需求分析

　　本次实验的主要内容是为一家汽车公司设计汽车的相关管理系统，下面从用户角度和数据需求两个方面进行阐述。

1.1　用户需求概述

　　本次的数据库系统为车辆的信息【如一辆汽车的标识（详细信息）、品牌、车型、款式（组件）等】提供了存储应用，为公司和进货商双方提供了进货的交易应用，为公司和经销商双方提供了销售的交易应用，除此之外，还为公司提供了用户信息的存储应用，以及销售的统计，如销售额、销售量等统计量。数据库服务的用户包括公司内部人员、购买汽车的用户、供货商和经销商的管理人员，其中公司内部人员有权查看并修改系统所有数据，而购买汽车的用户只能查看与车辆相关的表，经销商和供货商只能查看和库存各自与公司交易有关的表内容。

1.2　数据需求

对系统需要使用的数据进行说明，包括数据内容、结构需求、约束条件、精度、规模、安全性等方面的需求。

本次实验需要为汽车公司存储相关数据而设计，其中需要使用的数据是较常见的信息、统计量等数据，其中内容包括汽车的 ID、颜色、品牌、型号，用户的个人信息、经销商和供货商的企业信息、交易日期和交易商品以及公司的销售额和销售量统计。其中结构需求中要求每一条信息存在唯一标识（ID），结构上类似于键值对。每个表数据存在的约束主要为外键约束，其中计数型数据的精度没有特殊要求，可以为整型。最终保证用户能够查看公司的销售趋势以及相关统计。

1.3　数据词典

（1）汽车类别：ID、品牌、车型、组件。
（2）品牌：ID、品牌名称。
（3）车型：ID、所属品牌、车型名称。
（4）组件：ID、颜色、引擎、变速器。
（5）经销商：ID、名称、地址、电话。
（6）销售额统计：ID、销售额、销售量。
（7）客户：ID、名字、性别、地址、电话、年收入。
（8）供货商：ID、电话、地址、企业名称。
（9）自营工厂：ID、工厂类型。
（10）供货行为：交易商品、日期。
（11）进货行为：进货商、进货商品、起止日期。
（12）购买行为：客户、购买日期、价格。

2　概念设计内容

2.1　概念设计综述

从一辆汽车的详细信息出发，派生出品牌、车模、组件和经销商的具体信息，再从模型出发可以派生出供货商、自营工厂，随后可以具体化经销商的信息、进货行为、购买行为和客户信息，同时能够将销售额统计具体化。

2.2　概念模型

绘制汽车管理系统的 E-R 模型，如图 C-1 所示。

2.2.1　实体

（1）供货商（suppliers）：其中包含车型（model_id）、零件（item）等字段，实现为特定车型提供特定零件。

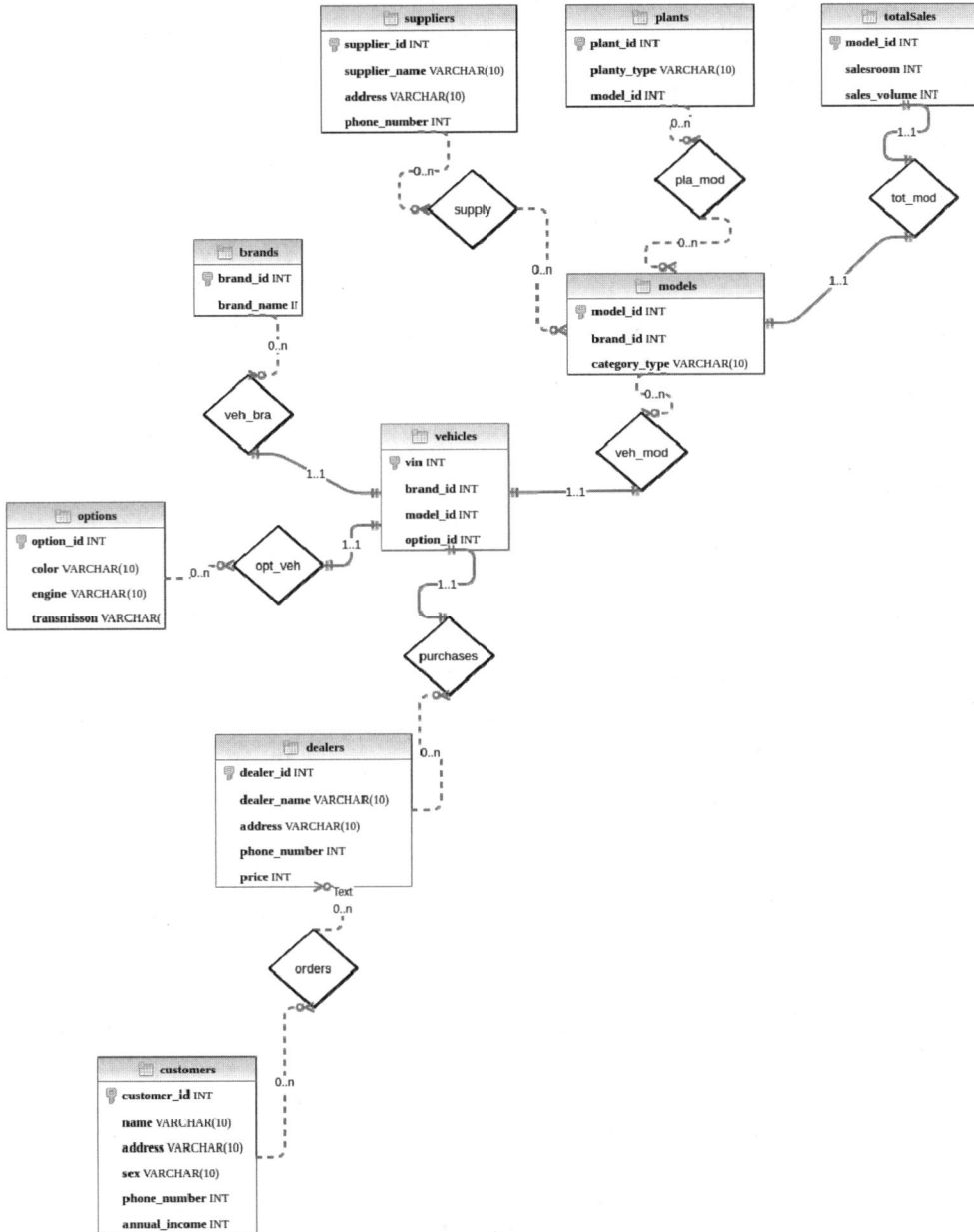

图 C-1 汽车管理系统的 E-R 模型

（2）自营工厂（plants）：plant_type 包含组装类型和生成类型，实现一些工厂为特定车型提供特定零部件；其他工厂则负责汽车的最终组装。

（3）车型（models）：本次车型使用的是模拟数据，category_type 字段域为不同的车型，如 SUV、Compact 等，实现每个品牌下拥有的车型。

（4）品牌（brands）：同样使用模拟数据，实现该汽车公司所拥有的不同的汽车品牌。

（5）汽车（vehicles）：为公司里一辆汽车的详细信息记录，包含组件、品牌、车型等，同时实现车辆识别码的功能需求（VIN）。

（6）组件（options）：实现颜色、引擎、变速器的相关说明。

（7）经销商（dealers）：实现经销商从厂家拿货并卖给客户的需求。

（8）客户（customers）：记录从不同经销商处购买汽车的客户个人信息，实现跟踪客源的需求。

2.2.2 联系

（1）供货行为（supply）：记录着不同供货商给某一特定车型提供特定零件的需求。

（2）进货行为（purchases）：记录着不同经销商从厂家拿货的编号、汽车、日期等信息，跟踪经销商的行为。

（3）购买行为（orders）：记录着客户从不同经销商购买车辆的行为，跟踪客源。

2.2.3 约束

除了一些必要的外键约束之外，orders 中还存在一个约束，即客户购买的汽车必须与经销商具有进货关系，也就是说该汽车必须是由该经销商从厂家进货。

3 数据库逻辑设计

3.1 逻辑设计综述

汽车管理系统的数据库逻辑结构图如图 C-2 所示。

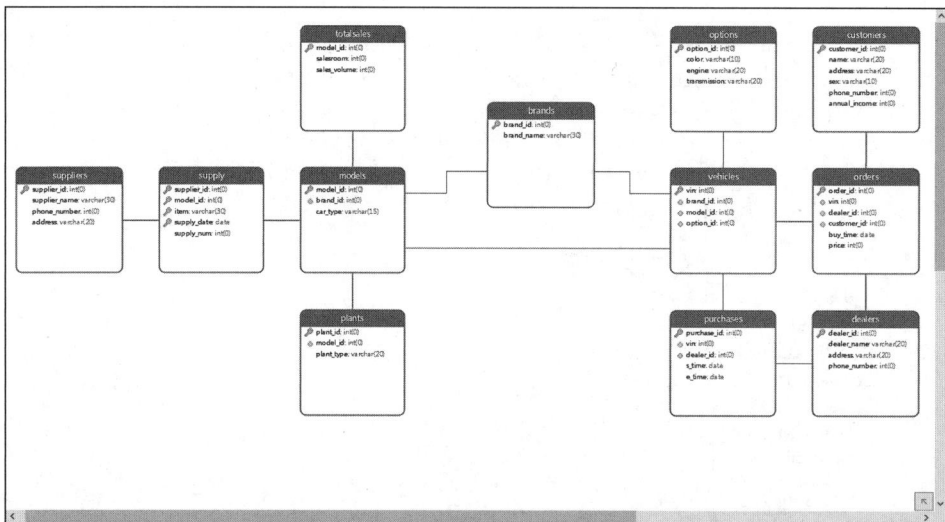

图 C-2　汽车管理系统的数据库逻辑结构图

（1）supply 为关系表，功能为记录供货商给厂家提供的零件，其中包含 model_id 和 supplier_id 两个外键约束，用以连接两个表。

（2）totalsales 以 model_id 作为外键，用以记录不同车型的销售额和销售量。

（3）plants 以 model_id 作为外键，为不同的车型提供组装和生产零件的服务。

（4）models 中包含指向 brands 的外键，即某个车型应该属于哪一个品牌。

（5）vehicles 中存在两个外键 model_id 和 brand_id，用以标识某辆车属于某个品牌的某个车型，其中存在一个约束，即该车的车型必须属于该车品牌所拥有的车型。

（6）options 以 vin 作为外键，为某辆车存储不同的组件搭配。

（7）vehicles 与 dealers 之间存在进货关系，因此设计一个关系表 purchases 来存储进货行为，其中外键 vin 和 dealer_id 分别指向 vehicles 和 dealers。

（8）customers、dealers 和 vehicles 三者存在一个共同关系，以表 orders 记录三者的购买记录，其中外键 vin、customer_id、dealer_id 分别指向 3 个表，且存在一个约束，即客户购买的汽车必须为对应的卖方经销商进货的汽车。

3.2 关系模型

3.2.1 brands

brands 表结构相关设置如表 C-1 所示。

表 C-1　brands 表结构相关设置

表中文名称	<TABLE_CNAME>	品牌	</TABLE_CNAME>
表英文名称	<TABLE_ENAME>	brand	</TABLE_ENAME>
描述	用以记录汽车公司所拥有的汽车品牌		
字段个数	<FIELD_NUM>	2	</FIELD_NUM>
索引信息	<INDEX >	无	</INDEX >
结构信息			
<FIELD_INFO>			

字段名	标识	字段类型	主键	说明
brand_id	是	INT	是	为每一个品牌提供一个 ID 编号
brand_name	否	VARCHAR	否	品牌名称

3.2.2 customers

customers 表结构相关设置如表 C-2 所示。

表 C-2　customers 表结构相关设置

表中文名称	<TABLE_CNAME>	客户	</TABLE_CNAME>
表英文名称	<TABLE_ENAME>	customer	</TABLE_ENAME>
描述	用以记录购买过本公司产品的客源信息		
字段个数	<FIELD_NUM>	6	</FIELD_NUM>
索引信息	<INDEX >	无	</INDEX >
结构信息			
<FIELD_INFO>			

字段名	标识	字段类型	主键	说明
customer_id	是	INT	是	为每一个客户提供一个 ID 编号
name	否	VARCHAR	否	客户姓名
address	否	VARCHAR	否	客户住址
sex	否	VARCHAR	否	性别
phone_number	否	INT	否	客户联系电话
annual_income	否	INT	否	客户年收入

3.2.3 dealers

dealers 表结构相关设置如表 C-3 所示。

表 C-3 dealers 表结构相关设置

表中文名称	<TABLE_CNAME>	经销商	</TABLE_CNAME>
表英文名称	<TABLE_ENAME>	dealer	</TABLE_ENAME>
描述	用以记录向汽车公司进货的经销商		
字段个数	<FIELD_NUM>	4	</FIELD_NUM>
索引信息	<INDEX >	无	</INDEX >
结构信息			
<FIELD_INFO>			
字段名	标识	字段类型	主键	说明
dealer_id	是	INT	是	为每一个经销商提供一个 ID 编号
dealer_name	否	VARCHAR	否	经销商名称
address	否	VARCHAR	否	经销商地址
phone_number	否	INT	否	经销商联系电话

3.2.4 models

models 表结构相关设置如表 C-4 所示。

表 C-4 models 表结构相关设置

表中文名称	<TABLE_CNAME>	车型	</TABLE_CNAME>
表英文名称	<TABLE_ENAME>	model	</TABLE_ENAME>
描述	用以存储汽车公司所有品牌下的车型		
字段个数	<FIELD_NUM>	3	</FIELD_NUM>
索引信息	<INDEX >	无	</INDEX >
结构信息			
<FIELD_INFO>			
字段名	标识	字段类型	主键	说明
model_id	是	INT	是	为每一个车型提供一个 ID 编号
brand_id	否	INT	否	车型所属品牌编号
car_type	否	VARCHAR	否	车型款式

3.2.5 options

options 表结构相关设置如表 C-5 所示。

表 C-5 options 表结构相关设置

表中文名称	<TABLE_CNAME>	汽车组件	</TABLE_CNAME>
表英文名称	<TABLE_ENAME>	option	</TABLE_ENAME>
描述	用以存储汽车不同的组件搭配方案		
字段个数	<FIELD_NUM>	4	</FIELD_NUM>
索引信息	<INDEX >	无	</INDEX >

结构信息				
<FIELD_INFO>				
字段名	标识	字段类型	主键	说明
option_id	是	INT	是	为每一款组件提供一个 ID 编号
color	否	VARCHAR	否	颜色
engine	否	VARCHAR	否	引擎
transmission	否	VARCHAR	否	变速器

3.2.6　orders

orders 表结构相关设置如表 C-6 所示。

表 C-6　orders 表结构相关设置

表中文名称	<TABLE_CNAME>	订购	</TABLE_CNAME>	
表英文名称	<TABLE_ENAME>	order	</TABLE_ENAME>	
描述	用以存储用户订购汽车的信息			
字段个数	<FIELD_NUM>	6	</FIELD_NUM>	
索引信息	<INDEX >	无	</INDEX >	
结构信息				
<FIELD_INFO>				
字段名	标识	字段类型	主键	说明
order_id	是	INT	是	为每一个订单提供一个 ID 编号
vin	否	INT	否	汽车编号
dealer_id	否	INT	否	经销商编号
customer_id	否	INT	否	客户编号
buy_time	否	date	否	客户购买的日期
price	否	INT	否	商品成交价格

3.2.7　plants

plants 表结构相关设置如表 C-7 所示。

表 C-7　plants 表结构相关设置

表中文名称	<TABLE_CNAME>	自营工厂	</TABLE_CNAME>	
表英文名称	<TABLE_ENAME>	plant	</TABLE_ENAME>	
描述	用以存储汽车公司自营工厂的信息			
字段个数	<FIELD_NUM>	3	</FIELD_NUM>	
索引信息	<INDEX >	无	</INDEX >	
结构信息				
<FIELD_INFO>				
字段名	标识	字段类型	主键	说明
plant_id	是	INT	是	为每一个工厂提供一个 ID 编号
model_id	否	INT	否	车型编号
plant_type	否	VARCHAR	否	工厂的工作类型

3.2.8 purchases

purchases 表结构相关设置如表 C-8 所示。

表 C-8   purchases 表结构相关设置

表中文名称	<TABLE_CNAME>		进货	</TABLE_CNAME>
表英文名称	<TABLE_ENAME>		purchases	</TABLE_ENAME>
描述	用以记录经销商向汽车公司进货的信息			
字段个数	<FIELD_NUM>		5	</FIELD_NUM>
索引信息	<INDEX >		无	</INDEX >
结构信息				
<FIELD_INFO>				
字段名	标识	字段类型	主键	说明
purchase_id	是	INT	是	为每一个进货信息提供一个 ID 编号
vin	否	INT	否	汽车编号
dealer_id	否	INT	否	经销商编号
s_time	否	date	否	进货时间
e_time	否	date	否	售出时间

3.2.9 suppliers

suppliers 表结构相关设置如表 C-9 所示。

表 C-9   suppliers 表结构相关设置

表中文名称	<TABLE_CNAME>		供货商	</TABLE_CNAME>
表英文名称	<TABLE_ENAME>		supplier	</TABLE_ENAME>
描述	用以记录经销商向汽车公司进货的信息			
字段个数	<FIELD_NUM>		4	</FIELD_NUM>
索引信息	<INDEX >		无	</INDEX >
结构信息				
<FIELD_INFO>				
字段名	标识	字段类型	主键	说明
supplier_id	是	INT	是	为每一个供货商提供一个 ID 编号
supplier_name	否	VARCHAR	否	供货商名称
phone_number	否	INT	否	经销商电话
address	否	VARCHAR	否	供货商地址

3.2.10 supply

supply 表结构相关设置如表 C-10 所示。

表 C-10   supply 表结构相关设置

表中文名称	<TABLE_CNAME>		供货	</TABLE_CNAME>
表英文名称	<TABLE_ENAME>		supply	</TABLE_ENAME>
描述	用以记录供货商向汽车公司供货的信息			
字段个数	<FIELD_NUM>		5	</FIELD_NUM>
索引信息	<INDEX >		无	</INDEX >

结构信息				
<FIELD_INFO>				
字段名	标识	字段类型	主键	说明
supplier_id	否	INT	是	供货商编号
model_id	否	INT	否	车型编号
item	否	VARCHAR	否	零件名称
supply_date	否	date	否	供货日期
supply_num	否	INT	否	供货数量

3.2.11 totalsales

totalsales 表结构相关设置如表 C-11 所示。

表 C-11　totalsales 表结构相关设置

表中文名称	<TABLE_CNAME>	销售统计	</TABLE_CNAME>
表英文名称	<TABLE_ENAME>	sales statistics	</TABLE_ENAME>
描述	用以记录不同车型的销售额和销售量		
字段个数	<FIELD_NUM>	3	</FIELD_NUM>
索引信息	<INDEX >	无	</INDEX >

结构信息				
<FIELD_INFO>				
字段名	标识	字段类型	主键	说明
model_id	否	INT	是	车型编号
salesroom	否	INT	否	某车型销售额
sales_volume	否	INT	否	某车型销售量

3.2.12 vehicles

vehicles 表结构相关设置如表 C-12 所示。

表 C-12　vehicles 表结构相关设置

表中文名称	<TABLE_CNAME>	汽车	</TABLE_CNAME>
表英文名称	<TABLE_ENAME>	vehicle	</TABLE_ENAME>
描述	用以记录每一辆汽车的详细信息		
字段个数	<FIELD_NUM>	4	</FIELD_NUM>
索引信息	<INDEX >	无	</INDEX >

结构信息				
<FIELD_INFO>				
字段名	标识	字段类型	主键	说明
vin	是	INT	是	汽车编号
brand_id	否	INT	否	品牌编号
model_id	否	INT	否	车型编号
option_id	否	INT	否	组件编号

3.3 视图设计

以下给出样例视图及创建视图的 SQL 语句。

（1）view_supply：提供给供货商相关人员查看供货记录。

```
CREATE OR REPLACE VIEW view_supply as SELECT * FROM supply;
```

（2）view_purchase：提供给经销商等人员查看进货记录。

```
CREATE OR REPLACE VIEW view_purchase as SELECT * FROM purchases;
```

（3）view_order：提供给经销商等人员查看购买记录。

```
CREATE OR REPLACE VIEW view_order as SELECT * FROM orders;
```

3.4 编程性结构

（1）触发器 sales_update：应用于 orders 表，在新增购买记录后，需要统计新的车型销售额和销售量并更新到 totalsales 表中，以便查看不同车型的销售情况趋势和对比。

```
CREATE trigger sales_update AFTER INSERT ON orders FOR EACH ROW
BEGIN
    IF((SELECT vehicles.model_id FROM NEW NATURAL JOIN vehicles) IN (SELECT model_
id FROM totalsales))
    THEN
        BEGIN
            UPDATE totalsales SET salesroom=salesroom+new.price
                WHERE model_id=
                (SELECT vehicles.model_id FROM new NATURAL JOIN vehicles);
                UPDATE totalsales SET sales_volume=sales_volume+1 WHERE model_id=
                (SELECT vehicles.model_id FROM new NATURAL join vehicles);
        END;
    ELSEIF((SELECT vehicles.model_id FROM NEW NATURAL JOIN vehicles) NOT IN
(SELECT model_id FROM totalsales))
        THEN
            INSERT INTO totalsales VALUES(
                (SELECT vehicles.model_id
                FROM NEW NATURAL JOIN vehicles), NEW.price, 1);
    END IF;
END
```

（2）触发器 purchases_update：应用于 orders 表中，需要在新增购买记录后，在表 purchases 中更新该已被购买车辆的售出日期，以便计算某辆汽车的库存时长。

```
CREATE trigger purchases_update AFTER INSERT ON orders FOR EACH ROW
BEGIN
    UPDATE purchases SET e_time=new.buy_time WHERE vin=new.vin;
END
```

3.5 数据操作

给出如下少量常用的数据操作及运行结果。

（1）插入数据。

```
INSERT INTO brands VALUES(50,'volkswagen50');
```

（2）查看每个经销商的平均库存时长。

```
SELECT dealer_id,TimeStampDiff(day,s_time,e_time) FROM purchases ORDER BY
TimeStampDiff(day,s_time,e_time) DESC;
```

（3）统计销售量较多的前 5 个月份。

```
SELECT MONTH(buy_time),COUNT(order_id)
FROM (orders NATURAL JOIN vehicles) INNER JOIN models ON vehicles.model_id=
models.model_id
WHERE car_type='SUV'
GROUP BY MONTH(buy_time)
ORDER BY COUNT(order_id) DESC
LIMIT 5;
```

MONTH(buy_time)	COUNT(order_id)
6	2
3	1
7	1
8	1
12	1

（4）统计销售量较多的前 2 个品牌。

```
SELECT brand_name,COUNT(order_id) sales
FROM orders NATURAL JOIN vehicles NATURAL JOIN brands
WHERE YEAR(buy_time)='2002'
GROUP BY brand_name
ORDER BY COUNT(order_id) DESC
LIMIT 2;
```

brand_name	sales
volkswagen1	4
volkswagen3	4

（5）统计销售额较多的前 2 个品牌。

```
SELECT brand_name,sum(price) sales
FROM orders NATURAL JOIN vehicles NATURAL JOIN brands
WHERE YEAR(buy_time)='2002'
GROUP BY brand_name
ORDER BY sum(price) DESC
LIMIT 2;
```

brand_name	sales
volkswagen50	68
volkswagen3	68

（6）统计不同品牌的销售情况，依照年份、男性、年收入大于 15 万元筛选。

```
SELECT brand_name,YEAR(buy_time),sex,COUNT(order_id),annual_income
FROM customers NATURAL JOIN orders NATURAL JOIN vehicles NATURAL JOIN brands
WHERE sex='male' AND annual_income>15 GROUP BY brand_name;
```

brand_name	YEAR(buy_time)	sex	COUNT(order_id)	annual_income
volkswagen50	2000	male	10	30
volkswagen1	2002	male	2	17
volkswagen2	2001	male	1	29
volkswagen3	2000	male	3	30
volkswagen4	2002	male	4	25

（7）统计不同品牌的销售情况，依照周、女性、年收入大于15万元筛选。

```
SELECT brand_name,WEEK(buy_time),sex,COUNT(order_id),annual_income
FROM customers NATURAL JOIN orders NATURAL JOIN vehicles NATURAL JOIN brands
WHERE sex='female' AND annual_income>15
GROUP BY brand_name;
```

brand_name	WEEK(buy_time)	sex	COUNT(order_id)	annual_income
▶ volkswagen50	12	female	4	24
volkswagen1	41	female	3	19
volkswagen2	32	female	3	30
volkswagen3	26	female	5	25
volkswagen4	30	female	3	20

（8）统计变速器装备为供货商（ID为102）所提供变速器的汽车编号和客户编号。

```
SELECT vin,customer_id
FROM orders NATURAL JOIN vehicles NATURAL JOIN 'options'
WHERE transmission=(SELECT item FROM supply WHERE supplier_id=102);
```

vin	customer_id
10002	102
10010	110
▶ 10013	113
10014	114
10015	115
10019	119
10025	125
10028	128
10034	134
10041	141
10046	146

（9）更新totalsales中的销售额和销售量（假设车型存在，即不需要插入）。

```
UPDATE totalsales set salesroom=salesroom+new.price
WHERE model_id=(SELECT vehicles.model_id FROM new NATURAL JOIN vehicles);
UPDATE totalsales set sales_volume=sales_volume+1
WHERE model_id=(SELECT vehicles.model_id FROM new NATURAL JOIN vehicles);
```

（10）与某个供货商取消交易。

```
DELETE FROM suppliers WHERE supplier_id='100';
```

4 设计总结

略。